Reglamento de Instalaciones Térmicas en los Edificios

4.ª edición

Reglamento de Instalaciones Térmicas en los Edificios

4.ª edición

Reglamento de Instalaciones Térmicas en los Edificios

Primera edición, 2013
Cuarta edición, 2025

© 2025, Jordi Carbó Ballester, por los ejercicios y comentarios.

© 2025, MARCOMBO, S. L.
www.marcombo.com

Diseño de la cubierta: ENEDENÚ DISEÑO GRÁFICO
Corrección: Nuria Barroso

ISBN: 978-84-267-3876-9

D. L.: B 17912-2024
Impreso en Servicepoint
Printed in Spain

Libro ecológico
Impreso con papel procedente de bosques gestionados de manera eficiente, libre de cloro.

Prólogo

Encabezar con el presente prólogo esta edición renovada del ***Reglamento de Instalaciones Térmicas en Edificios***, supone un honor y un privilegio, viniendo a petición de todo un profesional y amigo, como es Jordi Carbó.

Si había alguien capaz de afrontar el reto de realizar esta versión renovada del RITE de **Editorial Marcombo** es justamente Jordi, ya que cumple con todos los requisitos necesarios para garantizar un documento de fácil comprensión, tanto por su capacidad como técnico especializado en instalaciones térmicas, como por su talante personal y su perfil docente, del que puedo dar fe, al haber compartido y colaborado con él en diversos proyectos profesionales.

Aun así, debido a la complejidad terminológica, y en ocasiones técnica, del reglamento que ahora se presenta, la formación presencial, teleformación u otros recursos actuales a nuestro alcance pueden ser el complemento perfecto para la correcta asimilación de este importante texto, en el que confluyen por un lado prescripciones del Código Técnico de la Edificación (CTE), referencias a otros reglamentos, decretos y directivas, diferentes Normas UNE y UNE - EN, sumadas a las propias directrices señaladas en el RITE.

Para finalizar, deseo destacar el trabajo de síntesis y recopilación de documentos complementarios al mero texto legal, que se reúnen en esta edición del RITE, que permitirán sin duda utilizar este libro de una forma polivalente como documento de consulta técnica a profesionales de grado medio y superior, ingeniería, así como libro de texto para los aspirantes a la obtención del Carné de Instalaciones Térmicas en Edificios.

Albert Soriano Rull
Técnico en Instalaciones Hidrosanitarias
Jefe de Estudios de la EGIBCN

ÍNDICE

PARTE 1
Disposiciones generales

PARTE 2
Instrucciones técnicas

APÉNDICES

Cronología del Reglamento de Instalaciones Térmicas en los Edificios

BOE núm. 207	Miércoles 29 agosto 2007	35931

Real Decreto 1027/2007, de 20 de julio, por el que se aprueba el Reglamento de Instalaciones Térmicas en los Edificios.

BOE núm. 12002	Jueves 28 febrero 2008	OE núm. 51

Corrección de errores del Real Decreto 1027/2007, de 20 de julio, por el que se aprueba el Reglamento de Instalaciones Térmicas en los Edificios.

BOE núm. 298	Viernes 11 de diciembre de 2009	Sec. I. Pág. 104924

Real Decreto 1826/2009, de 27 de noviembre, por el que se modifica el Reglamento de Instalaciones Térmicas en los Edificios, aprobado por Real Decreto 1027/2007, de 20 de julio.

BOE núm. 38	Viernes 12 de febrero de 2010	Sec. I. Pág. 12786

Corrección de errores del Real Decreto 1826/2009, de 27 de noviembre, por el que se modifica el Reglamento de Instalaciones Térmicas en los Edificios, aprobado por Real Decreto 1027/2007, de 20 de julio.

BOE núm. 67	Jueves 18 de marzo de 2010	Sec. I. Pág. 26620

Real Decreto 249/2010, de 5 de marzo, por el que se adaptan determinadas disposiciones en materia de energía y minas a lo dispuesto en la Ley 17/2009, de 23 de noviembre, sobre el libre acceso a las actividades de servicios y su ejercicio, y la Ley 25/2009, de 22 de diciembre, de modificación de diversas leyes para su adaptación a la Ley sobre el libre acceso a las actividades de servicios y su ejercicio.

BOE núm. 98	Viernes 23 de abril de 2010	Sec. I. Pág. 35869

Corrección de errores del Real Decreto 249/2010, de 5 de marzo, por el que se adaptan determinadas disposiciones en materia de energía y minas a lo dispuesto en la Ley 17/2009, de 23 de noviembre, sobre el libre acceso a las actividades de servicios y su ejercicio, y la Ley 25/2009, de 22 de diciembre, de modificación de diversas leyes para su adaptación a la Ley sobre el libre acceso a las actividades de servicios y su ejercicio.

BOE núm. 127	Martes 25 de mayo de 2010	Sec. I. Pág. 45638

Corrección de errores del Real Decreto 1826/2009, de 27 de noviembre, por el que se modifica el Reglamento de Instalaciones Térmicas en los Edificios, aprobado por Real Decreto 1027/2007, de 20 de julio.

BOE núm. 89	Sábado 13 de abril de 2013	Sec. I. Pág. 7563

Real Decreto 238/2013, de 5 de abril, por el que se modifican determinados artículos e instrucciones técnicas del Reglamento de Instalaciones Térmicas en los Edificios, aprobado por Real Decreto 1027/2007, de 20 de julio.

BOE núm. 71	Miércoles 24 de marzo de 2021	Sec. I. Pág. 33748

Real Decreto 178/2021, de 23 de marzo, por el que se modifica el Real Decreto 1027/2007, de 20 de julio, por el que se aprueba el Reglamento de Instalaciones Térmicas en los Edificios.

BOE núm. 131	Miércoles 2 de junio de 2021	Págs. 67351 a 67353

Real Decreto 390/2021, de 1 de junio, por el que se aprueba el procedimeinto básico para la certificación de la eficiencia energética de los edificios.

REAL DECRETO 178/2021, de 23 de marzo, por el que se modifica el Real Decreto 1027/2007, de 20 de julio, por el que se aprueba el Reglamento de Instalaciones Térmicas en los Edificios

BOE núm. 71   Miércoles 24 de marzo de 2021   Sec. I. Pág. 33748

El Real Decreto 1027/2007, de 20 de julio, por el que se aprueba el Reglamento de Instalaciones Térmicas en los Edificios, sustituyó el anterior reglamento, en vigor desde la publicación del Real Decreto 1751/1998, de 31 de julio, por el que se aprueba el Reglamento de Instalaciones Térmicas en los Edificios (RITE) y sus Instrucciones Técnicas Complementarias (ITE) y se crea la Comisión Asesora para las Instalaciones Térmicas de los Edificios, debido a la necesidad de transponer la Directiva 2002/91/CE del Parlamento Europeo y del Consejo, de 16 de diciembre de 2002, relativa a la eficiencia energética de los edificios, y la aprobación del Real Decreto 314/2006, de 17 de marzo, por el que se aprueba el Código Técnico de la Edificación, así como a la experiencia de su aplicación práctica durante los últimos años.

En los últimos años, el Real Decreto 1027/2007, de 20 de julio, y el Reglamento de Instalaciones Térmicas en los Edificios se han visto modificados parcialmente a través de los siguientes reales decretos:

El Real Decreto 1826/2009, de 27 de noviembre, por el que se modifica el Reglamento de Instalaciones Térmicas en los Edificios, aprobado por Real Decreto 1027/2007, de 20 de julio, que introdujo varias medidas contempladas en el Plan de Activación del Ahorro y la Eficiencia Energética 2008-2011.

El Real Decreto 249/2010, de 5 de marzo, por el que se adaptan determinadas disposiciones en materia de energía y minas a lo dispuesto en la Ley 17/2009, de 23 de noviembre, sobre el libre acceso a las actividades de servicios y su ejercicio, y la Ley 25/2009, de 22 de diciembre, de modificación de diversas leyes para su adaptación a la Ley sobre el libre acceso a las actividades de servicios y su ejercicio.

Real Decreto 238/2013, de 5 de abril, por el que se modifican determinados artículos e instrucciones técnicas del Reglamento de Instalaciones Térmicas en los Edificios, aprobado por Real Decreto 1027/2007, de 20 de julio, que transponía parcialmente la Directiva 2010/31/UE del Parlamento Europeo y del Consejo, de 19 de mayo de 2010, relativa a la eficiencia energética de los edificios.

Real Decreto 56/2016, de 12 de febrero, por el que se transpone la Directiva 2012/27/UE del Parlamento Europeo y del Consejo, de 25 de octubre de 2012, relativa a la eficiencia energética, en lo referente a auditorías energéticas, acreditación de proveedores de servicios y auditores energéticos y promoción de la eficiencia del suministro de energía.

El Reglamento de Instalaciones Térmicas en los Edificios (en adelante, RITE) se desarrolló con un enfoque basado en prestaciones u objetivos, es decir, expresando los requisitos que deben satisfacer las instalaciones térmicas sin obligar al uso de una determinada técnica o material, ni impidiendo la introducción de nuevas tecnologías y conceptos en cuanto al diseño, frente al enfoque tradicional de reglamentos prescriptivos que consisten en un conjunto de especificaciones técnicas detalladas que presentan el inconveniente de limitar la gama de soluciones aceptables e impiden el uso de nuevos productos y de técnicas innovadoras.

Por otra parte, este reglamento ha constituido el marco normativo básico en el que se regulan las exigencias de eficiencia energética y de seguridad que deben cumplir las instalaciones térmicas en los edificios para atender la demanda de bienestar e higiene de las personas.

La reciente aprobación de la Directiva (UE) 2018/844 del Parlamento Europeo y del Consejo, de 30 de mayo de 2018, por la que se modifica la Directiva 2010/31/UE relativa a la eficiencia energética de los edificios y la Directiva 2012/27/UE relativa a la eficiencia energética, hace necesaria la transposición a nuestro ordenamiento jurídico de las modificaciones que esta directiva introduce, sobre todo en lo relativo a la introducción de nuevas definiciones y modificación de las existentes, como por ejemplo, instalación técnica, así como nuevas obligaciones relativas a los sistemas de automatización y control de estas instalaciones técnicas, la medida y evaluación de la eficiencia energética general en estas instalaciones y la modificación del régimen de inspecciones.

Además, con la aprobación de la Directiva (UE) 2018/2002 del Parlamento Europeo y del Consejo, de 11 de diciembre de 2018, por la que se modifica la Directiva 2012/27/UE relativa a la eficiencia energética, es necesario transponer modificaciones adicionales, así como nuevas disposiciones relativas a eficiencia energética en edificios y sus instalaciones. De este modo, se modifican las obligaciones relacionadas con la contabilización de consumos de calefacción, refrigeración y agua caliente sanitaria, así como la necesidad de disponer de una lectura remota de estos y los derechos relacionados con la facturación y la información sobre la facturación o el consumo.

Asimismo, esta modificación del RITE adapta diversos aspectos incluidos en su ámbito de aplicación de la Directiva (UE) 2018/2001 del Parlamento Europeo y del Consejo, de 11 de diciembre de 2018, relativa al fomento del uso de energía procedente de fuentes renovables. Además, el RITE se adapta a los diferentes reglamentos de diseño ecológico aprobados en los últimos años derivados de las medidas de ejecución adoptadas con arreglo a la Directiva 2009/125/CE del Parlamento Europeo y del Consejo, de 21 de octubre de 2009, por la que se instaura un marco para el establecimiento de requisitos de diseño ecológico aplicables a los productos relacionados con la energía; y a los reglamentos delegados aprobados en base al Reglamento (UE) 2017/1369 del Parlamento Europeo y del Consejo, de 4 de julio de 2017, por el que se establece un marco para el etiquetado energético y se deroga la Directiva 2010/30/UE.

Adicionalmente, con esta revisión del reglamento se introducen varios requisitos para las instalaciones térmicas con el fin de contribuir a las medidas de eficiencia energética incluidas en el Plan Nacional Integrado de Energía y Clima (PNIEC) 2021-2030 para España así como en el Programa Nacional de Control de la Contaminación Atmosférica, lo cual, cuando corresponda, contribuirá al cumplimiento del objetivo de ahorro de energía final que establece el artículo 7 de la Directiva 2010/31/UE del Parlamento Europeo y del Consejo, de 19 de mayo de 2010 y a los compromisos de reducción de emisiones de la Directiva (UE) 2016/2284 del Parlamento Europeo y del Consejo, de 23 de octubre, sobre techos nacionales de emisión de determinados contaminantes atmosféricos. La reducción prevista del consumo de energía primaria es del 39,5 % en 2030, objetivo que se alcanzará mediante medidas propuestas en el plan, como la renovación del equipamiento residencial, el fomento de la eficiencia energética en la edificación del sector terciario y en equipos generadores de frío y grandes instalaciones de climatización del sector terciario e infraestructuras públicas, siendo el RITE fundamental en la consecución de estas.

Este real decreto está incluido en el Plan Anual Normativo 2020.

La regulación que se incluye en esta norma se ajusta a los principios contemplados en el artículo 129 de la Ley 39/2015, de 1 de octubre, del Procedimiento Administrativo Común de las Administraciones Públicas. Así, de acuerdo con el principio de necesidad, esta norma se basa en una razón de interés general, que supone la transposición de las directivas europeas. Se cumple con el principio de eficacia, constituyendo el instrumento más adecuado para el cumplimiento de los fines que se persiguen. Se cumple el principio de proporcionalidad, puesto que contiene la regulación imprescindible para atender la necesidad a cubrir con la norma, que es fundamentalmente la transposición de la Directiva (UE) 2018/844 del Parlamento Europeo y del Consejo, de 30 de mayo de 2018, y la Directiva (UE) 2018/2002 del Parlamento Europeo y del Consejo, de 11 de diciembre de 2018. El principio de seguridad jurídica se cumple al establecerse en una disposición general las nuevas previsiones, siendo la norma congruente con el ordenamiento jurídico vigente. Se cumple el principio de transparencia, al haber sido consultadas en la elaboración de la norma las comunidades autónomas y ciudades de Ceuta y Melilla, y las entidades representativas de los sectores afectados, a través de la Comisión Asesora para las

Instalaciones Térmicas de los Edificios y mediante la audiencia e información pública del proyecto. Además, la norma busca ser coherente con el principio de eficiencia, ya que no introduce nuevas cargas administrativas y permite racionalizar la gestión de los recursos públicos.

Este real decreto ha sido tramitado conforme a lo establecido en el artículo 26 de la Ley 50/1997, de 27 de noviembre, del Gobierno. Asimismo, el contenido de este real decreto ha sido informado por la Comisión Nacional de los Mercados y la Competencia.

La apertura del trámite de consulta pública previa, así como la apertura del trámite de información pública fue comunicada a todos los miembros de la Comisión Asesora para las Instalaciones Térmicas de los Edificios. Además, ambos trámites fueron comunicados por la Dirección General de Política Energética y Minas al organismo responsable en la materia de cada una de las comunidades autónomas y ciudades de Ceuta y Melilla. Asimismo, el proyecto normativo y su grado de avance han sido presentados en las reuniones de la Comisión Asesora y la Comisión Permanente para las Instalaciones Térmicas de los Edificios.

Este real decreto ha sido sometido al procedimiento previsto en la Directiva (UE) 2015/1535 del Parlamento Europeo y del Consejo, de 9 de septiembre de 2015, por la que se establece un procedimiento de información en materia de reglamentaciones técnicas y de reglas relativas a los servicios de la sociedad de la información, así como a lo dispuesto en el Real Decreto 1337/1999, de 31 de julio por el que se regula la remisión de información en materia de normas y reglamentaciones técnicas y reglamentos relativos a los servicios de la sociedad de la información.

Las determinaciones al servicio de la mencionada exigencia de seguridad del RITE se dictan al amparo de la competencia atribuida por el artículo 12.5 de la Ley 21/1992, de 16 de julio, de Industria, el cual dispone que los reglamentos de seguridad de ámbito estatal se aprobarán por el Gobierno de la Nación, sin perjuicio de que las comunidades autónomas, con competencia legislativa sobre industria, puedan introducir requisitos adicionales sobre las mismas materias cuando se trate de instalaciones radicadas en su territorio.

Por otra parte, la Ley 38/1999, de 5 de noviembre, de Ordenación de la Edificación, establece, dentro de los requisitos básicos de la edificación relativos a la habitabilidad, el de ahorro de energía. La regulación reglamentaria de estos requisitos fue inicialmente llevada a cabo por medio del Código Técnico de la Edificación, aprobado por Real Decreto 314/2006, de 17 de marzo, que es el marco normativo que establece las exigencias básicas de calidad de los edificios y sus instalaciones. A su vez, dentro de las exigencias básicas de ahorro de energía se establece la referida al rendimiento de las instalaciones térmicas cuyo desarrollo reglamentario se ha efectuado a través del RITE.

Finalmente, este real decreto se dicta en ejercicio de las competencias que corresponden al Estado sobre bases y coordinación de la planificación general de la actividad económica, sobre protección del medio ambiente y sobre bases del régimen minero y energético, previstas en el artículo 149.1. 13.ª, 23.ª y 25.ª de la Constitución Española.

En su virtud, a propuesta de la Vicepresidenta Cuarta del Gobierno y Ministra para la Transición Ecológica y el Reto Demográfico y del Ministro de Transportes, Movilidad y Agenda Urbana, con la aprobación previa de la Ministra de Política Territorial y Función Pública, de acuerdo con el Consejo de Estado, y previa deliberación del Consejo de Ministros en su reunión del día 23 de marzo de 2021,

DISPONGO:

[....]

Disposición adicional primera. Obligaciones de lectura de los equipos de contabilización de consumos de agua caliente sanitaria, información al consumidor y reparto de costes.

1. Los sistemas de contabilización de consumos de agua caliente sanitaria instalados desde la entrada en vigor del presente real decreto, en el tramo de acometida, deberán disponer de un servicio de lectura remota que permita, cuando sea técnica y económicamente viable, la liquidación individual de los costes en base a dichos consumos.

   La empresa instaladora, o en su caso, la empresa encargada del servicio de medición, reparto y contabilización, deberá informar de forma previa a la firma del contrato si las tecnologías utilizadas para los servicios de lectura de consumo permiten la posibilidad de un cambio en el proveedor de este servicio sin necesidad de incurrir en gastos adicionales. Esta información será facilitada por escrito en el presupuesto, la factura o el contrato.

   Los sistemas de contabilización de consumos de agua caliente sanitaria ya instalados en la fecha de entrada en vigor del presente real decreto deberán permitir realizar lecturas remotas o ser sustituidos por otros sistemas que sí lo permitan, antes del 1 de enero de 2027.

   Entretanto, la obligación de contabilización de consumos de agua caliente sanitaria podrá cumplirse mediante un sistema de autolectura periódica por parte del usuario final, que comunicará la lectura de su contador. Solo si el usuario final no ha facilitado una lectura de contador para un intervalo de facturación determinado, que deberá ser al menos una vez cada dos meses, la facturación se basará en una estimación del consumo o en un cálculo a tanto alzado.

2. La empresa instaladora, o en su caso, la empresa encargada del servicio de medición, reparto y contabilización proporcionará gratuitamente al usuario final, al menos una vez cada dos meses, la información sobre la lectura de los equipos de medida y la liquidación individual, incluyendo como opción que esta información y liquidación se ofrezcan, previo consentimiento expreso del consumidor, en formato electrónico. En caso de disponer de un servicio de lectura remota, esta información y liquidación se proporcionará, al menos, mensualmente. En todo caso, el usuario final deberá tener un acceso adecuado y gratuito a los datos de su consumo.

No obstante, la distribución de los costes ligados a la información sobre la liquidación del consumo individual de agua caliente sanitaria se realizará sin fines lucrativos. Los costes derivados de la atribución de esa tarea a un tercero, y que incluyen la medición, el reparto y la contabilización del consumo real individual en esos edificios, podrán repercutirse a los usuarios finales, siempre que tales costes sean razonables y asequibles conforme a los estándares de mercado.

Asimismo, la información referida en el párrafo anterior deberá estar disponible de forma telemática para el consumidor y ser actualizada en la medida en que los sistemas de contabilización lo permitan.

Adicionalmente, a fin de que los titulares de las instalaciones de agua caliente sanitaria puedan regular su propio consumo de energía, la facturación se llevará a cabo sobre la base del consumo real de agua caliente sanitaria, como mínimo, una vez al año.

3. Se garantizará que con la liquidación individual se facilite gratuitamente información apropiada para que los consumidores reciban una relación completa de sus costes energéticos, con al menos el contenido recogido en el apartado 7.

4. Los datos de consumo proporcionados por el sistema de contabilización individualizada servirán para determinar el coste variable que corresponde a cada unidad de consumo, el cual se completará con un coste fijo derivado del mantenimiento y las pérdidas de la instalación.

La determinación del peso que deben tener los costes fijos y los variables en las liquidaciones individuales debe establecerse por los titulares de las instalaciones, tomando en consideración el criterio técnico del mantenedor de la instalación térmica.

5. En el caso de que alguno de los titulares de las instalaciones de agua caliente sanitaria no hubiera instalado un sistema de contabilización individual le será de aplicación, como mínimo, la mayor ratio de consumo por persona, de las calculadas en el proceso de elaboración de las liquidaciones individuales.

6. A efectos de facilitar la labor de verificación, así como el tratamiento estadístico de los datos registrados por los sistemas de contabilización de consumos individuales de agua caliente sanitaria previstos en este real decreto, el órgano competente de la comunidad autónoma podrá acceder vía remota a los mismos.

7. Información mínima sobre la liquidación del consumo de agua caliente sanitaria.

Los consumidores deben disponer en sus liquidaciones de consumo de agua caliente sanitaria de la siguiente información de manera clara y comprensible:

a) Los precios reales actuales y el consumo real de la energía o el coste total de agua caliente sanitaria y las lecturas de los repartidores de costes de agua caliente sanitaria.

b) Información sobre el mix de combustible utilizado y las emisiones anuales correspondientes de gases de efecto invernadero, incluidos los usuarios finales suministrados por agua caliente sanitaria urbana de más de 20 MW. Asimismo, una descripción de los diferentes impuestos, gravámenes y tarifas aplicadas.

c) Comparaciones del consumo de energía actual del usuario final con su consumo del mismo periodo del año anterior, preferentemente en forma gráfica.

d) La información de contacto de las organizaciones de clientes finales, las agencias de energía u organismos similares, incluidas sus direcciones electrónicas, donde se puede obtener información sobre las medidas disponibles de mejora de la eficiencia energética, los perfiles comparativos del usuario final y las especificaciones técnicas objetivas de los equipos que utilizan energía.

e) Información relativa a servicios de atención al cliente, procedimientos de reclamación y mecanismos alternativos de resolución de litigios.

f) La comparación con el consumo medio de agua caliente sanitaria del usuario final normal o de referencia de la misma categoría de usuarios. En el caso de las facturas electrónicas, dicha comparación puede proporcionarse de manera alternativa en línea e indicarse claramente en las facturas.

En caso de las liquidaciones no basadas en lecturas reales, estas deberán contener una explicación clara sobre cómo ha sido calculada dicha liquidación incluyendo, al menos, la información referida en los apartados d y e.

Disposición adicional segunda. Verificación del cumplimiento de lo establecido en el artículo 23 de la Directiva 2018/2001 del Parlamento Europeo y del Consejo, de 11 de diciembre de 2018, en cuanto al aumento de la cuota de energías renovables en el sector de la calefacción y la refrigeración.

A efectos de realizar una correcta contabilización de la potencia instalada de energías renovables para producción térmica y poder verificar el cumplimiento de lo establecido en el artículo 23 de la Directiva 2018/2001 del Parlamento Europeo y del Consejo, de 11 de diciembre de 2018, con el fin de calcular la cuota de energías renovables en el sector de la calefacción y la refrigeración, las empresas instaladoras comunicarán electrónicamente al órgano competente de la comunidad autónoma la potencia térmica de las instalaciones renovables y de las redes de calefacción y refrigeración que abastezcan a los edificios, así como de la energía suministrada anualmente, la tecnología y su ubicación. Adicionalmente, esta información se utilizará para llevar a cabo la evaluación completa del potencial de uso de la cogeneración de alta eficiencia y de los sistemas urbanos de calefacción y refrigeración eficientes dispuesto en el artículo 14 de la Directiva 2012/27/UE del Parlamento Europeo y del Consejo, de 25 de octubre de 2012, que debe incluir un mapa con la infraestructura de calefacción y refrigeración urbana ya existente y planificada. El órgano competente de la comunidad autónoma remitirá anualmente la información recabada a la Dirección General de Política Energética y Minas del Ministerio para la Transición Ecológica y el Reto Demográfico.

Disposición adicional tercera. Sistemas de automatización y control para edificios no residenciales existentes.

Salvo que sea técnica y económicamente inviable, los edificios no residenciales con una potencia nominal útil para instalaciones de calefacción, para instalaciones de refrigeración, para instalaciones combinadas de calefacción y ventilación o para instalaciones combinadas de calefacción y ventilación de más de 290 kW deberán estar equipados, a más tardar en 2025, con sistemas de automatización y control de edificios. Estos sistemas han de cumplir con las especificaciones reguladas en el apartado 1 de la IT 1.2.4.3.5 Sistemas de automatización y control de instalaciones.

La forma de justificar la posible inviabilidad técnica y económica se desarrollará como documento reconocido de acuerdo con el artículo 6 del RITE. Este será publicado en el registro general de documentos reconocidos del RITE, en la sede electrónica del Ministerio para la Transición Ecológica y el Reto Demográfico.

Disposición adicional cuarta. Evaluación de la eficiencia energética general de la instalación técnica.

A efectos del cumplimiento del apartado 5 del artículo 1 de la Directiva (UE) 2018/844 del Parlamento Europeo y del Consejo, de 30 de mayo de 2018, por el que se modifica el apartado 9 del artículo 8 de la Directiva 2010/31/UE, de 19 de mayo de 2010, en la aplicación de medidas de eficiencia energética, aprovechamiento de energías residuales y utilización de energías renovables debe evaluarse la eficiencia energética general de la instalación técnica que se instale, sustituya o modifique, es decir, de la instalación térmica según el Reglamento de Instalaciones Térmicas en los Edificios, de la iluminación integrada o de la generación de electricidad in situ.

Para aquellos casos en los que no sea preceptiva la evaluación de la eficiencia energética general de la instalación térmica de acuerdo con la IT 1.2.4.8 del Reglamento de Instalaciones Térmicas en los Edificios, ni la evaluación de la eficiencia energética de la instalación de iluminación según lo establecido en la sección HE3 del Código Técnico de la Edificación, cuando se instale, se sustituya o se mejore una instalación técnica de un edificio, se evaluará la eficiencia energética global de la parte modificada, y, en su caso, de toda la instalación modificada.

Los resultados de dicha evaluación se documentarán y se facilitarán al propietario del edificio.

El régimen de inspecciones y sanciones aplicable al incumplimiento de esta evaluación será el que aplique de acuerdo con la normativa específica de la instalación técnica que se instale, sustituya o modifique.

Disposición adicional quinta. Referencias a los Ministerios competentes.

Las referencias al Ministerio de Industria, Energía y Turismo de los artículos 6, 7, 44, 46 (apartado 3, subapartados i y ii, y apartado 4) y 47 y en la IT 1.2.2 deben entenderse realizadas al Ministerio para la Transición Ecológica y el Reto Demográfico.

Las referencias al Ministerio de Industria, Energía y Turismo de los artículos 39 y 46 (apartado 3, subapartado iii) deben entenderse realizadas al Ministerio de Industria, Comercio y Turismo.

Las referencias a la Dirección General de Arquitectura, Vivienda y Suelo del Ministerio de Fomento del artículo 46 deben entenderse realizadas a la Dirección General de Agenda Urbana y Arquitectura del Ministerio de Transportes, Movilidad y Agenda Urbana.

Las referencias al Ministerio de Fomento de los artículos 6 (apartado 1), 31 (apartado 4), 45 (apartado 5) y 47 (apartado 3) deben entenderse realizadas al Ministerio de Transportes, Movilidad y Agenda Urbana.

La referencia al Ministerio de Industria, Energía y Turismo del artículo 47, apartado 3, debe entenderse realizada al Ministerio para la Transición Ecológica y el Reto Demográfico y al Ministerio de Industria, Comercio y Turismo.

La referencia al Ministerio de Agricultura, Alimentación y Medio Ambiente del artículo 46 debe entenderse realizada al Ministerio para la Transición Ecológica y el Reto Demográfico.

La referencia al Instituto Nacional del Consumo del Ministerio de Sanidad, Servicios Sociales e Igualdad debe entenderse realizada a la Dirección General de Consumo del Ministerio de Consumo.

Disposición adicional sexta. Edificios y proyectos a los que no se aplicará el reglamento.

No será de aplicación este real decreto a los edificios que a fecha de 1 de julio de 2021 estén en construcción ni a los proyectos que tengan solicitada licencia de obras o, en su caso, la autorización administrativa que les sea preceptiva, excepto en lo relativo a su reforma, mantenimiento, uso e inspección.

Disposición transitoria única. Requisitos mínimos de rendimientos energéticos de los aparatos de calefacción local de combustible sólido.

Hasta la fecha de aplicación de los distintos reglamentos de diseño ecológico que apruebe la Unión Europea, el rendimiento mínimo exigido para aparatos de calefacción local de combustible sólido será del 65 %. En estos casos, en el proyecto o memoria técnica, solo se deberá indicar el rendimiento instantáneo del aparato de calefacción local para el cien por cien de la potencia útil nominal, para uno de los biocombustibles sólidos que se prevé se utilizará en su alimentación o, en su caso, la mezcla de biocombustibles.

Disposición final primera. Incorporación de derecho de la Unión Europea.

Mediante este real decreto se incorpora parcialmente al derecho español la regulación de las instalaciones técnicas en los edificios prevista en la Directiva (UE) 2018/844 del Parlamento Europeo y del Consejo, de 30 de mayo de 2018, por la que se modifica la Directiva 2010/31/UE relativa a la eficiencia energética de los edificios y la Directiva 2012/27/UE relativa a la eficiencia energética; y la regulación de las instalaciones técnicas en los edificios prevista en la Directiva (UE) 2018/2002 del Parlamento Europeo y del Consejo, de 11 de diciembre de 2018, por la que se modifica la Directiva 2012/27/UE relativa a la eficiencia energética.

Disposición final segunda. Entrada en vigor.

El presente real decreto entrará en vigor el 1 de julio de 2021.

Dado en Madrid, el 23 de marzo de 2021.

Felipe R.

La Vicepresidenta Primera del Gobierno
y Ministra de la Presidencia,
Relaciones con las Cortes
y Memoria Democrática,

Carmen Calvo Poyato

REAL DECRETO 1027/2007, de 20 de julio de 2007, con todas las modificaciones y correcciones hasta marzo de 2021

BOE núm. 207   Miércoles 29 agosto 2007   35931

1. Disposiciones generales

Ministerio de la Presidencia

15820 Real Decreto 1027/2007, de 20 de julio, por el que se aprueba el Reglamento de Instalaciones Térmicas en los Edificios.

La necesidad de transponer la Directiva 2002/91/CE, de 16 de diciembre, de eficiencia energética de los edificios y la aprobación del Código Técnico de la Edificación por el Real Decreto 314/2006, de 17 de marzo, han aconsejado redactar un nuevo texto que derogue y sustituya el vigente Reglamento de Instalaciones Térmicas en los Edificios (RITE), aprobado por Real Decreto 1751/1998, de 31 de julio y que incorpore, además, la experiencia de su aplicación práctica durante los últimos años.

El nuevo Reglamento de instalaciones térmicas en los edificios (RITE) que se aprueba por este Real Decreto es una medida de desarrollo del Plan de acción de la estrategia de ahorro y eficiencia energética en España (2005-2007) y contribuirá también a alcanzar los objetivos establecidos por el Plan de fomento de las energías renovables (2000-2010), fomentando una mayor utilización de la energía solar térmica sobre todo en la producción de agua caliente sanitaria.

Dicho nuevo reglamento se desarrolla con un enfoque basado en prestaciones u objetivos, es decir, expresando los requisitos que deben satisfacer las instalaciones térmicas sin obligar al uso de una determinada técnica o material, ni impidiendo la introducción de nuevas tecnologías y conceptos en cuanto al diseño, frente al enfoque tradicional de reglamentos prescriptivos que consisten en un conjunto de especificaciones técnicas detalladas que presentan el inconveniente de limitar la gama de soluciones aceptables e impiden el uso de nuevos productos y de técnicas innovadoras.

Por otra parte, el reglamento que se aprueba constituye el marco normativo básico en el que se regulan las exigencias de eficiencia energética y de seguridad que deben cumplir las instalaciones térmicas en los edificios para atender la demanda de bienestar e higiene de las personas.

Así, las determinaciones al servicio de la mencionada exigencia de seguridad se dictan al amparo de la competencia atribuida por el artículo 12.5 de la Ley 21/1992, de 16 de julio, de Industria, el cual dispone que los reglamentos de seguridad de ámbito estatal se aprobarán por el Gobierno de la Nación, sin perjuicio de que las comunidades autónomas, con competencia legislativa sobre industria, puedan introducir requisitos adicionales sobre las mismas materias cuando se trate de instalaciones radicadas en su territorio.

Ley 21/1992, de 16 de julio, de Industria.

Artículo 12. Reglamentos de Seguridad.

1. Los Reglamentos de Seguridad establecerán:

   a) Las instalaciones, actividades, equipos o productos sujetos a los mismos.

   b) Las condiciones técnicas o requisitos de seguridad que según su objeto deben reunir las instalaciones, los equipos, los procesos, los productos industriales y su utilización, así como los procedimientos técnicos de evaluación de su conformidad con las referidas condiciones o requisitos.

   c) Las medidas que los titulares deban adoptar para la prevención, limitación y cobertura de los riesgos derivados de la actividad de las instalaciones o de la utilización de los productos; incluyendo, en su caso, estudios de impacto ambiental.

   d) Las condiciones de equipamiento, capacidad técnica y, en su caso, el régimen de comunicación o declaración responsable sobre el cumplimiento de dichas condiciones exigidas a las personas o empresas que intervengan en el proyecto, dirección de obra, ejecución, montaje, conservación y mantenimiento de instalaciones y productos industriales.

   e) Cuando exista un riesgo directo y concreto para la salud o para la seguridad del destinatario o de un tercero, la exigencia de suscribir seguros de responsabilidad civil profesional por parte de las personas o empresas que intervengan en el proyecto, dirección de obra, ejecución, montaje, conservación y mantenimiento de instalaciones y productos industriales. La garantía exigida deberá ser proporcionada a la naturaleza y alcance del riesgo cubierto.

2. Las instalaciones, equipos y productos industriales deberán estar construidos o fabricados de acuerdo con lo que prevea la correspondiente reglamentación, que podrá establecer la obligación de comprobar su

funcionamiento y estado de conservación o mantenimiento mediante inspecciones periódicas.

3. Los Reglamentos de Seguridad podrán condicionar el funcionamiento de determinadas instalaciones y la utilización de determinados productos a que se acredite el cumplimiento de las normas reglamentarias, en los términos que las mismas establezcan.

4. Los Reglamentos de Seguridad podrán disponer, como requisito de la fabricación de un producto o de su comercialización, la previa homologación de su prototipo, así como las excepciones de carácter temporal a dicho requisito.

5. Los Reglamentos de Seguridad Industrial de ámbito estatal se aprobarán por el Gobierno de la Nación, sin perjuicio de que las comunidades autónomas, con competencia legislativa sobre industria, puedan introducir requisitos adicionales sobre las mismas materias cuando se trate de instalaciones radicadas en su territorio.

Las medidas que este reglamento contempla presentan una clara dimensión ambiental. Por un lado, contribuyen a la mejora de la calidad del aire en nuestras ciudades y, por otro, añaden elementos en la lucha contra el cambio climático. En el primer caso, se tiene en cuenta que los productos de la combustión son críticos para la salud y el entorno de los ciudadanos. Por eso, ahora se prevé la obligatoriedad de la evacuación por cubierta de esos productos en todos los edificios de nueva construcción. También se fomenta la instalación de calderas que permitan reducir las emisiones de óxidos de nitrógeno y otros contaminantes, lo que supondrá una mejora en la calidad del aire de las ciudades. Asimismo, la contribución a la reducción de NOx debe facilitar el cumplimiento de compromisos ratificados por España, tanto internacionales (especialmente el Convenio de Ginebra sobre la contaminación transfronteriza a larga distancia) como comunitarios (en particular, la Directiva de Techos Nacionales de Emisión).

Por otra parte, la Ley 38/1999, de 5 de noviembre, de Ordenación de la Edificación, establece dentro de los requisitos básicos de la edificación relativos a la habitabilidad el de ahorro de energía. El cumplimiento de estos requisitos se realizará reglamentariamente a través del Código Técnico de la Edificación que es el marco normativo que establece las exigencias básicas de calidad de los edificios y sus instalaciones. Dentro de las exigencias básicas de ahorro de energía se establece la referida al rendimiento de las instalaciones térmicas cuyo desarrollo se remite al reglamento objeto de este Real Decreto.

Asimismo, mediante la norma que se aprueba se transpone parcialmente la Directiva 2002/91/CE, de 16 de diciembre, relativa a la eficiencia energética de los edificios, fijando los requisitos mínimos de eficiencia energética que deben cumplir las instalaciones térmicas de los edificios nuevos y existentes y un procedimiento de inspección periódica de calderas y de los sistemas de aire acondicionado.

Por razones de rendimiento energético, medioambientales y de seguridad se establece una fecha límite para la instalación en el mercado español de calderas por debajo de un rendimiento energético mínimo y se prohíbe la utilización de combustibles sólidos de origen fósil. Ambas medidas tendrán una repercusión energética importante al estar destinadas al sector de edificios y en particular al de viviendas.

En la tramitación de este Real Decreto se han cumplido los trámites establecidos en la Ley 50/1997, de 27 de noviembre, del Gobierno y en el Real Decreto 1337/1999, de 31 de julio, por el que se regula la remisión de información en materia de normas y reglamentaciones técnicas y de las reglas relativas a los servicios de la sociedad de la información, en aplicación de la Directiva 98/34/CE del Parlamento Europeo y del Consejo, de 28 de marzo. Además se ha oído a las comunidades autónomas a través de la Comisión Asesora para las Instalaciones Térmicas de los Edificios, así como a las asociaciones profesionales y a los sectores afectados.

En su virtud, a propuesta conjunta del Ministro de Industria, Turismo y Comercio y de la Ministra de Vivienda, con la aprobación previa del Ministro de Administraciones Públicas, de acuerdo con el Consejo de Estado y previa deliberación del Consejo de Ministros en su reunión del día 20 de julio de 2007, dispongo:

Artículo único. Aprobación del Reglamento de Instalaciones Térmicas en los Edificios (RITE).

Se aprueba el Reglamento de Instalaciones Térmicas en los Edificios (RITE), cuyo texto se incluye como anexo.

Disposición transitoria primera. Edificios y proyectos a los que no se aplicará el reglamento.

No será de aplicación preceptiva el Reglamento de Instalaciones Térmicas en los Edificios (RITE), que figura como anexo, a los edificios que a la entrada en vigor de este Real Decreto estén en construcción ni a los proyectos que tengan solicitada licencia de obras, excepto en lo relativo a su reforma, mantenimiento, uso e inspección.

Disposición transitoria segunda. Empresas instaladoras y mantenedoras autorizadas.

Las empresas instaladoras y mantenedoras autorizadas que, a la entrada en vigor de este Real Decreto, figuren inscritas en el registro de empresas de la correspondiente comunidad autónoma, de acuerdo con lo indicado en el artículo 14 del Reglamento de Instalaciones Térmicas en los Edificios (RITE), aprobado por Real Decreto 1751/1998, de 31 de julio, mantendrán su condición y se inscribirán de oficio, a la entrada en vigor de este Real Decreto, en el registro de empresas instaladoras autorizadas o en el de empresas mantenedoras autorizadas que se indica en los 35 y 36 del nuevo Reglamento de Instalaciones Térmicas en los Edificios (RITE) que se aprueba por el presente Real Decreto, según los casos.

Disposición transitoria tercera. Carnés profesionales.

1. Las personas que estén en posesión, a la entrada en vigor de este Real Decreto, de alguno de los carnés profesionales establecidos en el artículo 15 del Reglamento de Instalaciones Térmicas en los Edificios (RITE), aprobado por Real Decreto 1751/1998, de 31 de julio, mantendrán su condición y podrán ser renovados a su vencimiento.

2. Las personas que estén en posesión, a la entrada en vigor de este Real Decreto, de todos los carnés profesionales establecidos en el artículo 15 del Reglamento de Instalaciones Térmicas en los Edificios (RITE), aprobado por Real Decreto 1751/1998, de 31 de julio, en las dos categorías CI y CM y las dos especialidades A y B, podrán proceder a su convalidación por el carné profesional que se contempla en el artículo 41 del nuevo Reglamento de Instalaciones Térmicas en los Edificios (RITE).

3. Las personas que estén en posesión, a la entrada en vigor de este Real Decreto, de alguno de los carnés profesionales establecidos en el artículo 15 del Reglamento de Instalaciones Térmicas en los Edificios (RITE), aprobado del Real Decreto 1751/1998, de 31 de julio, podrán convalidarlo por el carné profesional que se contempla en el artículo 41 del nuevo Reglamento de Instalaciones Térmicas en los Edificios (RITE), debiendo superar para ello un curso de formación complementario teórico práctico, con la duración y el contenido indicados en el Apéndice 3.3, impartido por una entidad reconocida por el órgano competente de la comunidad autónoma, dentro del plazo de tres años desde la fecha de entrada en vigor del nuevo Reglamento de Instalaciones Térmicas en los Edificios (RITE). Transcurrido dicho plazo no se podrán efectuar convalidaciones, aunque seguirán siendo vigentes estos carnés en las condiciones en que fueron emitidos.

Real Decreto 1751/1998, de 31 de julio, por el que se aprueba el Reglamento de Instalaciones Térmicas en los Edificios (RITE) y sus Instrucciones Técnicas Complementarias (ITE) y se crea la Comisión Asesora para las Instalaciones Térmicas de los Edificios. (Vigente hasta el 29 de febrero de 2008)

Artículo 15. Carnés profesionales.

1. Se establecen las dos categorías de carnés profesionales siguientes:

   • CI Carné de Instalador de instalaciones objeto de este reglamento.

   • CM Carné de Mantenedor de instalaciones objeto de este reglamento.

2. En cada categoría se distinguen las dos especialidades, A y B, siguientes:

   • A: especialidad en Calefacción y Agua Caliente Sanitaria

   • B: especialidad en Climatización

Disposición derogatoria única. Derogación normativa.

1. Quedan derogadas, a partir de la entrada en vigor de este Real Decreto, las disposiciones siguientes:

   a. Real Decreto 1751/1998, de 31 de julio, por el que se aprueba el Reglamento de Instalaciones Térmicas en los Edificios y sus Instrucciones Técnicas y se crea la Comisión Asesora para las Instalaciones Térmicas de los Edificios.

   b. Real Decreto 1218/2002, de 22 de noviembre, por el que se modifica el Real Decreto 1751/1998, de 31 de julio, por el que se aprobó el Reglamento de Instalaciones Térmicas en los Edificios y sus Instrucciones Técnicas y se crea la Comisión Asesora para las Instalaciones Térmicas de los Edificios.

2. Asimismo, quedan derogadas cuantas disposiciones de igual o inferior rango se opongan a lo establecido en el presente Real Decreto.

Disposición final primera. Carácter básico.

1. Este Real Decreto tiene carácter básico y se dicta al amparo de las competencias que las reglas 13, 23 y 25 del artículo 149.1 de la Constitución española atribuyen al Estado en materia de bases y coordinación de la planificación general de la actividad económica, protección del medio ambiente y bases del régimen minero y energético; excepto los artículos 7.2, 17.1, 24, 28, 29.2, 29.3, 30.1, 30.3, 31.2, 31.4, 31.6, 38 y 40 del Reglamento de Instalaciones Térmicas en los Edificios (RITE).

2. Los preceptos no básicos incluidos en este Real Decreto no serán de aplicación en aquellas comunidades autónomas que, en el ejercicio de sus competencias de desarrollo de las bases estatales, hayan aprobado o aprueben normas de trasposición de la Directiva 2002/91/CE, de 16 de diciembre, de eficiencia energética de los edificios, en los aspectos relativos a las instalaciones térmicas.

Disposición final segunda. Adaptación del Real Decreto.

Se faculta al titular del Ministerio de la Presidencia, a propuesta de los Ministros de Industria, Energía y Turismo y de Fomento, para introducir en el Reglamento de Instalaciones Térmicas en los Edificios (RITE) y, en particular, en las Instrucciones técnicas y en los Apéndices, cuantas modificaciones de carácter técnico fuesen precisas para mantenerlos adaptados al progreso de la técnica y especialmente a lo dispuesto en la normativa comunitaria. En particular, la exigencia de eficiencia energética se revisará periódicamente en intervalos no superiores a cinco años y, en caso necesario, será actualizada.

Disposición final tercera. Inscripción de documentos reconocidos del RITE.

Se autoriza al Ministro de Industria, Energía y Turismo para que inscriba en el Registro general de documentos reconocidos del Reglamento de Instalaciones Térmicas en los Edificios (RITE) los documentos a que se hace referencia en el artículo 6 de dicho reglamento.

Disposición final cuarta. Entrada en vigor.

Este Real Decreto entrará en vigor a los seis meses de su publicación en el Boletín Oficial del Estado.

Dado en Palma de Mallorca, el 20 de julio de 2007.

Juan Carlos R.

La Vicepresidenta Primera del Gobierno
y Ministra de la Presidencia,
María Teresa Fernández de la Vega Sanz.

Reglamento de Instalaciones Térmicas en los Edificios (RITE)

PARTE 1

DISPOSICIONES GENERALES

PARTE 2
INSTRUCCIONES TÉCNICAS

Instrucción técnica IT 1. Diseño y dimensionado

Instrucción técnica IT 3. Mantenimiento y uso

Instrucción técnica IT 4. Inspección

PARTE 1

Disposiciones generales

Capítulo 1. Disposiciones generales

Artículo 1. Objeto

El Reglamento de Instalaciones Térmicas en los Edificios, en adelante RITE, tiene por objeto establecer las exigencias de eficiencia energética y seguridad que deben cumplir las instalaciones térmicas en los edificios destinadas a atender la demanda de bienestar e higiene de las personas, durante su diseño y dimensionado, ejecución, mantenimiento y uso, así como determinar los procedimientos que permitan acreditar su cumplimiento.

Artículo 2. Ámbito de aplicación

1. A efectos de la aplicación del RITE se considerarán como instalaciones térmicas las instalaciones fijas de climatización (calefacción, refrigeración y ventilación) destinadas a atender la demanda de bienestar térmico e higiene de las personas, o las instalaciones destinadas a la producción de agua caliente sanitaria (ACS), incluidas las interconexiones a redes urbanas de calefacción o refrigeración y los sistemas de automatización y control.

2. El RITE se aplicará a las instalaciones térmicas en los edificios de nueva construcción y a las instalaciones térmicas que se reformen en los edificios existentes, exclusivamente en lo que a la parte reformada se refiere, así como en lo relativo al mantenimiento, uso e inspección de todas las instalaciones térmicas, con las limitaciones que en el mismo se determinan.

3. Se entenderá por reforma de una instalación térmica todo cambio que se efectúe en ella y que suponga una modificación del proyecto o memoria técnica con el que fue ejecutada y registrada. En tal sentido, se consideran reformas las que estén comprendidas en alguno de los siguientes casos:

    a) La incorporación de nuevos subsistemas de climatización o de producción de agua caliente sanitaria o la modificación de los existentes.

    b) La sustitución de un generador de calor o frío por otro de diferentes características o la interconexión con una red urbana de calefacción o refrigeración.

    c) La ampliación del número de equipos generadores de calor o frío.

    d) El cambio del tipo de energía utilizada o la incorporación de energías renovables.

    e) El cambio de uso previsto del edificio.

4. También se considerará reforma de una instalación térmica, a efectos de aplicación del RITE, la sustitución o reposición de un generador de calor o frío por otro de similares características, aunque ello no suponga una modificación del proyecto o memoria técnica.

5. Con independencia de que un cambio efectuado en una instalación térmica sea considerado o no reforma de acuerdo con lo dispuesto en el apartado anterior, todos los productos que se incorporen a la misma deberán cumplir los requisitos relativos a las condiciones de los equipos y materiales en el artículo 18 de este reglamento.

6. No será de aplicación el RITE a las instalaciones térmicas de procesos industriales, agrícolas o de otro tipo, en la parte que no esté destinada a atender la demanda de bienestar térmico e higiene de las personas.

Artículo 3. Responsabilidad de su aplicación

Quedan responsabilizados del cumplimiento del RITE los agentes que participan en el diseño y dimensionado, ejecución, mantenimiento e inspección de estas instalaciones, así como las entidades e instituciones que intervienen en el visado, supervisión o informe de los proyectos o memorias técnicas y los titulares y usuarios de las mismas, según lo establecido en este reglamento.

Artículo 4. Contenido del RITE

Con el fin de facilitar su comprensión y utilización, el RITE se ordena en dos partes:

1. La Parte I, Disposiciones generales, que contiene las condiciones generales de aplicación del RITE y las exigencias de bienestar e higiene, eficiencia energética y energías renovables y residuales y seguridad que deben cumplir las instalaciones térmicas.

2. La Parte II, constituida por las Instrucciones técnicas, en adelante IT, que contiene la caracterización de las exigencias técnicas y su cuantificación, con arreglo al desarrollo actual de la técnica. La cuantificación de las exigencias se realiza mediante el establecimiento de niveles o valores límite, así como procedimientos expresados en forma de métodos de verificación o soluciones sancionadas por la práctica cuya utilización permite acreditar su cumplimiento.

Artículo 5. Remisión a normas

1. Las Instrucciones técnicas pueden establecer la aplicación obligatoria, voluntaria, o como simple referencia a normas UNE u otras reconocidas internacionalmente, de manera total o parcial, a fin de facilitar su adaptación al estado de la técnica en cada momento.

2. Cuando una Instrucción técnica haga referencia a una norma determinada, la versión aparecerá especificada, y será esta la que deba ser utilizada, aun existiendo una nueva versión, excepto cuando se trate de normas UNE correspondientes a normas EN o EN ISO cuya referencia haya sido publicada en el Diario Oficial de la Unión Europea en el marco de la aplicación del Reglamento (UE) n.º 305/2011 del Parlamento Europeo y del Consejo, de 9 de marzo de 2011, por el que se establecen condiciones armonizadas para la comercialización de productos de construcción y se deroga la Directiva 89/106/CEE del Consejo, en cuyo caso la cita debe relacionarse con la versión de dicha referencia.

3. En el Apéndice 2 se recoge el listado de todas las normas de referencia citadas en el texto del RITE, identificadas por su título, numeración y año de edición.

Artículo 6. Documentos reconocidos

1. Con el fin de facilitar el cumplimiento de las exigencias del RITE, se crean los denominados documentos reconocidos del RITE, que se definen como documentos técnicos sin carácter reglamentario, que cuenten con el reconocimiento conjunto del Ministerio de Industria, Energía y Turismo y del Ministerio de Fomento.

2. Los documentos reconocidos podrán tener el contenido siguiente:

    a) especificaciones, guías técnicas o códigos de buena práctica que incluyan procedimientos de diseño, dimensionado, montaje, mantenimiento, uso o inspección de las instalaciones térmicas;

    b) métodos de evaluación, modelos de soluciones, programas informáticos y datos estadísticos sobre las instalaciones térmicas;

    c) guías de aplicación con criterios que faciliten la aplicación técnico-administrativa del RITE;

    d) cualquier otro documento que facilite la aplicación del RITE, excluidos los que se refieran a la utilización de un producto o sistema particular o bajo patente.

Artículo 7. Registro general de documentos reconocidos para el RITE

1. Se crea en el Ministerio de Industria, Energía y Turismo y adscrito a la Secretaría General de Energía, el Registro general de documentos reconocidos para el RITE, que tendrá carácter público e informativo.

2. El funcionamiento de dicho registro será atendido con los medios personales y materiales de la Secretaría de Estado de Energía del Ministerio de Industria, Energía y Turismo.

Artículo 8. Otra reglamentación aplicable

Las instalaciones objeto del RITE deben cumplir, asimismo, con los demás reglamentos que estén vigentes y que le sean de aplicación.

Artículo 9. Términos y definiciones

A efectos de la aplicación del RITE, los términos que figuran en él deben utilizarse conforme al significado y a las condiciones que se establecen para cada uno de ellos en el apéndice 1. Para los términos no incluidos habrán de considerarse las definiciones específicas recogidas en las normas elaboradas por los Comités Técnicos de Normalización de la Asociación Española de Normalización (UNE) y en la Directiva (UE) 2018/2001 del Parlamento Europeo y del Consejo, de 11 de diciembre de 2018, la Directiva (UE) 2018/844 del Parlamento Europeo y del Consejo, de 30 de mayo de 2018, y la Directiva (UE) 2018/2002 del Parlamento Europeo y del Consejo, de 11 de diciembre de 2018.

Capítulo 2. Exigencias técnicas

Artículo 10. Exigencias técnicas de las instalaciones térmicas

Las instalaciones térmicas deben diseñarse y calcularse, ejecutarse, mantenerse y utilizarse de forma que se cumplan las exigencias técnicas de bienestar e higiene, eficiencia energética y energías renovables y residuales y seguridad que establece este reglamento.

Artículo 11. Bienestar e higiene

Las instalaciones térmicas deben diseñarse y calcularse, ejecutarse, mantenerse y utilizarse de tal forma que se obtenga una calidad térmica del ambiente, una calidad del aire interior y una calidad de la dotación de agua caliente sanitaria que sean aceptables para los usuarios del edificio sin que se produzca menoscabo de la calidad acústica del ambiente, cumpliendo, sin perjuicio de los posibles requisitos adicionales establecidos en el Código Técnico de la Edificación, los requisitos siguientes:

1. Calidad térmica del ambiente: las instalaciones térmicas permitirán mantener los parámetros que definen el ambiente térmico dentro de un intervalo de valores determinados con el fin de mantener unas condiciones ambientales confortables para los usuarios de los edificios.

2. Calidad del aire interior: las instalaciones térmicas permitirán mantener una calidad del aire interior aceptable, en los locales ocupados por las personas, eliminando los contaminantes que se produzcan de forma habitual durante el uso normal de los mismos, aportando un caudal suficiente de aire exterior y garantizando la extracción y expulsión del aire viciado.

3. Higiene: las instalaciones térmicas permitirán proporcionar una dotación de agua caliente sanitaria, en condiciones adecuadas, para la higiene de las personas.

4. Calidad del ambiente acústico: en condiciones normales de utilización, el riesgo de molestias o enfermedades producidas por el ruido y las vibraciones de las instalaciones térmicas estará limitado.

Artículo 12. Eficiencia energética, energías renovables y energías residuales

Las instalaciones térmicas deben diseñarse y calcularse, ejecutarse, mantenerse y utilizarse de tal forma que globalmente se mejore la eficiencia energética y, como consecuencia, se reduzcan las emisiones de gases de efecto invernadero y otros contaminantes atmosféricos, mediante la utilización de sistemas eficientes energéticamente, de sistemas que permitan la recuperación de energía y la utilización de las energías renovables y de las energías residuales, cumpliendo los requisitos siguientes:

1. Equipos: los equipos de generación de calor y frío, ventilación, así como los destinados al movimiento y transporte de fluidos, se seleccionarán en orden a conseguir que sus prestaciones, en cualquier condición de funcionamiento, cumplan las exigencias mínimas en eficiencia energética establecidas por los reglamentos de diseño ecológico según lo establecido por el Real Decreto 187/2011, de 18 de febrero, relativo al establecimiento de requisitos de diseño ecológico aplicables a los productos relacionados con la energía.

2. Distribución de fluidos: los equipos y las conducciones de las instalaciones térmicas deben quedar aislados térmicamente, para conseguir los niveles adecuados de ventilación y que los fluidos portadores lleguen a las unidades terminales con temperaturas próximas a las de salida de los equipos de generación.

3. Regulación y control: las instalaciones estarán dotadas de los sistemas de regulación y control necesarios para que se puedan mantener las condiciones de diseño previstas en los locales climatizados, ajustando, al mismo tiempo, los consumos de energía a las variaciones de la demanda térmica, así como interrumpir el servicio.

4. Contabilización de consumos: las instalaciones térmicas deben estar equipadas con sistemas de contabilización para que el usuario conozca su consumo de energía, y para permitir el reparto de los gastos de explotación en función del consumo, entre distintos usuarios, cuando la instalación satisfaga la demanda de múltiples consumidores.

5. Emisores: los emisores de las instalaciones térmicas deben seleccionarse para conseguir los niveles adecuados de bienestar, exigencias de eficiencia energética, utilización de energías renovables y aprovechamiento de energías residuales recogidos en las Instrucciones Técnicas.

6. Recuperación de energía: las instalaciones térmicas y las de ventilación incorporarán subsistemas que permitan el ahorro, la recuperación de energía y el aprovechamiento de energías residuales.

7. Utilización de energías renovables y aprovechamiento de energías residuales: las instalaciones térmicas utilizarán las energías renovables y aprovecharán las energías residuales, con el objetivo de cubrir con estas energías una parte de las necesidades del edificio.

Artículo 13. Seguridad

Las instalaciones térmicas deben diseñarse y calcularse, ejecutarse, mantenerse y utilizarse de tal forma que se prevenga y reduzca a límites aceptables el riesgo de sufrir accidentes y siniestros capaces de producir daños o perjuicios a las personas, flora, fauna, bienes o al medio ambiente, así como de otros hechos susceptibles de producir en los usuarios molestias o enfermedades.

Capítulo 3. Condiciones administrativas

Artículo 14. Condiciones generales para el cumplimiento del RITE

1. Los agentes que intervienen en las instalaciones térmicas, en la medida en que afecte a su actuación, deben cumplir las condiciones que el RITE establece sobre diseño y dimensionado, ejecución, mantenimiento, uso e inspección de la instalación.

2. Para justificar que una instalación cumple las exigencias que se establecen en el RITE podrá optarse por una de las siguientes opciones:

   a. adoptar soluciones basadas en las Instrucciones técnicas, cuya correcta aplicación en el diseño y dimensionado, ejecución, mantenimiento y utilización de la instalación, es suficiente para acreditar el cumplimiento de las exigencias; o

   b. adoptar soluciones alternativas, entendidas como aquellas que se apartan parcial o totalmente de las Instrucciones técnicas. El proyectista o el director de la instalación, bajo su responsabilidad y previa conformidad de la propiedad, pueden adoptar soluciones alternativas, siempre que justifiquen documentalmente que la instalación diseñada satisface las exigencias del RITE porque sus prestaciones son, al menos, equivalentes a las que se obtendrían por la aplicación de las soluciones basadas en las Instrucciones técnicas.

Artículo 15. Documentación técnica de diseño y dimensionado de las instalaciones térmicas

1. Las instalaciones térmicas incluidas en el ámbito de aplicación del RITE deben ejecutarse sobre la base de una documentación técnica que, en función de su importancia, debe adoptar una de las siguientes modalidades:

   a. cuando la potencia térmica nominal a instalar en generación de calor o frío sea mayor que 70 kW, se requerirá la realización de un proyecto;

   b. cuando la potencia térmica nominal a instalar en generación de calor o frío sea mayor o igual que 5 kW y menor o igual que 70 kW, el proyecto podrá ser sustituido por una memoria técnica;

   c. no es preceptiva la presentación de la documentación anterior para acreditar el cumplimiento reglamentario ante el órgano competente de la comunidad autónoma para las instalaciones de potencia térmica nominal instalada en generación de calor o frío menor que 5 kW, las instalaciones de producción de agua caliente sanitaria por medio de calentadores instantáneos, calentadores acumuladores, termos eléctricos cuando la potencia térmica nominal de cada uno de ellos por separado o su suma sea menor o igual que 70 kW y los sistemas solares consistentes en un único elemento prefabricado.

2. Cuando en un mismo edificio existan múltiples generadores de calor, frío, o de ambos tipos, la potencia térmica nominal de la instalación, a efectos de determinar la documentación técnica de diseño requerida, se obtendrá como la suma de las potencias térmicas nominales de los generadores de calor o de los generadores de frío necesarios para cubrir el servicio, sin considerar en esta suma la instalación solar térmica.

3. En el caso de las instalaciones solares térmicas la documentación técnica de diseño requerida será la que corresponda a la potencia térmica nominal en generación de calor o frío del equipo de energía de apoyo. En el caso de que no exista este equipo de energía de apoyo o cuando se trate de una reforma de la instalación térmica que únicamente incorpore energía solar, la potencia, a estos efectos, se determinará multiplicando la superficie de apertura de campo de los captadores solares instalados por 0,7 kW/m².

4. Toda reforma de una instalación de las contempladas en el artículo 2.3 requerirá la realización previa de un proyecto o memoria técnica sobre el alcance de la misma, en la que se justifique el cumplimiento de las exigencias del RITE y la normativa vigente que le afecte en la parte reformada.

5. Cuando la reforma implique el cambio del tipo de energía o la incorporación de energías renovables, en el proyecto o memoria técnica de la reforma se debe justificar la adaptación de los equipos generadores de calor o frío y sus nuevos rendimientos energéticos así como, en su caso, las medidas de seguridad complementarias que la nueva fuente de energía demande para el local donde se ubique, de acuerdo con este reglamento y la normativa vigente que le afecte.

6. Cuando haya un cambio del uso previsto de un edificio, en el proyecto o memoria técnica de la reforma se analizará y justificará su explotación energética y la idoneidad de las instalaciones existentes para el nuevo uso así como la necesidad de modificaciones que obliguen a contemplar la zonificación y el fraccionamiento de las demandas de acuerdo con las exigencias técnicas del RITE y la normativa vigente que le afecte.

7. En el caso de interconexión con redes urbanas de calefacción o refrigeración, la potencia de generación de calor o frío del edificio será la del correspondiente sistema de intercambio de la instalación de interconexión. La memoria técnica, o proyecto en su caso, debe incluir información relativa a la potencia de conexión, identificación de la

red urbana a la que se conecta, potencia térmica nominal de calor y frío de la central de generación de la red urbana, las fuentes de energía utilizadas para la producción de calor y frío y su rendimiento, conforme a la información que deberá proporcionar el gestor de cada red.

Artículo 16. Proyecto

1. Cuando se precise proyecto, este debe ser redactado y firmado por técnico titulado competente. El proyectista será responsable de que el mismo se adapte a las exigencias del RITE y de cualquier otra reglamentación o normativa que pudiera ser de aplicación a la instalación proyectada.

2. El proyecto de la instalación se desarrollará en forma de uno o varios proyectos específicos, o integrado en el proyecto general del edificio. Cuando los autores de los proyectos específicos fueran distintos que el autor del proyecto general, deben actuar coordinadamente con este.

3. El proyecto describirá la instalación térmica en su totalidad, sus características generales y la forma de ejecución de la misma, con el detalle suficiente para que pueda valorarse e interpretarse inequívocamente durante su ejecución. En el proyecto se incluirá la siguiente información:

    a. Justificación de que las soluciones propuestas cumplen las exigencias de bienestar térmico e higiene, eficiencia energética, uso de energías renovables y residuales y seguridad del RITE y demás normativa aplicable.

    b. Las características técnicas mínimas que deben reunir los equipos y materiales que conforman la instalación proyectada, así como sus condiciones de suministro y ejecución, las garantías de calidad y el control de recepción en obra que deba realizarse.

    c. Las verificaciones y las pruebas que deban efectuarse para realizar el control de la ejecución de la instalación y el control de la instalación terminada.

    d. Las instrucciones de uso y mantenimiento de acuerdo con las características específicas de la instalación, mediante la elaboración de un *Manual de uso y mantenimiento* que contendrá las instrucciones de seguridad, manejo y maniobra, así como los programas de funcionamiento, mantenimiento preventivo y gestión energética de la instalación proyectada, de acuerdo con la IT 3.

4. Para extender un visado de un proyecto, los Colegios Profesionales comprobarán que se cumple lo establecido en el apartado tercero de este artículo. Los organismos que, preceptivamente, extiendan visados técnicos sobre proyectos, comprobarán, además, que lo reseñado en dicho apartado se ajusta a este reglamento.

Artículo 17. Memoria técnica

1. La memoria técnica se redactará sobre impresos, según modelo determinado por el órgano competente de la comunidad autónoma, y constará de los documentos siguientes:

   a. Justificación de que las soluciones propuestas cumplen las exigencias de bienestar térmico e higiene, eficiencia energética y energías renovables y residuales y seguridad del RITE.

   b. Una breve memoria descriptiva de la instalación, en la que figuren el tipo, el número y las características de los equipos generadores de calor o frío, sistemas de energías renovables y otros elementos principales.

   c. El cálculo de la potencia térmica instalada de acuerdo con un procedimiento reconocido. Se explicitarán los parámetros de diseño elegidos.

   d. Los planos o esquemas de las instalaciones.

2. Será elaborada por instalador habilitado, o por técnico titulado competente. El autor de la memoria técnica será responsable de que la instalación se adapte a las exigencias de bienestar e higiene, eficiencia energética y energías renovables y residuales y seguridad del RITE y actuará coordinadamente con el autor del proyecto general del edificio.

Artículo 18. Condiciones de los equipos y materiales

1. Los equipos y materiales cumplirán todas las normas vigentes y que les sean de aplicación, debiendo los que se incorporen con carácter permanente a los edificios, en función de su uso previsto, llevar el marcado CE y el etiquetado energético, de conformidad con la normativa vigente.

   Todos los productos deberán cumplir los requisitos establecidos en las medidas de ejecución que les resulten de aplicación de acuerdo con lo dispuesto en el Real Decreto 187/2011, de 18 de febrero, relativo al establecimiento de requisitos de diseño ecológico aplicables a los productos relacionados con la energía, además de cumplir con las obligaciones establecidas por el Real Decreto 1390/2011, de 14 de octubre, por el que se regula la indicación del consumo de energía y otros recursos por parte de los productos relacionados con la energía, mediante el etiquetado y una información normalizada, así como con el Reglamento (UE) 2017/1369 del Parlamento Europeo y del Consejo, de 4 de julio de 2017, por el que se establece un marco para el etiquetado energético y se deroga la Directiva 2010/30/UE.

Real Decreto 187/2011, de 18 de febrero, relativo al establecimiento de requisitos de diseño ecológico aplicables a los productos relacionados con la energía.

[...]

Parámetros de diseño ecológico para los productos

1.1 Deben determinarse los aspectos medioambientales significativos con referencia a las siguientes fases del ciclo de vida del producto, en la medida en que guarden relación con el diseño del mismo:

a) selección y uso de materias primas;

b) fabricación;

c) envasado, transporte y distribución;

d) instalación y mantenimiento;

e) utilización; y

f) fin de vida útil, entendiéndose por ello el estado de un producto que ha llegado al término de su primera utilización, hasta la eliminación final.

1.2 En cada fase deben evaluarse, en su caso, los siguientes aspectos medioambientales:

a) consumo previsto de materiales, de energía y de otros recursos, como agua dulce;

b) emisiones previstas a la atmósfera, al agua o al suelo;

c) contaminación prevista mediante efectos físicos como el ruido, la vibración, la radiación, los campos electromagnéticos;

d) generación prevista de residuos; y

e) posibilidades de reutilización, reciclado y valorización de materiales y/o de energía, teniendo en cuenta la Directiva 2002/96/CE, del Parlamento Europeo y del Consejo, de 27 de enero, sobre residuos de aparatos eléctricos y electrónicos, transpuesta mediante Real Decreto 208/2005, de 25 de febrero, sobre aparatos eléctricos y electrónicos y la gestión de sus residuos.

1.3 En particular, deben utilizarse los siguientes parámetros, según proceda, y se complementarán con otros, en caso necesario, para evaluar el potencial de mejora de los aspectos medioambientales mencionados en el apartado anterior:

a) peso y volumen del producto;

b) utilización de materiales procedentes de actividades de reciclado;

c) consumo de energía, agua y otros recursos a lo largo del ciclo de vida;

d) utilización de sustancias clasificadas como peligrosas para la salud o el medio ambiente, de conformidad con la Directiva 67/548/CEE del Consejo, de 27 de junio de 1967, relativa a la aproximación de las disposiciones legales, reglamentarias y administrativas en materia de clasificación, embalaje y etiquetado de las sustancias peligrosas y teniendo en cuenta la legislación relativa a la comercialización y el uso de determinadas sustancias, como las Directivas 76/769/CEE, del Consejo, de 27 de julio, relativa a la aproximación de las disposiciones legales, reglamentarias y administrativas de los Estados miembros que limitan la comercialización y el uso de determinadas sustancias y preparados peligrosos, y la Directiva 2002/95/CE, del Parlamento Europeo y del Consejo de 27 de enero, sobre restricciones a la utilización de determinadas sustancias peligrosas en aparatos eléctricos y electrónicos;

e) cantidad y naturaleza de consumibles necesarios para un mantenimiento y utilización adecuados;

f) facilidad de reutilización y reciclado, expresada mediante: número de materiales y componentes utilizados, utilización de componentes estándar, tiempo necesario para el desmontado, complejidad de las herramientas necesarias para el desmontado, utilización de normas de codificación de materiales y componentes, con el fin de determinar los componentes y materiales adecuados para la reutilización y el reciclado (incluido el marcado de partes plásticas de conformidad con las normas ISO), utilización de materiales fácilmente reciclables, facilidad de acceso a componentes y materiales valiosos y reciclables, facilidad de acceso a componentes y materiales que contengan sustancias peligrosas;

g) incorporación de componentes usados;

h) no utilización de soluciones técnicas perjudiciales para la reutilización y el reciclado de componentes y aparatos completos;

i) extensión de la vida útil expresada a través de: vida útil mínima garantizada, plazo mínimo de disponibilidad de piezas de repuesto, modularidad, posibilidad de ampliación o mejora, posibilidad de reparación;

j) cantidad de residuos generados y cantidad de residuos peligrosos generados;

k) emisiones a la atmósfera (gases de efecto invernadero, agentes acidificantes, compuestos orgánicos volátiles, sustancias que agotan la capa de ozono, contaminantes orgánicos persistentes, metales pesados, partículas finas y partículas suspendidas), sin perjuicio de lo dispuesto en la Directiva 97/68/CE del Parlamento Europeo y del Consejo, de 16 de diciembre de 1997, sobre aproximación de las legislaciones de los Estados miembros en cuanto a las medidas contra la emisión de gases y partículas contaminantes procedentes de los motores de combustión interna que se instalen en las máquinas móviles no de carretera;

l) emisiones al agua (metales pesados, sustancias con efectos nocivos en el equilibrio de oxígeno, contaminantes orgánicos persistentes); y

m) emisiones al suelo (especialmente vertidos y pérdidas de sustancias peligrosas durante la fase de utilización del producto, y el potencial de lixiviación al eliminarse como residuo).

Real Decreto 1390/2011, de 14 de octubre, por el que se regula la indicación del consumo de energía y otros recursos por parte de los productos relacionados con la energía, mediante el etiquetado y una información normalizada.

El Real Decreto Legislativo 1/2007, de 16 de noviembre, por el que se aprueba el texto refundido de la Ley General para la Defensa de los Consumidores y Usuarios y otras leyes complementarias, establece, entre otros, el derecho básico de los consumidores y usuarios a la información correcta sobre los diferentes productos puestos a su disposición en el mercado, a fin de facilitar el necesario conocimiento sobre su adecuado uso, consumo y disfrute.

En la legislación española existen diversas disposiciones que desarrollan este derecho a la información, entre otras, el Real Decreto 1468/1988, de 2 de diciembre, por el que se aprueba el Reglamento de etiquetado, presentación y publicidad de los productos industriales destinados a su venta directa a los consumidores y usuarios. Esta norma establece, con carácter general, los requisitos mínimos que deben figurar en el etiquetado, presentación y publicidad de estos productos, con el fin de permitir al consumidor final el conocimiento suficiente de sus características esenciales para su correcto uso.

[...]

Artículo 1. Objeto y ámbito de aplicación

1. Este real decreto tiene como objeto regular la información dirigida al usuario final, particularmente por medio del etiquetado y la información normalizada del producto, sobre el consumo de energía y cuando corresponda, de otros recursos esenciales respecto a los productos relacionados con la energía durante su utilización, así como otra información complementaria, de manera que permita elegir a los usuarios finales productos más eficientes.

2. Este real decreto se aplicará a los productos relacionados con la energía cuya utilización tenga una incidencia directa o indirecta significativa sobre el consumo de energía, y en su caso, sobre otros recursos esenciales.

[...]

Artículo 5. Información obligatoria

1. Deberá ponerse en conocimiento del usuario final, de conformidad con los Reglamentos delegados que se dicten para cada tipo de productos, la información referente al consumo de energía eléctrica, de otras formas de energía y, cuando proceda, de otros recursos esenciales durante la utilización del producto, así como otros datos complementarios, mediante una ficha y una etiqueta relativas a los productos destinados a la venta, alquiler o alquiler con derecho a compra, tanto directa como indirectamente a través de cualquier medio de venta a distancia, por ejemplo, Internet.

2. Para los productos integrados o instalados, solamente se facilitará la información contemplada en el apartado 1 de este artículo, cuando así lo prescriba el Reglamento delegado aplicable.

3. Toda publicidad sobre un modelo concreto de productos relacionados con la energía a los que se aplique un Reglamento delegado deberá incluir, cuando se ofrezca información relacionada con la energía o el precio, una referencia a la clase de eficiencia energética del producto.

4. Toda documentación técnica de carácter promocional sobre productos relacionados con la energía que describa los parámetros técnicos específicos de un producto, tales como los manuales técnicos y los folletos de los fabricantes, ya sea en forma impresa u online, deben proporcionar a los usuarios finales la información necesaria sobre el consumo de energía o incluir una referencia a la clase de eficiencia energética del producto.

5. Todo producto regulado por este real decreto o por su Reglamento delegado correspondiente que se comercialice o ponga en servicio en España, deberá incluir, los datos e informaciones dirigidas al usuario final, al menos, en la lengua española oficial del Estado.

[...]

Reglamento (UE) 2017/1369 del Parlamento Europeo y del Consejo, de 4 de julio de 2017, por el que se establece un marco para el etiquetado energético y se deroga la Directiva 2010/30/UE

Considerando lo siguiente:

(1) La Unión se ha comprometido a crear una Unión de la Energía con una política climática ambiciosa. La eficiencia energética es un elemento crucial del marco de actuación de la Unión en materia de clima y energía hasta el año 2030 y es decisiva para moderar la demanda energética.

(2) El etiquetado energético permite a los clientes tomar decisiones fundadas sobre el consumo energético de los productos relacionados con la energía. La información sobre productos eficientes y sostenibles relacionados con la energía constituye una significativa contribución al ahorro de energía y a la reducción de la factura energética, promoviendo al mismo tiempo la innovación y las inversiones en la producción de productos cada vez más eficientes desde el punto de vista energético. Mejorar la eficiencia de los productos relacionados con la energía por medio de elecciones fundadas de los clientes y armonizar los requisitos relacionados a escala de la Unión beneficia también a los fabricantes, a la industria y a la economía de la Unión en general.

[...]

(8) La mejora de la eficiencia de los productos relacionados con la energía gracias a la capacidad del cliente de decidir con conocimiento de causa beneficia a la economía de la Unión, reduce la demanda energética y permite a los clientes ahorros en la factura energética, contribuye a la innovación y a la inversión en eficiencia energética, y permite a las industrias que idean y producen los productos de mayor eficiencia energética conseguir una ventaja competitiva. También contribuye al logro de los objetivos de la Unión en materia de eficiencia energética para 2020 y 2030, así como los objetivos de la Unión en materia de medio ambiente y de cambio climático. Además, aspira a tener un impacto positivo en los resultados medioambientales de los productos y partes de los mismos relacionados con la energía, inclusive la utilización de recursos no energéticos.

(9) El presente Reglamento contribuye al desarrollo, reconocimiento por parte del cliente y capacidad de penetración en los mercados de productos inteligentes desde el punto de vista energético que pueden ser activados para que interactúen con otros aparatos y sistemas, incluida la propia red de energía, con el fin de mejorar la eficiencia energética o acelerar la adopción de las energías renovables, reducir el consumo energético y promover la innovación en la industria de la Unión.

[...]

(10) La transmisión de información exacta, pertinente y comparable sobre el consumo específico de energía de los productos relacionados con la energía facilita la elección de los clientes en favor de los productos que consumen menos energía y otros recursos esenciales durante su utilización. Una etiqueta normalizada obligatoria para productos relacionados con la energía es un medio eficaz para proporcionar a los clientes potenciales información comparable sobre la eficiencia energética de los productos relacionados con la energía. La etiqueta debe completarse con una ficha de información del producto. La etiqueta debe ser fácilmente reconocible, sencilla y concisa. A tal fin, debe mantenerse su gama de colores actual, que va del verde oscuro al rojo, como base para informar a los usuarios finales de la eficiencia energética de los productos. Para que la etiqueta sea realmente útil a los clientes que buscan ahorros de energía y de costes, los diversos grados de la escala de la etiqueta deben corresponder a ahorros de energía y de costes que sean significativos para los clientes. Para la mayoría de los grupos de productos, la etiqueta debe, en su caso, indicar también el consumo absoluto de energía además de la escala de la etiqueta, con el fin de permitir a los clientes prever el impacto directo de su elección sobre su factura energética. No obstante, es imposible proporcionar la misma información en el caso de los productos relacionados con la energía que no consumen ellos mismos energía.

(11) Se ha constatado que la clasificación que utiliza las letras de A a G es la más rentable para los clientes. Se pretende que una aplicación uniforme de esta escala en los grupos de productos aumente la transparencia y la comprensión entre los clientes.

[...]

Artículo 3. Obligaciones generales de los proveedores.

1. Los proveedores velarán por que todos los productos introducidos en el mercado vayan acompañados, para cada unidad individual, gratuitamente, de etiquetas impresas precisas y de fichas de información del producto de conformidad con el presente Reglamento y los actos delegados pertinentes.

[...]

2. La certificación de conformidad de los equipos y materiales, con los reglamentos aplicables y con la legislación vigente, se realizará mediante los procedimientos establecidos en la normativa correspondiente.

Se aceptarán las marcas, sellos, certificaciones de conformidad u otros distintivos de calidad voluntarios, legalmente concedidos en cualquier Estado miembro de la Unión Europea, en un Estado integrante de la Asociación Europea de Libre Comercio que sea parte contratante del Acuerdo sobre el Espacio Económico Europeo, o en Turquía, siempre que se reconozca por la Administración pública competente que se garantizan un nivel de seguridad de las personas, los bienes o el medio ambiente, equivalente a las normas aplicables en España.

3. Se aceptarán, para su instalación y uso en los edificios sujetos a este reglamento, los productos procedentes de otros Estados miembros de la Unión Europea o de un Estado integrante de la Asociación Europea de Libre Comercio que sea parte contratante del Espacio Económico Europeo, o de Turquía que cumplan lo exigido en el apartado 2 de este artículo.

Capítulo 4. Condiciones para la ejecución de las instalaciones térmicas

Artículo 19. Generalidades

1. La ejecución de las instalaciones sujetas a este RITE se realizará por empresas instaladoras habilitadas.

2. La ejecución de las instalaciones térmicas que requiera la realización de un proyecto, de acuerdo con el artículo 15, debe efectuarse bajo la dirección de un técnico titulado competente, en funciones de director de la instalación.

3. La ejecución de las instalaciones térmicas se llevará a cabo con sujeción al proyecto o memoria técnica, según corresponda, y se ajustará a la normativa vigente y a las normas de la buena práctica.

4. Las preinstalaciones, entendidas como instalaciones especificadas pero no montadas parcial o totalmente, deben ser ejecutadas de acuerdo al proyecto o memoria técnica que las diseñó y dimensionó.

5. Las modificaciones que se pudieran realizar al proyecto o memoria técnica se autorizarán y documentarán, por el instalador habilitado o el director de la instalación, cuando la participación de este último sea preceptiva, previa conformidad de la propiedad.

6. El instalador habilitado o el director de la instalación, cuando la participación de este último sea preceptiva, realizarán los controles relativos a:

    a. Control de la recepción en obra de equipos y materiales.

    b. Control de la ejecución de la instalación.

    c. Control de la instalación terminada.

Artículo 20. Recepción en obra de equipos y materiales

1. Generalidades:

    a. El control de recepción tiene por objeto comprobar que las características técnicas de los equipos y materiales suministrados satisfacen lo exigido en el proyecto o memoria técnica mediante:

        i. Control de la documentación de los suministros.

        ii. Control mediante distintivos de calidad, en los términos del artículo 18.3 de este Reglamento.

        iii. Control mediante ensayos y pruebas.

b. En el pliego de condiciones técnicas del proyecto o en la memoria técnica se indicarán las condiciones particulares de control para la recepción de los equipos y materiales de las instalaciones térmicas.

c. El instalador habilitado o el director de la instalación, cuando la participación de este último sea preceptiva, deben comprobar que los equipos y materiales recibidos:

    I. Corresponden a los especificados en el pliego de condiciones del proyecto o en la memoria técnica.

    II. Disponen de la documentación exigida.

    III. Cumplen con las propiedades exigidas en el proyecto o memoria técnica.

    IV. Han sido sometidos a los ensayos y pruebas exigidos por la normativa en vigor o cuando así se establezca en el pliego de condiciones.

2. Control de la documentación de los suministros. El instalador habilitado o el director de la instalación, cuando la participación de este último sea preceptiva, verificarán la documentación proporcionada por los suministradores de los equipos y materiales que entregarán los documentos de identificación exigidos por las disposiciones de obligado cumplimiento y por el proyecto o memoria técnica. En cualquier caso, esta documentación comprenderá al menos los siguientes documentos:

a. Documentos de origen, hoja de suministro y etiquetado.

b. Copia del certificado de garantía del fabricante, de acuerdo con la Ley 23/2003, de 10 de julio, de garantías en la venta de bienes de consumo.

c. Documentos de conformidad o autorizaciones administrativas exigidas reglamentariamente, incluida la documentación correspondiente al marcado CE, etiquetado energético cuando sea pertinente, de acuerdo con las disposiciones que sean transposición de las directivas europeas que afecten a los productos suministrados.

3. Control de recepción mediante distintivos de calidad. El instalador habilitado y el director de la instalación, cuando la participación de este último sea preceptiva, verificarán que la documentación proporcionada por los suministradores sobre los distintivos de calidad que ostenten los equipos o materiales suministrados, que aseguren las características técnicas exigidas en el proyecto o memoria técnica sea correcta y suficiente para la aceptación de los equipos y materiales amparados por ella.

4. Control de recepción mediante ensayos y pruebas. Para verificar el cumplimiento de las exigencias técnicas del RITE, puede ser necesario, en determinados casos y para aquellos materiales o equipos que no estén obligados al marcado CE correspondiente, realizar ensayos y pruebas sobre algunos productos, según lo establecido en la reglamentación vigente, o bien según lo especificado en el proyecto o memoria técnica u ordenado por el instalador habilitado o el director de la instalación, cuando la participación de este último sea preceptiva.

Artículo 21. Control de la ejecución de la instalación

1. El control de la ejecución de las instalaciones se realizará de acuerdo con las especificaciones técnicas del proyecto o memoria técnica, y las modificaciones autorizadas por el instalador habilitado o el director de la instalación, cuando la participación de este último sea preceptiva.

2. Se comprobará que la ejecución de la obra se realiza de acuerdo con los controles establecidos en el pliego de condiciones técnicas.

3. Cualquier modificación o replanteo a la instalación que pudiera introducirse durante la ejecución de su obra, debe ser reflejada en la documentación de la obra.

Artículo 22. Control de la instalación terminada

1. En la instalación terminada, bien sobre la instalación en su conjunto o bien sobre sus diferentes partes, deben realizarse las comprobaciones y pruebas de servicio previstas en el proyecto o memoria técnica u ordenadas por el instalador habilitado o el director de la instalación, cuando la participación de este último sea preceptiva, las previstas en la Instrucción Técnica 2 de este Reglamento y las exigidas por la normativa vigente.

2. Las pruebas de la instalación se efectuarán por la empresa instaladora, que dispondrá de los medios humanos y materiales necesarios para efectuar las pruebas parciales y finales de la instalación, de acuerdo a los requisitos de la IT 2.

3. Todas las pruebas se efectuarán en presencia del instalador habilitado o del director de la instalación, cuando la participación de este último sea preceptiva, quien debe dar su conformidad tanto al procedimiento seguido como a los resultados obtenidos.

4. Los resultados de las distintas pruebas realizadas a cada uno de los equipos, aparatos o subsistemas, pasarán a formar parte de la documentación final de la instalación.

5. Cuando para extender el certificado de la instalación sea necesario disponer de energía para realizar pruebas, se solicitará, a la empresa

suministradora de energía un suministro provisional para pruebas por el instalador habilitado o por el director de la instalación a los que se refiere este reglamento, y bajo su responsabilidad.

Artículo 23. Certificado de la instalación

1. Una vez finalizada la instalación, realizadas las pruebas de puesta en servicio de la instalación que se especifica en la Instrucción Técnica 2 de este Reglamento, con resultado satisfactorio, el instalador habilitado y el director de la instalación, cuando la participación de este último sea preceptiva, suscribirán el certificado de la instalación.

2. El certificado, según modelo establecido por el órgano competente de la comunidad autónoma, tendrá como mínimo el contenido siguiente:

   a. Identificación y datos referentes a sus principales características técnicas de la instalación realmente ejecutada.

   b. Identificación de la empresa instaladora, instalador habilitado con carné profesional y del director de la instalación, cuando la participación de este último sea preceptiva.

   c. Los resultados de las pruebas de puesta en servicio realizadas de acuerdo con la IT 2.

   d. Declaración expresa de que la instalación ha sido ejecutada de acuerdo con el proyecto o memoria técnica y de que cumple con los requisitos exigidos por el RITE.

   e. En el caso de interconexión con una red urbana de calefacción o refrigeración, el certificado debe incluir información relativa a la potencia de conexión, identificación de la red urbana a la que se conecta, potencia de generación de calor y frío de la central de generación de la red urbana, las fuentes de energía utilizadas para la producción de calor y frio y su rendimiento

Capítulo 5. Condiciones para la puesta en servicio de la instalación

Artículo 24. Puesta en servicio de la instalación

1. Para la puesta en servicio de instalaciones térmicas, tanto de nueva planta como de reforma de las existentes, a las que se refiere el artículo 15.1.a y b, será necesario el registro del certificado de la instalación en el órgano competente de la comunidad autónoma donde radique la instalación, para lo cual la empresa instaladora debe presentar al mismo la siguiente documentación:

   a. proyecto o memoria técnica de la instalación realmente ejecutada;

   b. certificado de la instalación;

   c. certificado de inspección inicial con calificación aceptable, cuando sea preceptivo.

2. Las instalaciones térmicas a las que se refiere el artículo 15.1.c no precisarán acreditación del cumplimiento reglamentario ante el órgano competente de la comunidad autónoma.

3. Una vez comprobada la documentación aportada, el certificado de la instalación será registrado por el órgano competente de la comunidad autónoma, pudiendo a partir de este momento realizar la puesta en servicio de la instalación.

4. La puesta en servicio efectivo de las instalaciones estará supeditada, en su caso, a la aportación de una declaración responsable del cumplimiento de otros reglamentos de seguridad que la afecten.

5. No se tendrá por válida la actuación que no reúna los requisitos exigidos por el RITE o que se refiera a una instalación con deficiencias técnicas detectadas por los servicios de inspección de la Administración o de los organismos de control, en tanto no se subsanen debidamente tales carencias o se corrijan las deficiencias técnicas señaladas.

6. En ningún caso, el hecho de que un certificado de instalación se dé por registrado, supone la aprobación técnica del proyecto o memoria técnica, ni un pronunciamiento favorable sobre la idoneidad técnica de la instalación, acorde con los reglamentos y disposiciones vigentes que la afectan por parte de la Administración. El incumplimiento de los reglamentos y disposiciones vigentes que la afecten, podrá dar lugar a actuaciones para la corrección de deficiencias o incluso a la paralización inmediata de la instalación, sin perjuicio de la instrucción de expediente sancionador.

7. No se registrarán las preinstalaciones térmicas en los edificios.

8. Registrada la instalación por el órgano competente de la comunidad autónoma, el instalador habilitado o el director de la instalación, cuando la participación de este último sea preceptiva, hará entrega al titular de la instalación de la documentación que se relaciona a continuación, que se debe incorporar en el Libro del Edificio:

    a. el proyecto o memoria técnica de la instalación realmente ejecutada;

    b. el *Manual de uso y mantenimiento* de la instalación realmente ejecutada;

    c. una relación de los materiales y los equipos realmente instalados, en la que se indiquen sus características técnicas y de funcionamiento, junto con la correspondiente documentación de origen y garantía;

    d. los resultados de las pruebas de puesta en servicio realizadas de acuerdo con la IT 2;

    e. el certificado de la instalación, registrado en el órgano competente de la comunidad autónoma; y

    f. el certificado de la inspección inicial, cuando sea preceptivo.

9. Antes de solicitar el suministro de energía, el titular de la instalación debe hacer entrega a la empresa distribuidora y, en su defecto, a la empresa comercializadora, de una copia del certificado de la instalación, registrado en el órgano competente de la comunidad autónoma.

10. Queda prohibido el suministro de energía a aquellas instalaciones sujetas a este reglamento cuyo titular no hubiera facilitado a la empresa distribuidora y, en su defecto, a la empresa comercializadora, copia del certificado de la instalación registrado en el órgano competente de la comunidad autónoma correspondiente.

11. No será necesario el registro previsto en el apartado 1 de este artículo en caso de sustitución o reposición de equipos de generación de calor o frío cuando se trate de generadores de potencia útil nominal menor o igual que 70 kW, siempre que la variación de la potencia útil nominal del generador no supere el 25 % respecto de la potencia útil nominal del generador sustituido ni la potencia útil nominal del generador instalado supere los 70 kW.

    El titular o usuario de la instalación deberá conservar la documentación de la reforma de acuerdo con lo establecido en el artículo 25.5.c. Dicha documentación comprenderá como mínimo la factura de adquisición del generador y de su instalación, salvo que concurran otros reglamentos de seguridad industrial que requieran certificación de la actuación, en cuyo caso bastará la certificación exigida por tales reglamentos.

Capítulo 6. Condiciones para el uso y mantenimiento de la instalación

Artículo 25. Titulares y usuarios

1. El titular o usuario de las instalaciones térmicas es responsable del cumplimiento del RITE desde el momento en que se realiza su recepción provisional, de acuerdo con lo dispuesto en el artículo 12.1.c de la Ley 21/1992, de 16 de julio, de Industria, en lo que se refiere a su uso y mantenimiento, y sin que este mantenimiento pueda ser sustituido por la garantía.

Ley 21/1992, de 16 de julio, de Industria.

Artículo 12.1.c. Reglamentos de Seguridad. Los Reglamentos de Seguridad establecerán:

[…]

c) Las medidas que los titulares deban adoptar para la prevención, limitación y cobertura de los riesgos derivados de la actividad de las instalaciones o de la utilización de los productos; incluyendo, en su caso, estudios de impacto ambiental.

[…]

---

2. Las instalaciones térmicas se utilizarán adecuadamente, de conformidad con las instrucciones de uso contenidas en el *Manual de uso y mantenimiento* de la instalación térmica, absteniéndose de hacer un uso incompatible con el previsto.

3. Se pondrá en conocimiento del responsable de mantenimiento cualquier anomalía que se observe en el funcionamiento normal de las instalaciones térmicas.

4. Las instalaciones mantendrán sus características originales. Si son necesarias reformas, estas deben ser efectuadas por empresas habilitadas para ello de acuerdo a lo prescrito por este RITE.

5. El titular de la instalación será responsable de que se realicen las siguientes acciones:

    a) El mantenimiento de la instalación térmica por una empresa mantenedora habilitada.

b) Las inspecciones obligatorias.

c) La conservación de la documentación de todas las actuaciones, ya sean de mantenimiento, reparación, reforma o inspecciones realizadas en la instalación térmica o sus equipos, consignándolas en el Libro del Edificio, cuando el mismo exista.

Artículo 26. Mantenimiento de las instalaciones

1. Las operaciones de mantenimiento de las instalaciones sujetas al RITE se realizarán por empresas mantenedoras habilitadas.

2. Al hacerse cargo del mantenimiento, el titular de la instalación entregará al representante de la empresa mantenedora una copia del *Manual de uso y mantenimiento* de la instalación térmica, contenido en el Libro del Edificio.

3. La empresa mantenedora será responsable de que el mantenimiento de la instalación térmica sea realizado correctamente de acuerdo con las instrucciones del *Manual de uso y mantenimiento* y con las exigencias de este RITE.

4. El *Manual de uso y mantenimiento* de la instalación térmica debe contener las instrucciones de seguridad y de manejo y maniobra de la instalación, así como los programas de funcionamiento, mantenimiento preventivo y gestión energética.

5. Será obligación del mantenedor habilitado y del director de mantenimiento, cuando la participación de este último sea preceptiva, la actualización y adecuación permanente de la documentación contenida en el *Manual de uso y mantenimiento* a las características técnicas de la instalación.

6. El mantenimiento de las instalaciones sujetas a este RITE será realizado de acuerdo con lo establecido en la IT 3, atendiendo a los siguientes casos:

a. Instalaciones térmicas con potencia térmica nominal total instalada en generación de calor o frío igual o superior a 5 kW e inferior o igual a 70 kW.

Estas instalaciones se mantendrán por una empresa mantenedora, que debe realizar su mantenimiento de acuerdo con las instrucciones contenidas en el *Manual de uso y mantenimiento*.

b. Instalaciones térmicas con potencia térmica nominal total instalada en generación de calor o frío mayor que 70 kW.

Estas instalaciones se mantendrán por una empresa mantenedora con la que el titular de la instalación térmica debe suscribir un contrato de mantenimiento, realizando su mantenimiento de acuerdo con las instrucciones contenidas en el *Manual de uso y mantenimiento*.

c. Instalaciones térmicas cuya potencia térmica nominal total instalada sea mayor que 5.000 kW en calor y/o 1.000 kW en frío, así como las instalaciones de calefacción o refrigeración solar cuya potencia térmica sea mayor que 400 kW.

Estas instalaciones se mantendrán por una empresa mantenedora con la que el titular debe suscribir un contrato de mantenimiento. El mantenimiento debe realizarse bajo la dirección de un técnico titulado competente con funciones de director de mantenimiento, ya pertenezca a la propiedad del edificio o a la plantilla de la empresa mantenedora.

7. En el caso de las instalaciones solares térmicas la clasificación en los apartados anteriores será la que corresponda a la potencia térmica nominal en generación de calor o frío del equipo de energía de apoyo. En el caso de que no exista este equipo de energía de apoyo la potencia, a estos efectos, se determinará multiplicando la superficie de apertura de campo de los captadores solares instalados por 0,7 kW/m².

8. El titular de la instalación podrá realizar con personal de su plantilla el mantenimiento de sus propias instalaciones térmicas, siempre y cuando, presente ante el órgano competente de la comunidad autónoma una declaración responsable de cumplimiento de los requisitos exigidos en el artículo 37 para el ejercicio de la actividad de mantenimiento.

Artículo 27. Registro de las operaciones de mantenimiento

1. Toda instalación térmica debe disponer de un registro en el que se recojan las operaciones de mantenimiento y las reparaciones que se produzcan en la instalación, y que formará parte del Libro del Edificio.

2. El titular de la instalación será responsable de su existencia y lo tendrá a disposición de las autoridades competentes que así lo exijan por inspección o cualquier otro requerimiento. Se deberá conservar durante un tiempo no inferior a cinco años, contados a partir de la fecha de ejecución de la correspondiente operación de mantenimiento.

3. La empresa mantenedora confeccionará el registro y será responsable de las anotaciones en el mismo.

Artículo 28. Certificado de mantenimiento

1. Anualmente, en aquellos casos en que sea obligatorio suscribir contrato de mantenimiento la empresa mantenedora y el director de mantenimiento, cuando la participación de este último sea preceptiva, suscribirán el certificado de mantenimiento, que será enviado, si así se determina, al órgano competente de la comunidad autónoma, quedando una copia del mismo en posesión del titular de la instalación, quien lo incorporará al Libro del Edificio cuando este exista. La validez del certificado de mantenimiento expedido será como máximo de un año.

2. El certificado de mantenimiento, según modelo establecido por el órgano competente de la comunidad autónoma, tendrá como mínimo el contenido siguiente:

   a) Identificación de la instalación, incluyendo el número de expediente inicial con el que se registró la instalación.

   b) Identificación de la empresa mantenedora, mantenedor habilitado responsable de la instalación y del director de mantenimiento, cuando la participación de este último sea preceptiva.

   c) Declaración expresa de que la instalación ha sido mantenida de acuerdo con el *Manual de uso y mantenimiento* y que cumple con los requisitos exigidos en la IT 3.

   d) Resumen de los consumos anuales registrados: combustible, energía eléctrica, agua para llenado de las instalaciones, agua caliente sanitaria, totalización de los contadores individuales de agua caliente sanitaria y energía térmica.

   e) Resumen de las aportaciones anuales: térmicas de la central de producción y de las energías renovables y/o cogeneración si las hubiese.

   En el caso de no poder obtenerse los datos anteriores se justificará en el certificado de mantenimiento.

Capítulo 7. Inspección

Artículo 29. Generalidades

1. Las instalaciones térmicas se inspeccionarán con el fin de verificar el cumplimiento reglamentario.

2. Los órganos competentes de la comunidad autónoma adoptarán las medidas necesarias para la realización de las inspecciones periódicas previstas en este Reglamento. Además, podrán acordar cuantas inspecciones juzguen necesarias, que podrán ser iniciales o aquellas otras que establezcan por propia iniciativa, denuncia de terceros o resultados desfavorables apreciados en el registro de las operaciones de mantenimiento, con el fin de comprobar y vigilar el cumplimiento de este RITE a lo largo de la vida de las instalaciones térmicas en los edificios.

3. Las instalaciones se inspeccionarán por personal de los servicios de los órganos competentes de las comunidades autónomas o por organismos de control habilitados para este campo reglamentario, o bien por entidades o agentes cualificados o acreditados por los órganos competentes de las comunidades autónomas. La habilitación como organismo de control, la cualificación o la acreditación de entidades y agentes para la realización de inspecciones técnicas de las instalaciones, obtenidas en una comunidad autónoma permitirán la realización de inspecciones técnicas en cualquier parte del territorio nacional.

4. Los órganos competentes de las comunidades autónomas velarán por que las inspecciones de las instalaciones térmicas se realicen por expertos cualificados o acreditados independientes de las instalaciones a inspeccionar, tanto si actúan por cuenta propia como si están empleados por entidades públicas o empresas privadas, para lo que podrá establecer requisitos en cuanto a su formación o acreditación, en cuyo caso pondrá a disposición del público información sobre los programas de formación o acreditación.

5. Periódicamente, el órgano competente de la comunidad autónoma pondrá a disposición del público listados actualizados de expertos cualificados o acreditados o de empresas o entidades acreditadas que ofrezcan los servicios de expertos de ese tipo para la realización de las inspecciones periódicas de las instalaciones térmicas. El órgano competente de la comunidad autónoma elaborará dichos listados siguiendo criterios de objetividad y transparencia que eviten cualquier menoscabo de la libre competencia, aclarando en cualquier caso que los listados tienen carácter informativo y no exhaustivo. Estos listados deberán incluir mención expresa de que podrán realizarse también por aquellos incluidos en los

listados de los respectivos órganos competentes de otras comunidades autónomas. En el tratamiento y publicidad de los datos de carácter personal de los expertos correspondientes a personas físicas, habrá de observarse las previsiones de la Ley Orgánica 3/2018, de 5 de diciembre, de Protección de Datos Personales y garantía de los derechos digitales.

Artículo 30. Inspecciones iniciales

1. El órgano competente de la comunidad autónoma podrá disponer una inspección inicial de las instalaciones térmicas, con el fin de comprobar el cumplimiento de este RITE, una vez ejecutadas las instalaciones térmicas y le haya sido presentada la documentación necesaria para su puesta en servicio.

2. La inspección inicial de las instalaciones térmicas se realizará sobre la base de las exigencias de bienestar e higiene, eficiencia energética y seguridad que establece este RITE, por la reglamentación general de seguridad industrial y en el caso de instalaciones que utilicen combustibles gaseosos por las correspondientes a su reglamentación específica.

3. Las inspecciones se efectuarán por personal facultativo de los servicios del órgano competente de la comunidad autónoma o, cuando el órgano competente así lo determine, por organismos o entidades de control autorizadas para este campo reglamentario, que será elegida libremente por el titular de la instalación de entre las autorizadas para realizar esta función.

4. Como resultado de la inspección, se emitirá un certificado de inspección, en que se indicará si el proyecto o memoria técnica y la instalación ejecutada cumple con el RITE, la posible relación de defectos, con su clasificación, y la calificación de la instalación.

Artículo 31. Inspecciones periódicas de eficiencia energética

1. Las instalaciones térmicas se inspeccionarán periódicamente a lo largo de su vida útil, con el fin de verificar el cumplimiento de la exigencia de eficiencia energética de este RITE. La IT 4 determina las instalaciones que deben ser objeto de inspección periódica, así como los contenidos y plazos de estas inspecciones, y los criterios de valoración y medidas a adoptar como resultado de las mismas, en función de las características de la instalación.

2. Las inspecciones de eficiencia energética se realizarán de manera independiente por las entidades o agentes cualificados o acreditados por el órgano competente de la Comunidad Autónoma, elegidos libremente por el titular de la instalación de entre los habilitados para realizar estas funciones.

3. Los órganos competentes de las comunidades autónomas o las entidades en las que aquellas hubieran delegado la responsabilidad de ejecución de los sistemas de control independientes de acuerdo con la Directiva 2010/31/UE bajo la supervisión del órgano competente de la comunidad autónoma, harán una selección al azar de al menos un porcentaje estadísticamente significativo del total de informes de inspección emitidos anualmente y los someterán a verificación.

4. Los órganos competentes de las Comunidades Autónomas informarán del resultado de este control externo a los Ministerios de Industria, Energía y Turismo, y de Transportes, Movilidad y Agenda Urbana.

5. Los órganos competentes, si así lo deciden, podrán establecer la realización de estas inspecciones mediante campañas específicas en el territorio de su competencia, además informarán a los propietarios o arrendatarios de los edificios sobre los informes de inspección.

6. Las instalaciones existentes a la entrada en vigor de este RITE estarán sometidas al régimen y periodicidad de las inspecciones periódicas de eficiencia energética establecidas en la IT 4 y a las condiciones técnicas de la normativa bajo cuya vigencia fueron autorizadas.

Si, con motivo de esta inspección, se comprobase que una instalación existente no cumple con la exigencia de eficiencia energética, los órganos competentes de las comunidades autónomas podrán acordar que se adecue a la normativa vigente.

Artículo 32. Calificación de las instalaciones

A efectos de su inspección de eficiencia energética la calificación de la instalación podrá ser:

1. Aceptable: cuando no se determine la existencia de algún defecto grave o muy grave. En este caso, los posibles defectos leves se anotarán para constancia del titular, con la indicación de que debe establecer los medios para subsanarlos, acreditando su subsanación antes de tres meses.

2. Condicionada: cuando se detecte la existencia de, al menos, un defecto grave o de un defecto leve ya detectado en otra inspección anterior y que no se haya corregido. En este caso:

   a. Las instalaciones nuevas que sean objeto de esta calificación no podrán entrar en servicio y ser suministradas de energía en tanto no se hayan corregido los defectos indicados y puedan obtener la calificación de aceptable.

   b. A las instalaciones ya en servicio se les fijará un plazo para proceder a su corrección, acreditando su subsanación antes de 6 meses.

Transcurrido dicho plazo sin haberse subsanado los defectos, el organismo que haya efectuado ese control debe remitir el certificado de inspección al órgano competente de la comunidad autónoma, quien podrá disponer la suspensión del suministro de energía hasta la obtención de la calificación de aceptable.

3. Negativa: cuando se observe, al menos, un defecto muy grave. En este caso:

   a. Las instalaciones nuevas que sean objeto de esta calificación no podrán entrar en servicio, en tanto no se hayan corregido los defectos indicados y puedan obtener la calificación de aceptable.

   b. A las instalaciones ya en servicio se les emitirá certificado de calificación negativa, que se remitirá inmediatamente al órgano competente de la comunidad autónoma, quien deberá disponer la suspensión del suministro de energía hasta la obtención de la calificación de aceptable.

Artículo 33. Clasificación de defectos en las instalaciones

Los defectos en las instalaciones térmicas se clasificarán en: muy graves, graves o leves.

1. Defecto muy grave: es aquel que suponga un peligro inmediato para la seguridad de las personas, los bienes o el medio ambiente.

2. Defecto grave: es el que no supone un peligro inmediato para la seguridad de las personas o de los bienes o del medio ambiente, pero el defecto puede reducir de modo sustancial la capacidad de utilización de la instalación térmica, su eficiencia energética, el grado de utilización de energías renovables o el aprovechamiento de energías residuales, así como la sucesiva reiteración o acumulación de defectos leves.

3. Defecto leve: es aquel que no perturba el funcionamiento de la instalación y por el que la desviación respecto de lo reglamentado no tiene valor significativo para el uso efectivo o el funcionamiento de la instalación.

Capítulo 8. Empresas instaladoras y mantenedoras

Artículo 34. Generalidades

Este capítulo tiene como objeto establecer las condiciones y requisitos que deben observarse para la habilitación administrativa de las empresas instaladoras y empresas mantenedoras, así como para la obtención del carné profesional en instalaciones térmicas en edificios.

Artículo 35. Empresas instaladoras y empresas mantenedoras de instalaciones térmicas de edificios

1. Empresa instaladora de instalaciones térmicas en edificios es la persona física o jurídica que realiza el montaje y la reparación de las instalaciones térmicas en el ámbito de este RITE.

2. Empresa mantenedora de instalaciones térmicas en edificios es la persona física o jurídica que realiza el mantenimiento y la reparación de las instalaciones térmicas en el ámbito de este RITE.

Artículo 36. Habilitación de empresas instaladoras y empresas mantenedoras

Las personas físicas o jurídicas que deseen establecerse como empresas instaladoras o mantenedoras de instalaciones térmicas de edificios deberán presentar, previo al inicio de la actividad, ante el órgano competente de la comunidad autónoma en la que se establezcan, una declaración responsable en la que el titular de la empresa o su representante legal manifieste que cumple los requisitos que se exigen por este reglamento, que disponen de la documentación que así lo acredita y que se comprometen a mantenerlos durante la vigencia de la actividad. La declaración responsable se podrá presentar utilizando el modelo establecido en el Apéndice 4 de este Reglamento.

De acuerdo con el artículo 13.3 de la Ley 21/1992, de 16 de julio, de Industria, la presentación de la declaración responsable habilita a las empresas instaladoras o mantenedoras, desde el momento de su presentación, para el ejercicio de la actividad en todo el territorio español por tiempo indefinido, sin que puedan imponerse requisitos o condiciones adicionales.

Ley 21/1992, de 16 de julio, de Industria.

Artículo 13. Cumplimiento reglamentario.

[...]

3. Las comunicaciones o declaraciones responsables que se realicen en una determinada comunidad autónoma serán válidas, sin que puedan imponerse requisitos o condiciones adicionales, para el ejercicio de la actividad en todo el territorio español.

[...]

No se podrá exigir la presentación de documentación acreditativa del cumplimiento de los requisitos junto con la declaración responsable. No obstante, el titular de la declaración responsable deberá tener disponible esta documentación para su presentación ante el órgano competente de la comunidad autónoma, cuando este así lo requiera en el ejercicio de sus facultades de inspección o investigación.

Las modificaciones que se produzcan en relación con los datos comunicados en la declaración responsable así como el cese de la actividad, deberán comunicarse por el titular de la declaración responsable al órgano competente de la comunidad autónoma donde obtuvo la habilitación en el plazo de un mes desde que se produzcan.

Artículo 37. Requisitos para el ejercicio de la actividad

Para el ejercicio de la actividad profesional de instalador o de mantenedor, las empresas deberán cumplir los siguientes requisitos y disponer de la documentación que así lo acredita:

a) Disponer de la documentación que identifique al prestador, que en el caso de persona jurídica, deberá estar constituida legalmente e incluir en su objeto social las actividades de montaje y reparación de instalaciones térmicas en edificios y/o de mantenimiento y reparación de instalaciones térmicas en edificios.

b) Estar dados de alta en el correspondiente régimen de la Seguridad Social y al corriente en el cumplimiento de las obligaciones del sistema.

En caso de personas físicas extranjeras no comunitarias, el cumplimiento de las previsiones establecidas en la normativa española vigente en materia de extranjería e inmigración.

c) Tener suscrito un seguro de responsabilidad civil profesional u otra garantía equivalente que cubra los daños que puedan derivarse de sus actuaciones, por una cuantía mínima de 300.000 euros.

d) Disponibilidad, como mínimo, de un operario en plantilla con carné profesional de instalaciones térmicas de edificios.

e) En los casos que proceda, la empresa deberá disponer, en función del tipo de instalaciones que se instalen, reparen o mantengan, de personal certificado conforme a lo dispuesto en el Real Decreto 795/2010, de 16 de junio, por el que se regula la comercialización y manipulación de gases fluorados y equipos basados en los mismos, así como la certificación de los profesionales que los manipulan.

f) Para aquellas empresas que trabajen con instalaciones térmicas sujetas a este Reglamento y afectadas por el Real Decreto 552/2019, de 27 de septiembre, por el que se aprueban el Reglamento de seguridad para instalaciones frigoríficas y sus instrucciones técnicas complementarias, y de conformidad con sus artículos 10, 12, y 14 la empresa instaladora/mantenedora térmica contará con los medios técnicos, y materiales de la I.F. 13, así como con el plan de gestión de residuos y en caso de trabajar con instalaciones térmicas que dispongan de un circuito frigorífico clasificado como instalación frigorífica de nivel 2, deberá tener suscrito un seguro de responsabilidad civil profesional u otra garantía equivalente que cubra los posibles daños derivados de su actividad por una cuantía mínima de 900.000 euros, y disponer también de Técnico Titulado Competente.

A los efectos de acreditar el cumplimiento de los requisitos exigidos a las empresas instaladoras o mantenedoras a las que hace referencia este reglamento se aceptarán los documentos procedentes de otro Estado miembro de los que se desprenda que se cumplen tales requisitos, en los términos previstos en el artículo 17.2 de la Ley 17/2009, de 23 de noviembre, sobre el libre acceso a las actividades de servicios y su ejercicio.

Nota: El Real Decreto 795/2010, de 16 de junio, está derogado por el Real Decreto 115/2017, de 17 de febrero.

Real Decreto 115/2017, de 17 de febrero, por el que se regula la comercialización y manipulación de gases fluorados y equipos basados en los mismos, así como la certificación de los profesionales que los utilizan y por el que se establecen los requisitos técnicos para las instalaciones que desarrollen actividades que emitan gases fluorados

TÍTULO I

Los hidrocarburos halogenados han venido siendo utilizados de manera habitual en numerosos sectores como refrigerantes, disolventes, agentes espumantes o como agentes extintores de incendios, por sus especiales propiedades con indudables beneficios para la sociedad.

Sin embargo, entre las características de estas sustancias, hay que destacar su contribución al calentamiento de la atmósfera, así como el alto poder destructivo del ozono estratosférico de aquellos compuestos que contienen cloro y/o bromo, lo que ha obligado a que gran parte de estas sustancias hayan sido reguladas por el Protocolo de Kioto sobre gases de efecto invernadero y por el Protocolo de Montreal sobre sustancias que agotan la capa de ozono.

La regulación en materia de gases fluorados tiene la finalidad de controlar la contribución de sus emisiones al cambio climático por un lado, dado su potencial de calentamiento atmosférico (PCA o GWP por sus siglas en inglés), y al potencial de agotamiento de la capa de ozono estratosférico por otro (PAO u ODP por sus siglas en inglés), incluyendo en este último caso a hidrocarburos clorados o bromados.

[…]

TÍTULO II

Comercialización y manipulación de gases fluorados y equipos basados en los mismos, y certificación de los profesionales que los utilizan

Artículo 3. Actividades restringidas a personal en posesión de la certificación exigida

1. En relación con los equipos de refrigeración o climatización con sistemas frigoríficos de cualquier carga de refrigerantes fluorados, solamente el personal en posesión de la certificación prevista en el anexo I.1 podrá realizar las actividades siguientes:

   a) Instalación.

   b) Mantenimiento o revisión, incluido el control de fugas, carga y recuperación de refrigerantes fluorados.

   c) Manipulación de contenedores de gas.

   d) Desmontaje.

2. En relación con los equipos de refrigeración o climatización con sistemas frigoríficos de carga inferior a 3 kg de gases fluorados, solamente el personal mencionado en el apartado anterior y el personal en posesión de la certificación prevista en el anexo I.2 podrá realizar las actividades siguientes:

a) Instalación.

b) Mantenimiento o revisión, incluido el control de fugas, carga y recuperación de refrigerantes fluorados.

c) Manipulación de contenedores de gas.

d) Desmontaje.

Adicionalmente a estas actividades, el personal en posesión de la certificación prevista en el anexo I.2 podrá realizar el control de fugas en equipos con sistemas frigoríficos de cualquier carga.

3. En relación con los sistemas frigoríficos para confort térmico de personas en vehículos que empleen refrigerantes fluorados, solamente el personal en posesión de la certificación prevista En el anexo I.3 podrá realizar las actividades siguientes:

a) Instalación.

b) Mantenimiento o revisión, incluido el control de fugas, carga y recuperación de refrigerantes fluorados.

c) Manipulación de contenedores de gas.

[...]

Artículo 4. Certificaciones personales

1. Las certificaciones personales relacionadas en el anexo I son los documentos mediante los cuales la Administración reconoce a su titular la capacidad para desempeñar las actividades en ellas designadas conforme al artículo anterior.

2. Las certificaciones personales tendrán validez en todo el Reino de España y en la Unión Europea según lo establecido en el Reglamento (UE) n.º 517/2014 del Parlamento Europeo y del Consejo, de 16 de abril de 2014, sobre los gases fluorados de efecto invernadero y por el que se deroga el Reglamento (CE) n.º 842/2006.

3. Las comunidades autónomas designarán el órgano competente, que deberá ser imparcial, para la expedición, suspensión y retirada de las certificaciones personales.

4. Las distintas certificaciones personales serán concedidas por dicho órgano competente, con carácter individual, a todas las personas físicas que lo soliciten y que acrediten, de conformidad con el artículo 5, el cumplimiento de las correspondientes condiciones que se señalan en el anexo I.

[...]

Anexo I. Certificados personales

1. Certificado acreditativo de la competencia para la manipulación de equipos con sistemas frigoríficos de cualquier carga de refrigerantes fluorados.

   1.1 Actividades habilitadas:

   a) Instalación de equipos con sistemas frigoríficos de cualquier carga de refrigerantes fluorados.

   b) Mantenimiento o revisión de equipos con sistemas frigoríficos de cualquier carga de refrigerantes fluorados, incluida carga y recuperación de refrigerantes fluorados.

   c) Certificación del cálculo de la carga de gas en equipos con sistemas frigoríficos de refrigerantes fluorados.

   d) Manipulación de contenedores de gas fluorados refrigerantes.

   e) Control de fugas de refrigerantes de acuerdo al Reglamento (CE) n.o 1516/2007 de la Comisión, de 19 de diciembre de 2007.

   f) Desmontaje.

   1.2 Condiciones para otorgar la certificación. Se podrá obtener por alguna de las siguientes vías:

   a) Acreditación de haber superado un curso de formación con los contenidos del Programa Formativo 1 del anexo II y estar en posesión de:

   – carné profesional previsto en el Reglamento Instalaciones Térmicas de Edificios (Real Decreto 1027/2007, de 20 de julio, y Real Decreto 1751/1998, de 31 de julio, instalador-mantenedor de climatización), o

   – certificado de profesionalidad de Frigorista establecido por el Real Decreto 942/1997, de 20 de junio, o

   – certificado de profesionalidad de Mantenedor de Aire Acondicionado y Fluidos establecido por el Real Decreto 335/1997, de 7 de marzo, o

   – título de Técnico Superior en Mantenimiento y Montaje de Instalaciones de Edificio y Proceso establecido por el Real Decreto 2044/1995, de 22 de diciembre.

   – título de Técnico en Montaje y Mantenimiento de Frío, Climatización y Producción de Calor establecido por el Real Decreto 2046/1995, de 22 de diciembre.

b) Acreditación de haber superado un curso de formación con los contenidos de los Programas Formativos 1 y 2 del anexo II, así como justificación de tener experiencia anterior a la fecha de solicitud del certificado de al menos 2 años de actividad profesional en montaje, desmontaje y mantenimiento de equipos o instalaciones con sistemas frigoríficos de más de 3 kg de carga en empresas habilitadas por el Reglamento de Seguridad de para plantas e instalaciones Frigoríficas aprobado por el Real Decreto 3099/1977, de 8 de septiembre, o por el R.D. 138/2011, de 4 de febrero, o el Reglamento Instalaciones Térmicas de Edificios aprobado por el Real Decreto 1027/2007, de 20 de julio, o experiencia en empresas dedicadas al mantenimiento y reparación de aplicaciones no fijas de vehículos dedicados al transporte refrigerado de al menos 2 años previos a la solicitud del certificado. En este último caso, únicamente podrá desarrollar las actividades enumeradas en el apartado 1.1 en equipos de transporte refrigerado de mercancías de cualquier carga de refrigerantes fluorados y en el certificado personal previsto en el anexo III figurará la frase «en equipos de TRANSPORTE REFRIGERADO DE MERCANCÍAS de cualquier carga de refrigerantes fluorados», a continuación de la relación de actividades habilitadas.

c) Acreditación de haber superado un curso de formación con los contenidos del Programa Formativo 1 del anexo II, superar una prueba teórico-práctica de conocimientos sobre los contenidos del Programa Formativo 2 del anexo II y justificación de tener experiencia anterior a la fecha de solicitud del certificado de al menos 5 años de actividad profesional en montaje, desmontaje y mantenimiento de equipos o instalaciones con sistemas frigoríficos de más de 3 kg de carga en empresas habilitadas por el Reglamento de Seguridad para plantas e Instalaciones Frigoríficas aprobado por el Real Decreto 3099/1977, de 8 de septiembre, o por el R.D. 138/2011, de 4 de febrero, o el Reglamento Instalaciones Térmicas de Edificios aprobado por el Real Decreto 1027/2007, de 20 de julio, o experiencia en empresas dedicadas al mantenimiento y reparación de aplicaciones no fijas de vehículos dedicados al transporte refrigerado de al menos 5 años previos a la solicitud del certificado. En este último caso, únicamente podrá desarrollar las actividades enumeradas en el apartado 1.1 en equipos de transporte refrigerado de mercancías de cualquier carga de refrigerantes fluorados y en el certificado personal previsto en el anexo III figurará la frase «en equipos de TRANSPORTE REFRIGERADO DE MERCANCÍAS de cualquier carga de refrigerantes fluorados», a continuación de la relación de actividades habilitadas.

d) Estar en posesión de:

- título de Instalador Frigorista o título de Conservador-Reparador Frigorista previsto en el Real Decreto 3099/1977, de 8 de septiembre, o habilitación como profesional frigorista de acuerdo con lo previsto en el R.D. 138/2011, de 4 de febrero, o

- título de Técnico Superior en Desarrollo de Proyectos de Instalaciones Térmicas y de Fluidos establecido por el Real Decreto 219/2008, de 15 de febrero, o

- título de Técnico Superior en Mantenimiento de Instalaciones Térmicas y de Fluidos establecido por el Real Decreto 220/2008, de 15 de febrero, o

- título de «Técnico en Instalaciones Frigoríficas y de Climatización» establecido mediante el Real Decreto 1793/2010, o

- título de Técnico Superior en Organización del Mantenimiento de Maquinaria de Buques y Embarcaciones establecido por el Real Decreto 1075/2012 de 13 de julio, o

- título de Técnico Superior en Mantenimiento y Control de la Maquinaria de Buques y Embarcaciones establecido por el Real Decreto 1072/2012 de 13 de julio, o

- certificado de profesionalidad «Montaje y mantenimiento de instalaciones de climatización y ventilación extracción» establecido por el Real Decreto 1375/2009, de 28 de agosto, o

- certificado de profesionalidad «Montaje y mantenimiento de instalaciones frigoríficas» establecido por el Real Decreto 1375/2009, de 28 de agosto,

- otros certificados de profesionalidad o títulos de formación profesional que cubran las competencias y conocimientos exigidos en el presente Real Decreto.

e) Estar en posesión de títulos o certificados de profesionalidad que sustituyan o sean declarados equivalentes por la administración competente a los enumerados en el apartado a) y la correspondiente acreditación de haber superado un curso de formación con los contenidos del Programa Formativo 1 del anexo II, o en posesión de títulos o certificados de profesionalidad que sustituyan o sean declarados equivalentes por la administración competente a los enumerados el apartado d), siempre y cuando cubran las competencias y conocimientos mínimos establecidos en los programas formativos 1 y 2 del anexo II.

f) Estar en posesión de cualquier título universitario oficial que acredite la adquisición de las competencias y conocimientos mínimos establecidos en los programas formativos 1 y 2 del anexo II.

2. Certificado acreditativo de la competencia para la manipulación de equipos con sistemas frigoríficos de carga de refrigerante inferior a 3 kg de gases fluorados

   2.1 Actividades habilitadas:

   a) Instalación de equipos con sistemas frigoríficos de carga menor de 3 kg de gases fluorados.

   b) Mantenimiento o revisión de equipos con sistemas frigoríficos de carga menor de 3 kg de gases fluorados, incluida la carga y recuperación de refrigerantes fluorados de los mismos.

   c) Certificación del cálculo de la carga de gas en equipos con sistemas frigoríficos de carga menor de 3 kg de refrigerantes fluorados.

   d) Manipulación de contenedores de gases fluorados refrigerantes.

   e) Control de fugas de refrigerantes de acuerdo al Reglamento (CE) n.o 1516/2007 de la Comisión, de 19 de diciembre de 2007.

   f) Desmontaje.

   2.2 Condiciones para otorgar la certificación. Se podrá obtener por alguna de las siguientes vías:

   a) Acreditación de haber superado un curso de formación con el contenido del Programa Formativo 3 del anexo II, así como justificación de tener experiencia anterior a la fecha de solicitud del certificado de al menos 2 años de actividad profesional en materia de instalaciones de refrigeración y aire acondicionado.

   b) Superación de una prueba teórico-práctica de conocimientos sobre los contenidos del Programa Formativo 3.B. del anexo II, acreditación de haber superado un curso de formación con los contenidos del Programa Formativo 3.A y justificación de tener experiencia anterior a la fecha de solicitud del certificado de al menos 5 años de actividad profesional en materia de instalaciones de refrigeración y aire acondicionado.

   c) Acreditación de haber superado un curso de formación con los contenidos del Programa Formativo 4 del anexo II.

   d) Estar en posesión de:

   – carné profesional previsto en el Reglamento Instalaciones Térmicas de Edificios (Real Decreto 1027/2007, de 20 de julio, y Real Decreto 1751/1998, de 31 de julio, instalador-mantenedor de climatización), o

– certificado de profesionalidad de Frigorista establecido por el Real Decreto 942/1997, de 20 de junio, o

– certificado de profesionalidad de Mantenedor de Aire Acondicionado y Fluidos establecido por el Real Decreto 335/1197, de 7 de marzo, o

– título de Técnico Superior en Mantenimiento y Montaje de Instalaciones de Edificio y Proceso establecido por el Real Decreto 2044/1995, de 22 de diciembre, o

– título de Técnico en Montaje y Mantenimiento de Frío, Climatización y Producción de Calor establecido por el Real Decreto 2046/1995, de 22 de diciembre, o

– otros certificados de profesionalidad o títulos de formación profesional que cubran las competencias y conocimientos exigidos en el presente Real Decreto.

e) Superación de una prueba teórico-práctica de conocimientos sobre los contenidos del Programa Formativo 3.B. del anexo II, aplicables a aplicaciones no fijas de vehículos de transporte refrigerado de mercancías, y acreditación de haber superado un curso de formación con los contenidos del Programa Formativo 3.A.

En este caso, en el certificado personal previsto en el anexo III figurará la frase «en equipos de TRANSPORTE REFRIGERADO DE MERCANCÍAS que empleen menos de 3 kg de refrigerantes fluorados», a continuación de la relación de actividades habilitadas. El personal que acceda a la certificación a través esta vía únicamente podrá desarrollar las actividades enumeradas en el artículo 3.2 en equipos de transporte refrigerado de mercancías que empleen menos de 3 kg de refrigerantes fluorados.

f) Estar en posesión de cualquier título universitario oficial que acredite la adquisición de las competencias y conocimientos mínimos establecidos en los programas formativos 3 y 4 del anexo II.

g) Estar en posesión de títulos o certificados de profesionalidad que sustituyan o sean declarados equivalentes por la administración competente a los enumerados en el apartado d), siempre y cuando cubran las competencias y conocimientos mínimos establecidos en los programas formativos 1 y 2 del anexo II.»

3. Certificado acreditativo de la competencia para la manipulación de sistemas frigoríficos que empleen refrigerantes fluorados destinados a confort térmico de personas instalados en vehículos

   3.1 Actividades habilitadas:

   a) Instalación.

   b) Mantenimiento o revisión, incluido el control de fugas, carga y recuperación de refrigerantes fluorados.

   c) Manipulación de contenedores de gas.

   3.2 Condiciones para otorgar la certificación:

   a) Acreditación de haber superado un curso de formación con los contenidos del Programa Formativo 5 del anexo II.

   b) Estar en posesión de cualquier título de formación profesional o certificado de profesionalidad que cubra las competencias y conocimientos mínimos establecidos en el Programa Formativo 5 del anexo II.

   c) Estar en posesión de cualquier título universitario oficial que acredite la adquisición de las competencias y conocimientos mínimos establecidos en el Programa Formativo 5 del anexo II.

4. Certificado acreditativo de la competencia para la manipulación de equipos de protección contra incendios que empleen gases fluorados como agente extintor

   4.1 Actividades habilitadas:

   a) Instalación de equipos de protección contra incendios que empleen gases fluorados como agente extintor.

   b) Mantenimiento o revisión de equipos de protección contra incendios que empleen gases fluorados como agente extintor incluida la recuperación, inclusive de extintores.

   c) Control de fugas de acuerdo al Reglamento (CE) n.o 1497/2007 de la Comisión, de 18 de diciembre de 2007, de equipos de protección contra incendios que empleen gases fluorados como agente extintor.

   d) Manipulación y operaciones en los recipientes que contengan o se hayan diseñado para contener un agente extintor de gas fluorado.

   e) Desmontaje.

   4.2 Condiciones para otorgar la certificación:

   a) Acreditación de haber superado un curso de formación con los contenidos del Programa Formativo 6 del anexo II.

b) Estar en posesión de cualquier título de formación profesional o certificado de profesionalidad que cubra las competencias y conocimientos mínimos establecidos en el Programa Formativo 6 del anexo II.

c) Estar en posesión de cualquier título universitario oficial que acredite la adquisición de las competencias y conocimientos mínimos establecidos en el Programa Formativo 6 del anexo II.

5. Certificado acreditativo de la competencia para la manipulación de disolventes que contengan gases fluorados y equipos que los emplean

5.1 Actividades habilitadas:

a) Manipulación de disolventes a base de gases fluorados y carga de equipos que los emplean.

b) Recuperación de disolventes a base de gases fluorados de equipos que los empleen.

c) Manipulación de recipientes que contengan o se hayan diseñado para contener disolventes.

5.2 Condiciones para otorgar la certificación:

a) Acreditación de haber superado un curso de formación con los contenidos del Programa Formativo 7 del anexo II.

b) Estar en posesión de cualquier título de formación profesional o certificado de profesionalidad que cubra las competencias y conocimientos mínimos establecidos en el Programa Formativo 7 del anexo II.

c) Estar en posesión de cualquier título universitario oficial que acredite la adquisición de las competencias y conocimientos mínimos establecidos en el Programa Formativo 7 del anexo II.

6. Certificado acreditativo de la competencia para la manipulación de conmutadores eléctricos fijos que contengan gases fluorados de efecto invernadero. Título del número 6 del anexo I redactado por el apartado uno del artículo único de la Orden PRA/905/2017, de 21 de septiembre, por la que se modifican los anexos I y II del R.D. 115/2017, de 17 de febrero, por el que se regula la comercialización y manipulación de gases fluorados y equipos basados en los mismos, así como la certificación de los profesionales que los utilizan y por el que se establecen los requisitos técnicos para las instalaciones que desarrollen actividades que emitan gases fluorados («B.O.E.» 27 septiembre). Vigencia: 28 septiembre 2017

6.1 Actividades habilitadas:

a) Instalación.

b) Mantenimiento o revisión.

c) Manipulación de contenedores de gas.

d) Desmontaje.

e) Recuperación del gas.

Apartado 6.1 del número 6 del anexo I redactado por el apartado uno del artículo único de la Orden PRA/905/2017, de 21 de septiembre, por la que se modifican los anexos I y II del R.D. 115/2017, de 17 de febrero, por el que se regula la comercialización y manipulación de gases fluorados y equipos basados en los mismos, así como la certificación de los profesionales que los utilizan y por el que se establecen los requisitos técnicos para las instalaciones que desarrollen actividades que emitan gases fluorados («B.O.E.» 27 septiembre). Vigencia: 28 septiembre 2017.

6.2 Condiciones para otorgar la certificación:

a) Acreditación de haber superado un curso de formación con los contenidos del Programa Formativo 8 del anexo II.

b) Estar en posesión de cualquier título de formación profesional o certificado de profesionalidad que cubra las competencias y conocimientos mínimos establecidos en el Programa Formativo 8 del anexo II.

c) Estar en posesión de cualquier título universitario oficial que acredite la adquisición de las competencias y conocimientos mínimos establecidos en el Programa Formativo 8 del anexo II.

NOTA: Consultar los anexos en el Real Decreto 115/2017, de 17 de febrero.

Real Decreto 552/2019, de 27 de septiembre, por el que se aprueban el Reglamento de seguridad para instalaciones frigoríficas y sus instrucciones técnicas complementarias.

[…]

Artículo 4. Refrigerantes

1. Los refrigerantes se denominarán o expresarán por su fórmula o por su denominación química, o, si procede, por su denominación simbólica alfanumérica.

   La denominación comercial se entenderá como un complemento y en ningún caso será suficiente para denominar el refrigerante.

2. Atendiendo a criterios de seguridad (toxicidad e inflamabilidad), los refrigerantes se clasifican en los siguientes grupos simplificados que se desarrollan en la Instrucción técnica complementaria IF-02:

   a) Grupo de alta seguridad (L1): Refrigerantes no inflamables y de acción tóxica ligera o nula.

   b) Grupo de media seguridad (L2): Refrigerantes de acción tóxica o corrosiva o inflamable o explosiva, mezclados con aire en un porcentaje en volumen igual o superior a 3,5 %. En este grupo se incluyen los refrigerantes A2L, de mayor seguridad, que reúnen las mismas características, pero cuya velocidad de combustión es inferior a 10 cm/s.

   c) Grupo de baja seguridad (L3): Refrigerantes inflamables o explosivos mezclados con aire en un porcentaje en volumen inferior al 3,5 %.

Si en la industria alimentaria, para el enfriamiento de líquidos, se emplean fluidos refrigerantes de carácter tóxico, se garantizará con el uso de los medios adecuados que en caso de fuga sean detectados inmediatamente, evitando así que puedan mezclarse con los productos alimentarios.

Artículo 8. Clasificación de las instalaciones frigoríficas.

Las instalaciones frigoríficas se clasifican en función del riesgo potencial en las categorías siguientes:

- Nivel 1. Instalaciones formadas por uno o varios sistemas frigoríficos independientes entre sí con una potencia eléctrica instalada en los compresores por cada sistema inferior o igual a 30 kW siempre que la suma total de las potencias eléctricas instaladas en los compresores frigoríficos, de todos los sistemas, no exceda de 100 kW, o por equipos o sistemas compactos de cualquier potencia, con condensador incorporado (no remoto), siempre que se trate de unidades enfriadoras de agua, de fluidos secundarios, bombas de calor, o que formen parte de las mismas y que en ambos casos utilicen refrigerantes de alta seguridad (L1), y que no refrigeren cámaras de atmósfera artificial de cualquier volumen, o conjuntos de las mismas.

- Nivel 2. Instalaciones formadas por uno o varios sistemas frigoríficos independientes entre sí con una potencia eléctrica instalada en los compresores superior a 30 kW en alguno de los sistemas, o que la suma total de las potencias eléctricas instaladas en los compresores frigoríficos exceda de 100 kW, o que enfríen cámaras de atmósfera artificial, o que utilicen refrigerantes de media y baja seguridad (L2 y L3).

Diferentes sistemas de refrigeración configuran la misma instalación frigorífica cuando tienen en común alguno de los siguientes elementos o componentes:

a) Equipos ubicados en una misma sala de máquinas o que atienden a un mismo espacio, como cámaras frigoríficas, salas de proceso, etc.

b) Circuito de condensación.

Cuando para la condensación de un sistema, empleado en baja temperatura, se utilice un fluido refrigerado por otro sistema diferente que trabaja a más alta temperatura, se considerará que todo el conjunto constituye una única instalación funcional independientemente de los refrigerantes utilizados. Por consiguiente, los sistemas que trabajen en cascada forman una sola instalación.

No obstante lo anterior, las instalaciones formadas por sistemas indirectos cuyo circuito primario esté formado por equipos compactos, sea cual sea el refrigerante utilizado, se considerarán de Nivel 1 en cuanto a los requisitos que deben cumplirse para su instalación y estarán regidas por la IF-20.

Artículo 9. Profesionales habilitados.

1. El Instalador frigorista es la persona física que, en virtud de poseer conocimientos teórico-prácticos de la tecnología de la industria del frío y de su normativa, está capacitado para realizar, poner en marcha, mantener, reparar, modificar y desmantelar instalaciones frigoríficas.

   El instalador frigorista debe desarrollar su actividad en el seno de una empresa frigorista habilitada y deberá cumplir y poder acreditar ante la Administración competente, cuando esta así lo requiera en el ejercicio de sus facultades de inspección, comprobación y control, una de las siguientes situaciones:

   a) Disponer de un título universitario cuyo ámbito competencial cubra las materias objeto del presente Reglamento de seguridad para instalaciones frigoríficas.

   b) Disponer de un título de formación profesional o de un certificado de profesionalidad incluido en el Catálogo Nacional de Cualificaciones Profesionales, cuyo ámbito competencial cubra las materias objeto del presente Reglamento de seguridad para instalaciones frigoríficas.

   c) Tener reconocida una competencia profesional adquirida por experiencia laboral, de acuerdo con lo estipulado en el Real Decreto 1224/2009, de 17 de julio, de reconocimiento de las competencias profesionales adquiridas por experiencia laboral, en las materias objeto del presente Reglamento de seguridad para instalaciones frigoríficas.

   d) Tener reconocida la cualificación profesional de instalador frigorista adquirida en otro u otros Estados miembros de la Unión Europea, de acuerdo con lo establecido en el Real Decreto 581/2017, de

9 de junio, por el que se incorpora al ordenamiento jurídico español la Directiva 2013/55/UE del Parlamento Europeo y del Consejo, de 20 de noviembre de 2013, por la que se modifica la Directiva 2005/36/CE relativa al reconocimiento de cualificaciones profesionales y el Reglamento (UE) n.º 1024/2012 relativo a la cooperación administrativa a través del Sistema de Información del Mercado Interior (Reglamento IMI).

e) Poseer una certificación otorgada por entidad acreditada para la certificación de personas según lo establecido en el Real Decreto 2200/1995, de 28 de diciembre, por el que se aprueba el Reglamento de la Infraestructura para la Calidad y la Seguridad Industrial.

Todas las entidades acreditadas para la certificación de personas que quieran otorgar estas certificaciones deberán incluir en su esquema de certificación un sistema de evaluación que incluya los contenidos mínimos que se indican en la IF-19 del presente Reglamento.

De acuerdo con la Ley 17/2009, de 23 de noviembre, sobre el libre acceso a las actividades de servicios y su ejercicio, el personal habilitado por una Comunidad Autónoma podrá ejecutar esta actividad dentro de una empresa instaladora en todo el territorio español, sin que puedan imponerse requisitos o condiciones adicionales.

2. Los instaladores que dispongan de habilitación profesional en instalaciones térmicas de edificios podrán realizar las actividades de instalación, mantenimiento, reparación y desmantelamiento de las instalaciones frigoríficas que formen parte de una instalación térmica incluida en el ámbito del RITE.

3. En los casos en que las instalaciones empleen o esté previsto que empleen refrigerantes fluorados, el personal que realice las actividades previstas en el artículo 3 del Real Decreto 115/2017, de 17 de febrero, por el que se regula la comercialización y manipulación de gases fluorados y equipos basados en los mismos, así como la certificación de los profesionales que los utilizan y por el que se establecen los requisitos técnicos para las instalaciones que desarrollen actividades que emitan gases fluorados, deberá estar en posesión de la certificación que sea necesaria de acuerdo a dicha norma.

No obstante, la ejecución de las uniones soldadas en instalaciones con refrigerantes fluorados podrá ser llevada a cabo por personal que no esté en posesión de las certificaciones previstas en el Real Decreto 115/2017, de 17 de febrero, siempre que esté acreditado para la realización de las uniones soldadas en cuestión y se establezcan los métodos de trabajo y controles necesarios para asegurar el cumplimiento de las reglamentaciones aplicables y esté bajo la supervisión de una persona titular del certificado previsto en el párrafo anterior.

Artículo 10. Empresas frigoristas.

1. Empresa frigorista es la persona física o jurídica que, como una actividad económica organizada, realiza la ejecución, puesta en servicio, mantenimiento, reparación, modificación y desmantelamiento de las instalaciones frigoríficas en el ámbito del presente Reglamento.

2. Antes de comenzar sus actividades como empresa frigorista, las personas físicas o jurídicas que deseen establecerse en España deberán presentar, ante el órgano competente de la Comunidad Autónoma en la que se establezcan, una declaración responsable en la que el titular de la empresa o el representante legal del mismo declare para qué categoría va a desempeñar la actividad, que cumple los requisitos exigidos en este Reglamento, que dispone de la documentación que así lo acredita, que se compromete a mantenerlos durante la vigencia de la actividad y que se responsabiliza de que la ejecución o reparación de las instalaciones se efectúa de acuerdo con las normas y requisitos que se establecen en el Reglamento de seguridad para instalaciones frigoríficas y sus instrucciones técnicas complementarias.

3. Las empresas frigoristas legalmente establecidas para el ejercicio de esta actividad en cualquier otro Estado miembro de la Unión Europea que deseen realizar la actividad en régimen de libre prestación en territorio español deberán presentar, previamente al inicio de la misma y ante el órgano competente de la Comunidad Autónoma donde deseen comenzar su actividad una declaración responsable en la que el titular de la empresa o el representante legal del mismo declare para qué categoría va a desempeñar la actividad, que cumple los requisitos que se exigen en este Reglamento, que dispone de la documentación que así lo acredita, que se compromete a mantenerlos durante la vigencia de la actividad y que se responsabiliza de que la ejecución o reparación de las instalaciones se efectúa de acuerdo con las normas y requisitos que se establecen en el Reglamento de seguridad para instalaciones frigoríficas y sus instrucciones técnicas complementarias.

   Para la acreditación del cumplimiento del requisito de personal cualificado, la declaración deberá hacer constar que la empresa dispone de la documentación que acredita la capacitación del personal afectado, de acuerdo con la normativa del país de establecimiento y conforme a lo previsto en la normativa de la Unión Europea sobre reconocimiento de cualificaciones profesionales, en España en los términos establecidos en el Real Decreto 581/2017, de 9 de junio.

4. De acuerdo con el artículo 14 de la Ley 39/2015, de 1 de octubre, del Procedimiento Administrativo Común de las Administraciones Públicas, la presentación de la declaración responsable y las relaciones de las empresas instaladoras con las Comunidades Autónomas serán por medios electrónico.

5. No se podrá exigir la presentación de documentación acreditativa del cumplimiento de los requisitos junto con la declaración responsable. No obstante, esta documentación deberá estar disponible para su presentación inmediata ante la Administración competente cuando esta así lo requiera en el ejercicio de sus facultades de inspección e investigación.

6. El órgano competente de la Comunidad Autónoma asignará, de oficio, un número de identificación a la empresa y remitirá los datos necesarios para su inclusión en el Registro Integrado Industrial regulado en el título IV de la Ley 21/1992, de 16 de julio, y en el Real Decreto 559/2010, de 7 de mayo, por el que se aprueba el Reglamento del Registro Integrado Industrial.

7. De acuerdo con la Ley 21/1992, de 16 de julio, la declaración responsable habilita por tiempo indefinido a la empresa frigorista, desde el momento de su presentación ante la Administración competente, para el ejercicio de la actividad en todo el territorio español, sin que puedan imponerse requisitos o condiciones adicionales.

8. Al amparo de lo previsto en el apartado 3 del artículo 69 de la Ley 39/2015, de 1 de octubre, del Procedimiento Administrativo Común de las Administraciones Públicas, la Administración competente podrá regular un procedimiento a posteriori para comprobar lo declarado por el interesado.

   En todo caso, la no presentación de la declaración, así como la inexactitud, falsedad u omisión, de carácter esencial, de datos o manifestaciones que deban figurar en dicha declaración y, en su caso, la verificación del incumplimiento de cualquiera de los requisitos y normas exigidos para el acceso y ejercicio de la actividad habilitará a la Administración competente para dictar resolución, que deberá ser motivada y previa audiencia del interesado, por la que se declare la imposibilidad de seguir ejerciendo la actividad y, si procede, se inhabilite temporalmente para el ejercicio de la actividad.

9. Cualquier hecho que suponga modificación de alguno de los datos incluidos en la declaración originaria, así como el cese de las actividades, deberá ser comunicado por el interesado al órgano competente de la Comunidad Autónoma, donde presentó esta, en el plazo de un mes. En caso de que produjera una modificación que supusiera dejar de cumplir los requisitos necesarios para la habilitación, la comunicación deberá ser realizada en el plazo de 15 días inmediatos posteriores a producirse la incidencia, a fin de que el órgano competente de la Comunidad Autónoma, a la vista de las circunstancias, pueda determinar el cese de actividad o, en su caso, la suspensión o inhabilitación temporal de la actividad, en tanto se restablezcan los referidos requisitos.

   La falta de notificación en el plazo señalado en el párrafo anterior podrá suponer, además de las posibles sanciones que figuran en el Reglamento, la inmediata inhabilitación temporal de la empresa frigorista.

10. El incumplimiento de los requisitos y normas exigidos para el ejercicio de la actividad una vez verificado y declarado por la autoridad competente mediante resolución motivada y previa audiencia del interesado, conllevará el cese automático de la actividad, salvo que pueda incoarse un expediente de subsanación del incumplimiento y sin perjuicio de las responsabilidades que pudieran derivarse de las actuaciones realizadas.

La autoridad competente, en este caso, abrirá un expediente informativo al titular de la instalación, que tendrá 15 días naturales a partir de la comunicación para aportar las evidencias o descargos correspondientes.

11. El órgano competente de la Comunidad Autónoma dará traslado inmediato al Ministerio de industria, Comercio y Turismo de la inhabilitación temporal, las modificaciones y el cese de la actividad a los que se refieren los apartados precedentes para la actualización de los datos en el Registro Integrado Industrial regulado en el título IV de la Ley 21/1992, de 16 de julio, tal y como se establece en el Real Decreto 559/2010, de 7 de mayo.

12. Se considera empresa frigorista automantenedora aquella que, únicamente, conserva y mantiene sus propias instalaciones. Las empresas frigoristas automantenedoras deberán cumplir lo establecido en el presente artículo y serán inscritas en el Registro Integrado Industrial.

13. En el caso de instalaciones frigoríficas que formen parte de una instalación térmica incluida en el ámbito de aplicación del RITE, las actividades referidas en apartado 1 de este artículo así como las restantes actividades previstas en el presente Reglamento podrán ser realizadas asimismo por empresas instaladoras o mantenedoras acreditadas de acuerdo con lo establecido en el RITE, según corresponda, quedando sujetas a las obligaciones específicas indicadas en el artículo 14 del Reglamento de seguridad para instalaciones frigoríficas.

14. La empresa instaladora frigorista habilitada no podrá facilitar, ceder o enajenar certificados de instalación no realizados por ella misma.

Artículo 11. Ámbito de actuación de las empresas frigoristas.

1. La ejecución, mantenimiento, reparación, modificación y desmantelamiento de las instalaciones a las que se refiere este Reglamento se realizará por empresas frigoristas debidamente habilitadas ante el órgano competente de la Comunidad Autónoma en la que se declara el inicio de la actividad como empresa frigorista, o como empresa instaladora de Instalaciones Térmicas de Edificios que cumpla, además, con el artículo 14.

Las empresas frigoristas solo podrán actuar en instalaciones correspondientes al nivel para el que se encuentren habilitadas o instalaciones de un nivel inferior.

2. Como excepción, los equipos que utilicen fluidos pertenecientes a la clase de seguridad A2L podrán ser instalados, mantenidos y desmontados por empresas frigoristas de nivel 1 y, en el caso de instalaciones frigoríficas que formen parte de una instalación térmica incluida en el ámbito de aplicación del RITE, por empresas instaladoras o mantenedoras de instalaciones térmicas en edificios, siempre que se cumplan las siguientes condiciones:

   a) Que la instalación no tenga sistemas con una potencia eléctrica instalada en los compresores superior a 30 kW, o que la suma total de las potencias eléctricas instaladas en los compresores frigoríficos, de todos los sistemas, no exceda de 100 kW y no enfríe ninguna cámara de atmosfera artificial.

   b) Que disponga de los medios técnicos necesarios y especificados en la IF-13 para este grupo de refrigerantes.

Artículo 12. Requisitos de las empresas frigoristas.

1. Los requisitos específicos exigidos para la ejecución, puesta en servicio, mantenimiento, reparación, modificación y desmantelamiento de los diferentes niveles de instalaciones frigoríficas son los que se relacionan a continuación:

   a) Empresa frigorista de Nivel 1:

   Deberá disponer de la documentación que la identifique como empresa frigorista y, en el caso de persona jurídica, estar constituida legalmente.

   Deberá contar a lo largo de toda la vida de la empresa, como mínimo, con un instalador frigorista habilitado en plantilla para montar, poner en servicio, mantener, reparar, modificar y desmantelar las instalaciones del Nivel 1.

   A los efectos del párrafo anterior, se considerará que se cumple el requisito cuando, en el caso de las personas jurídicas, la titularidad de la cualificación individual la ostente uno de los socios de la organización.

   Deberá tener suscrito un seguro de responsabilidad civil profesional u otra garantía equivalente que cubra los posibles daños derivados de su actividad, por importe mínimo de 300.000 euros por siniestro.

   Asimismo, deberá disponer de un plan de gestión de residuos que considere la diversidad de residuos que pueda generar en su actividad y las previsiones y acuerdos para su correcta gestión ambiental y que contemplará su inscripción como pequeño productor de residuos peligrosos en el órgano competente de la Comunidad Autónoma.

En todo caso, deberá disponer de los medios técnicos que se especifican en la Instrucción técnica complementaria IF-13.

b) Empresa frigorista de Nivel 2:

Deberá disponer de la documentación que la identifique como empresa frigorista y, en el caso de persona jurídica, estar constituida legalmente.

Deberá contar, a lo largo de toda la vida de la empresa, en plantilla, como mínimo, con un técnico titulado competente cuyo ámbito competencial y atribuciones legales coincidan con las materias objeto de este Reglamento y un instalador frigorista.

A los efectos del párrafo anterior, se considerará que se cumple el requisito cuando, en el caso de las personas jurídicas, la titularidad de la cualificación individual la ostente uno de los socios de la organización.

Deberá tener suscrito un seguro de responsabilidad civil profesional u otra garantía equivalente que cubra los posibles daños derivados de su actividad, por importe mínimo de 900.000 euros por siniestro.

Asimismo, deberá disponer de un plan de gestión de residuos que considere la diversidad de residuos que pueda generar en su actividad y las previsiones y acuerdos para su correcta gestión ambiental y que contemplará su inscripción como pequeño productor de residuos peligrosos en el órgano competente de la Comunidad Autónoma.

En todo caso, deberá disponer de los medios técnicos que se especifican en la Instrucción técnica complementaria IF-13.

2. En todos los niveles, en el caso de que dichas empresas realicen actividades de instalación, mantenimiento o reparación de los aparatos y sistemas cubiertos por el artículo 3, apartado 4 del Reglamento (UE) n.º 517/2014 del Parlamento Europeo y del Consejo, de 16 de abril de 2014, deberán disponer, asimismo, del certificado previsto en el Reglamento de Ejecución (UE) 2015/2067 de la Comisión de 17 de noviembre de 2015.

Artículo 13. Obligaciones de las empresas frigoristas.

1. Las empresas frigoristas ejercerán sus actividades dentro de un estricto cumplimiento del Reglamento de Seguridad para Instalaciones Frigoríficas, siendo responsables administrativamente ante el órgano competente de la Comunidad Autónoma en la cual hayan realizado la instalación, de que se hayan tenido en cuenta las determinaciones del citado Reglamento y que la instalación se ajuste al proyecto, en caso de que este se requiera.

2. Las empresas frigoristas llevarán un registro en el que se hará constar las instalaciones realizadas, aparatos, características, emplazamiento, cliente y fecha de su terminación. Este registro estará a disposición de la autoridad competente de la correspondiente Comunidad Autónoma.

   Rellenarán el boletín de revisión y las actas correspondientes a las revisiones periódicas de los equipos a presión.

   Cumplimentarán debidamente las anotaciones que les correspondan en el libro de registro de la instalación frigorífica, que firmarán y sellarán a los efectos oportunos.

3. Tendrán la consideración de productores de residuos, debiendo cumplir los requisitos de la Ley 22/2011, de 28 de julio, de residuos y suelos contaminados, y sus normas de desarrollo, referentes a la anterior consideración, en especial estar dadas de alta en el correspondiente Registro de «Producción y Gestión de Residuos», así como contratar los servicios de un gestor de residuos autorizado, que periódicamente recoja del punto de generación o almacenamiento los residuos de refrigerante que se produzcan en las instalaciones frigoríficas bajo su responsabilidad.

   Se harán cargo de los refrigerantes y residuos que se generen en los talleres propios y en las instalaciones a su cargo, así como los generados en el desarrollo de su actividad, pudiendo en estos casos trasladar los refrigerantes recuperados a su local.

4. Una vez producida la puesta en marcha de la instalación frigorífica, la empresa frigorista suministrará un manual o tabla de instrucciones para su correcto servicio y actuación en caso de avería. Dichas instrucciones deberán contener, como mínimo, la información especificada en el apartado 2.2.2 de la Instrucción IF-10.

5. Para instalaciones de nivel 2, cuyos equipos utilicen fluidos pertenecientes a la clase de seguridad A2L, que no tengan ningún sistema con una potencia eléctrica instalada en los compresores superior a 30 kW, o la suma total de las potencias eléctricas instaladas en los compresores frigoríficos, de todos los sistemas, no excede de 100 kW y que no enfríen ninguna cámara de atmosfera artificial, si han sido llevadas a cabo por empresa frigorista de nivel 1 o del RITE, esta deberá informar por escrito al usuario de las precauciones que tiene que cumplir por utilizar este tipo de refrigerantes, sustituible por el manual de servicio del fabricante en español si este incluye la información apropiada y la obligación de llevar un mantenimiento regular con la empresa instaladora o una empresa de nivel 2.

6. Asimismo, conforme a lo establecido en el artículo 3 del Real Decreto 865/2003, de 4 de julio, por el que se establecen los criterios higiénico-sanitarios para la prevención y control de la legionelosis, o en sus actualizaciones posteriores, las empresas instaladoras de torres de refrigeración y condensadores evaporativos están obligadas, en el término de un mes desde su puesta en funcionamiento, a notificar a la Administración sanitaria competente, el número y características técnicas de estos equipos, así como la modificación que afecte al sistema, mediante el documento que se recoge en el anexo 1 del citado real decreto.

7. Siempre que la instalación frigorífica disponga de torre(s) de refrigeración de agua o de condensador(es) evaporativo(s), la empresa frigorista deberá poner en conocimiento del titular la obligatoriedad de disponer de un registro de mantenimiento de los citados equipos de acuerdo con el mencionado real decreto o sus actualizaciones posteriores.

8. Las empresas frigoristas deben cumplir las obligaciones de información de los prestadores y las obligaciones en materia de reclamaciones establecidas, respectivamente, en los artículos 22 y 23 de la Ley 17/2009, de 23 de noviembre, sobre el libre acceso a las actividades de servicios y su ejercicio.

Artículo 14. Obligaciones específicas de las empresas inscritas por el RITE.

1. Las empresas instaladoras habilitadas por el RITE cumplirán todo lo previsto en los artículos 13 y 15. No obstante, las obligaciones de registro de las instalaciones, citadas en el artículo 13, podrán integrarse en los registros previstos en el RITE.

2. Las citadas empresas deberán contar asimismo con el personal, medios técnicos, garantías financieras y materiales correspondientes al volumen y nivel de las instalaciones frigoríficas en las que intervengan, de acuerdo con el artículo 12 y la Instrucción técnica complementaria IF-13, así como con el Plan de Gestión de Residuos mencionado en el citado artículo 12.

[...]

INSTRUCCIÓN IF-02

CLASIFICACIÓN DE LOS REFRIGERANTES (FLUIDOS FRIGORÍGENOS)

[...]

4.1.3. Clases y grupos de seguridad.

Los refrigerantes se clasifican por clases de seguridad de acuerdo con la tabla 1.

Tabla 1. Clases de seguridad y su determinación en función de la inflamabilidad y toxicidad

		Baja toxicidad	Alta toxicidad
Incremento riesgo - inflamabilidad ↓	Sin propagación de llama	A1	B1
	Baja inflamabilidad	A2L	B2L
	Media inflamabilidad	A2	B2
	Alta inflamabilidad	A3	B3
		→ → Incremento riesgo - toxicidad	

Para el propósito del presente Reglamento se agrupan de forma simplificada como sigue:

- Grupo L1 de alta seguridad = A1.
- Grupo L2 de media seguridad = A2L, A2, B1, B2L, B2.
- Grupo L3 de baja seguridad = A3, B3.

Cuando existan dudas sobre el grupo al que pertenece un refrigerante este se deberá clasificar en el más exigente de ellos.

[...]

APÉNDICE 1

TABLA A
CLASIFICACIÓN DE LOS REFRIGERANTES

Clasificación				
Grupol L	Grupo de seguridad	Refrigerante N.°	Denomina-ción	Fórmula
1	A1	R134a	1,1,1,2 Tetrafluoretano	CF_3CH_2F
1	A1	R718	Agua	H_2O
1	A1 / A1	R407C	R32/125/134a (23/25/52)	CH_2F_2+ CF_3CHF_2+ CF_3CH_2F
1	A1/ A1	R410A	R32/125 (50/50)	CH_2F_2+ CF_3CHF_2
2	A2L	R32	Difluormetano	CH_2F_2
2	B2	R717	Amoniaco	NH_3
3	A3	R290	Propano	C_3H_8
3	A3	R600	Butano	C_4H_{10}

[...]

INSTRUCCIÓN IF-13

MEDIOS TÉCNICOS MÍNIMOS REQUERIDOS PARA LA HABILITACIÓN COMO EMPRESA FRIGORISTA

Las botellas de refrigerante se almacenarán en un emplazamiento específico, vallado, ventilado y no situado en un sótano. Si como consecuencia del análisis obligatorio de riesgos del local se determina que la concentración de refrigerante, en caso de fuga del contenedor de mayor carga, es superior al límite práctico admitido indicado en la tabla A del apéndice 1 de la IF-02 será necesario colocar un detector de fugas para el refrigerante en cuestión.

Deberán disponer de los siguientes medios técnicos mínimos:

1. Por cada uno de los frigoristas.

a) Termómetro (precisión ± 0,5 %) con sondas de ambiente, contacto y de inmersión o penetración.

b) Juego de herramientas, en buenas condiciones y que incluya al menos:

> Cortatubos
> Abocardador
> Juego de llaves fijas
> Llave de carraca, reversible, con su juego completo
> Llave dinamométrica
> Escariador
> Alicates
> Juego de destornilladores
> Analizador (puente de manómetro) adecuado para los gases a manipular
> Peine para enderezar aletas
> Mangueras flexibles para la conexión y carga de refrigerante

c) Equipo de medida de voltaje, amperaje y resistencia.

d) Equipos de protección individual adecuados al trabajo a realizar.

e) Máscara de protección respiratoria con filtro (trabajos con R-717).

2. Por cada cinco frigoristas/puesta en marcha:

> Vacuómetro de precisión
> Bomba de vacío de doble efecto
> Detector portátil de fugas
> Equipo de medida de acidez

3. Por centro de trabajo:

> Higrómetro (precisión ± 5 %)
> Equipo de trasiego de refrigerantes
> Equipo básico de recuperación de refrigerantes
> Equipo dosificador para cargar circuitos de instalaciones de menos de 3 kg de carga de refrigerante
> Báscula de carga para instalaciones de menos de 25 kg
> Anemómetro
> Tenazas para precintado
> Juego de señalizadores normalizados para colocar en las tuberías correspondientes

Equipo para la limpieza de baterías evaporadoras y condensadoras, así como los líquidos adecuados para ello

Equipo de respiración autónomo

4. Por empresa:

a) Para cualquier nivel de empresa:

Manómetro contrastado

Termómetro contrastado.

b) Para empresas de Nivel 2:

Sonómetro que cumpla con lo dispuesto en el Real Decreto 889/2006, de 21 de julio, por el que se regula el control metrológico del Estado sobre instrumentos de medida.

Medidor de vibraciones para instalaciones con compresores abiertos de potencia instalada unitaria superior a 50 kW.

5. Herramientas especiales para refrigerantes inflamables. La instalación y mantenimiento de los equipos con refrigerante de la clase A2L requiere algunas herramientas especiales para evitar eventuales situaciones de inflamación de los mismos, con la consecuencia de explosiones y generación de productos tóxicos. Seguidamente se mencionan algunos de estos equipos que necesita la empresa instaladora para desarrollar su actividad.

a) Bombas de vacío. Deben ser adecuadas para A2L, pueden usarse bombas modernas con motor EC sin escobillas, si la bomba se activa por una fuente de alimentación externa y no por el botón de encendido/apagado en la bomba. Con equipos pequeños, si la bomba dispone de interruptor de encendido/apagado ponerlo en posición de apagado y enchufarla a una distancia mínima de 3 m.

El refrigerante inflamable descargado por la bomba se dispersa siempre que la bomba se halle en una zona bien ventilada o en el exterior. Se puede usar un ventilador con motor EC, colocado a nivel de suelo y conectado en un enchufe a 3 m de distancia como mínimo. Una vez hecho el vacío, llenar el sistema con nitrógeno exento de oxígeno.

b) Las máquinas de recuperación estándar no pueden recuperar de forma segura refrigerantes inflamables y, por lo tanto, no se deben utilizar, pues hay varias fuentes de ignición. Hay que emplear las máquinas de recuperación correctas.

c) Detectores de fugas. La mayoría de los detectores de fugas electrónicos utilizados para la detección de fugas de HFC y HCFC no son seguros o suficientemente sensibles para su uso con refrigerantes inflamables, por ello se deben utilizar detectores electrónicos específicos para gases inflamables (o un espray detector de fugas). Los operarios deben llevar siempre encima un detector portátil.

Los de la clase de seguridad A3 son refrigerantes con un riesgo de inflamabilidad superior a los refrigerantes A2L. La diferencia principal es que una chispa relativamente débil puede encender una mezcla inflamable. Las chispas estáticas suelen producirse por la ropa, destornilladores de hierro, mala conexión eléctrica a tierra, o un interruptor de la antorcha encendido. Evitar chispas, buena ventilación y ausencia de fugas son puntos clave para que no se genere una situación peligrosa. Cuando se trabaja con refrigerantes A3, use siempre un detector de fugas personal y recuerde que una bomba de vacío, ventilador, peso, unidad de recuperación, detector de fugas y un taladro eléctrico que funcione debe estar aprobado para condiciones Zona 2 y equipos para uso en atmósferas explosivas (ATEX).

Artículo 38. Libre prestación

Las empresas instaladoras de instalaciones térmicas de edificios, legalmente establecidas en cualquier otro Estado miembro, que deseen ejercer la actividad en territorio español, en régimen de libre prestación, deberán presentar, previo al inicio de la misma, una única declaración responsable ante el órgano competente de la comunidad autónoma donde inicien la actividad, en la que el titular de la empresa o su representante legal manifieste que cumplen los requisitos para el ejercicio de la actividad establecidos en los párrafos *c* y *d* del artículo 37 de este Reglamento, los datos que identifiquen que están establecidos legalmente en un Estado miembro de la Unión Europea para ejercer dichas actividades y declaración de la inexistencia de prohibición alguna, en el momento de la declaración, que le impida ejercer la actividad en el Estado miembro de origen. Para la acreditación del cumplimiento del requisito establecido en la letra *d* bastará que la declaración se refiera a disponer de la documentación que acredite la capacitación del personal afectado de acuerdo con la normativa del país de establecimiento, en consonancia con lo previsto en la normativa sobre reconocimiento de cualificaciones.

La presentación de dicha declaración responsable habilita para el ejercicio de la actividad en todo el territorio español y se podrá adaptar al modelo establecido en el Apéndice 5 de este Reglamento.

En caso en que dicho ejercicio de la actividad en territorio español implique el desplazamiento de trabajadores de dichas empresas de nacionalidad no comunitaria, deberán cumplir también lo establecido en la Ley 45/1999, de 29 de noviembre, sobre desplazamiento de trabajadores en el marco de una prestación de servicios transnacional.

Artículo 39. Registro

1. Los órganos competentes de las comunidades autónomas inscribirán de oficio en sus correspondientes registros autonómicos los datos de las empresas instaladoras o mantenedoras, con base en la declaración responsable o en la comunicación de modificaciones o cese de la actividad que hayan realizado.

2. La inscripción en el registro no condicionará la habilitación para el ejercicio de la actividad.

3. Corresponderá a las comunidades autónomas elaborar y mantener disponible para su presentación electrónica los modelos de declaración responsable y de comunicación de modificaciones y cese. A efectos de la inclusión en el Registro Integrado Industrial, el órgano competente del Ministerio de Industria, Energía y Turismo elaborará y mantendrá actualizada una propuesta de modelos de declaración responsable, que deberá incluir los contenidos mínimos necesarios que se suministrarán al citado registro, incluyendo los datos del prestador, en su caso de la autoridad competente del Estado miembro en el que está habilitado, y especificando aquellos que tendrán carácter público.

4. El órgano competente de la comunidad autónoma, asignará, de oficio, un número de identificación a la empresa y remitirá al Ministerio de Industria, Energía y Turismo, los datos necesarios para su inclusión en el Registro Integrado Industrial regulado en el título IV de la Ley 21/1992, de 16 de julio, de Industria, y en su normativa de desarrollo.

Ley 21/1992, de 16 de julio, de Industria.

Título IV
Registro integrado industrial

Artículo 21. Registro Integrado Industrial. Fines.

1. Se crea el Registro Integrado Industrial, de carácter informativo y de ámbito estatal, adscrito al Ministerio de Industria, Turismo y Comercio, que tendrá los siguientes fines:

    a) Integrar la información sobre la actividad industrial en todo el territorio español que sea necesaria para el ejercicio de las competencias atribuidas en materia de supervisión y control a las Administraciones Públicas en materia industrial, en particular sobre aquellas actividades sometidas a un régimen de comunicación o de declaración responsable.

b) Constituir el instrumento de información sobre la actividad industrial en todo el territorio español, como un servicio a las Administraciones Públicas, los ciudadanos y, particularmente, al sector empresarial.

c) Suministrar a los servicios competentes de las Administraciones Públicas los datos precisos para la elaboración de los directorios de las estadísticas industriales, en el caso estatal a las que se refieren los artículos 26 g) y e) de la Ley 12/1989, de 9 mayo, de la Función Estadística Pública.

2. La creación del Registro Integrado Industrial se entenderá sin perjuicio de las competencias de las comunidades autónomas para establecer Registros Industriales en sus respectivos territorios.

3. No obstante el apartado anterior, las Administraciones Públicas adoptarán las medidas necesarias e incorporarán en sus respectivos ámbitos las tecnologías precisas para garantizar la interoperabilidad de los distintos sistemas.

Artículo 22. Ámbito y contenido.

1. El Registro Integrado Industrial comprenderá las actividades e instalaciones a las que se refiere el artículo 3 de la presente Ley con excepción de las comprendidas en su apartado 4 i) y en él deberán constar como mínimo los siguientes datos:

a) Relativos a la empresa: número de identificación, razón social o denominación, domicilio y actividad principal.

b) Relativos al establecimiento: número de identificación, denominación o rótulo, datos de localización, actividad económica principal.

[…]

Artículo 23. Incorporación y actualización de datos del Registro.

1. El Registro Integrado Industrial incluirá los datos a los que hace referencia el artículo 22, a partir de:

a) Los datos de las autorizaciones concedidas en materia industrial.

b) Los datos aportados en las comunicaciones o las declaraciones responsables realizadas por los interesados.

2. La incorporación y actualización de datos en el Registro Integrado Industrial se realizará de oficio a partir de los datos aportados por el órgano competente.

3. Las personas físicas o jurídicas que realicen actividades no sujetas a autorización, declaración responsable o comunicación, podrán aportar datos sobre su actividad al órgano competente de la comunidad autónoma para su inscripción de oficio en el Registro Integrado Industrial, una vez iniciada la actividad.

4. No será necesaria respuesta, confirmación o inscripción efectiva en el Registro Integrado Industrial para poder ejercer la actividad.

Artículo 24. Traslado de información de las comunidades autónomas al Registro Integrado Industrial

El órgano competente de la comunidad autónoma dará traslado inmediato al Ministerio de Industria, Turismo y Comercio de los datos a los que se refieren los artículos precedentes para su inclusión en el Registro Integrado Industrial.

[...]

Artículo 40. Ejercicio de la actividad

1. Al amparo de lo previsto en el apartado 3 del artículo 71 bis de la Ley 30/1992, de 26 de noviembre, de la Ley de Régimen Jurídico de las Administraciones Públicas y del Procedimiento Administrativo Común, la Administración competente podrá regular un procedimiento para comprobar *a posteriori* lo declarado por el interesado.

Ley 30/1992, de 26 de noviembre, de Régimen Jurídico de las Administraciones Públicas y del Procedimiento Administrativo Común.

Artículo 71 bis. Declaración responsable y comunicación previa.

1. A los efectos de esta Ley, se entenderá por declaración responsable el documento suscrito por un interesado en el que manifiesta, bajo su responsabilidad, que cumple con los requisitos establecidos en la normativa vigente para acceder al reconocimiento de un derecho o facultad o para su ejercicio, que dispone de la documentación que así lo acredita y que se compromete a mantener su cumplimiento durante el periodo de tiempo inherente a dicho reconocimiento o ejercicio.

   Los requisitos a los que se refiere el párrafo anterior deberán estar recogidos de manera expresa, clara y precisa en la correspondiente declaración responsable.

2. A los efectos de esta Ley, se entenderá por comunicación previa aquel documento mediante el que los interesados ponen en conocimiento de la Administración Pública competente sus datos identificativos y demás requisitos exigibles para el ejercicio de un derecho o el inicio de una actividad, de acuerdo con lo establecido en el artículo 70.1.

3. Las declaraciones responsables y las comunicaciones previas producirán los efectos que se determinen en cada caso por la legislación correspondiente y permitirán, con carácter general, el reconocimiento o ejercicio de un derecho o bien el inicio de una actividad, desde el día de su presentación, sin perjuicio de las facultades de comprobación, control e inspección que tengan atribuidas las Administraciones Públicas.

No obstante lo dispuesto en el párrafo anterior, la comunicación podrá presentarse dentro de un plazo posterior al inicio de la actividad cuando la legislación correspondiente lo prevea expresamente.

4. La inexactitud, falsedad u omisión, de carácter esencial, en cualquier dato, manifestación o documento que se acompañe o incorpore a una declaración responsable o a una comunicación previa, o la no presentación ante la Administración competente de la declaración responsable o comunicación previa, determinará la imposibilidad de continuar con el ejercicio del derecho o actividad afectada desde el momento en que se tenga constancia de tales hechos, sin perjuicio de las responsabilidades penales, civiles o administrativas a que hubiera lugar.

Asimismo, la resolución de la Administración Pública que declare tales circunstancias podrá determinar la obligación del interesado de restituir la situación jurídica al momento previo al reconocimiento o al ejercicio del derecho o al inicio de la actividad correspondiente, así como la imposibilidad de instar un nuevo procedimiento con el mismo objeto durante un periodo de tiempo determinado, todo ello conforme a los términos establecidos en las normas sectoriales de aplicación.

5. Las Administraciones Públicas tendrán permanentemente publicados y actualizados modelos de declaración responsable y de comunicación previa, los cuales se facilitarán de forma clara e inequívoca y que, en todo caso, se podrán presentar a distancia y por vía electrónica.

En todo caso, la no presentación de la declaración, así como la inexactitud, falsedad u omisión, de carácter esencial, de datos o manifestaciones que deban figurar en dicha declaración habilitará a la Administración competente para dictar resolución, que deberá ser motivada y previa audiencia del interesado, por la que se declare la imposibilidad de seguir ejerciendo la actividad y, si procede, se inhabilite temporalmente para el ejercicio de la actividad sin perjuicio de las responsabilidades que pudieran derivarse de las actuaciones realizadas.

2. De acuerdo con lo dispuesto en el artículo 4.4 de la Ley 21/1992, de 16 de julio, de Industria, el incumplimiento de los requisitos y normas exigidos para el ejercicio de la actividad, una vez verificado y declarado por la autoridad competente mediante resolución motivada y previa audiencia del interesado, conllevará el cese automático de la actividad, salvo que pueda incoarse un expediente de subsanación del incumplimiento y sin perjuicio de las responsabilidades que pudieran derivarse de las actuaciones realizadas.

3. En todo caso, el título V de la referida Ley de Industria será de aplicación con los efectos y sanciones que procedan una vez incoado el correspondiente expediente sancionador.

Para más información sobre el título V de la Ley de Industria, consultar el artículo 43 del presente reglamento

---

Artículo 41. Carné profesional en instalaciones térmicas de edificios

1. El carné profesional en instalaciones térmicas de edificios es el documento mediante el cual la Administración reconoce a la persona física titular del mismo la capacidad técnica para desempeñar las actividades de instalación y mantenimiento de las instalaciones térmicas de edificios, identificándolo ante terceros para ejercer su profesión en el ámbito de este RITE.

2. Este carné profesional no capacita, por sí solo, para la realización de dicha actividad, sino que la misma debe ser ejercida en el seno de una empresa instaladora o mantenedora en instalaciones térmicas.

3. El carné profesional se concederá, con carácter individual, a todas las personas que cumplan los requisitos que se señalan en el artículo 42 y será expedido por el órgano competente de la comunidad autónoma.

4. El órgano competente de la Comunidad Autónoma llevará un registro con los carnés profesionales concedidos.

5. El carné profesional tendrá validez en toda España, según lo establecido en el artículo 13.3 de la Ley 21/1992, de 16 de julio, de Industria.

Ley 21/1992, de 16 de julio, de Industria.

[...]

Artículo 13. Cumplimiento reglamentario.

3. Las comunicaciones o declaraciones responsables que se realicen en una determinada comunidad autónoma serán válidas, sin que puedan imponerse requisitos o condiciones adicionales, para el ejercicio de la actividad en todo el territorio español.

[...]

6. El incumplimiento de las disposiciones reguladas por este RITE por parte de los titulares del carné profesional, dará lugar a la incoación del oportuno expediente administrativo.

Artículo 42. Requisitos para la obtención del carné profesional

1. Para obtener el carné profesional de instalaciones térmicas en edificios, las personas físicas deben acreditar, ante la comunidad autónoma donde radique el interesado, las siguientes condiciones:

   a. Ser mayor de edad.

   b. Tener los conocimientos teóricos y prácticos sobre instalaciones térmicas en edificios.

   b.1 Se entenderá que poseen dichos conocimientos las personas que acrediten alguna de las siguientes situaciones:

   a. Disponer de un título de formación profesional o de un certificado de profesionalidad incluido en el Catálogo Nacional de Cualificaciones Profesionales cuyo ámbito competencial coincida con las materias objeto del Reglamento.

   b. Tener los conocimientos teóricos y prácticos sobre instalaciones térmicas en edificios: exigencias técnicas sobre bienestar e higiene, eficiencia energética, energías renovables y energías residuales y seguridad.

   c. Poseer una certificación otorgada por entidad acreditada para la certificación de personas, según lo establecido en el Real Decreto 2200/1995, de 28 de diciembre, que incluya como mínimo los contenidos de este Reglamento.

b.2 Los solicitantes del carné que no puedan acreditar las situaciones exigidas en el apartado b.1, deben justificar haber recibido y superado:

b.2.1 Un curso teórico y práctico de conocimientos básicos y otro sobre conocimientos específicos en instalaciones térmicas de edificios, impartido por una entidad reconocida por el órgano competente de la comunidad autónoma, con la duración y el contenido indicados en los apartados 3.1 y 3.2 del Apéndice 3.

b.2.2 Acreditar una experiencia laboral como técnico de, al menos, tres años en una empresa instaladora o mantenedora.

c. Haber superado un examen ante el órgano competente de la comunidad autónoma, sobre conocimiento de este RITE.

2. Podrán obtener directamente el carné profesional, mediante solicitud ante el órgano competente de la comunidad autónoma y sin tener que cumplir el requisito del apartado c, por el procedimiento que dicho órgano establezca, los solicitantes que estén en posesión del título oficial de formación profesional o de un certificado de profesionalidad incluido en el Catálogo Nacional de Cualificaciones Profesionales cuyo contenido formativo cubra las materias objeto del Reglamento o tengan reconocida una competencia profesional adquirida por experiencia laboral, de acuerdo con lo estipulado en el Real Decreto 1224/2009 o posean una certificación otorgada por entidad acreditada para la certificación de personas, según lo establecido en el Real Decreto 2200/1995 que acredite dichos conocimientos de manera explícita.

3. Los técnicos que dispongan de un título universitario cuyo plan de estudios cubra las materias objeto del Reglamento, podrán obtener directamente el carné, mediante solicitud ante el órgano competente de la comunidad autónoma y sin tener que cumplir los requisitos enumerados en los apartados b y c, bastando con la presentación de una copia compulsada del título académico.

Capítulo 9. Régimen sancionador

Artículo 43. Infracciones y sanciones

En caso de incumplimiento de las disposiciones obligatorias reguladas en este RITE se estará a lo dispuesto en los artículos 30 a 38 de la Ley 21/1992, de 16 de julio, de Industria, sobre infracciones administrativas.

Ley 21/1992, de 16 de julio, de Industria.

[...]

Título V
Infracciones y sanciones

Artículo 30. Infracciones.

1. Constituyen infracciones administrativas en las materias reguladas en esta Ley las acciones u omisiones de los distintos sujetos responsables tipificadas y sancionadas en los artículos siguientes, sin perjuicio de las responsabilidades civiles, penales o de otro orden que puedan concurrir. No obstante lo anterior, y de conformidad con lo establecido en el artículo 9, apartado 4, de la presente Ley, cuando estas conductas constituyan incumplimiento de la normativa de seguridad, higiene y salud laborales, será esta infracción la que será objeto de sanción conforme a lo previsto en dicha normativa.

2. La comprobación de la infracción, su imputación y la imposición de la oportuna sanción, requerirán la previa instrucción del correspondiente expediente.

3. Cuando a juicio de la Administración competente las infracciones pudieran ser constitutivas de delito o falta, el órgano administrativo dará traslado al Ministerio Fiscal y se abstendrá de proseguir el procedimiento sancionador mientras la autoridad judicial, en su caso, no se haya pronunciado. La sanción penal excluirá la imposición de sanción administrativa. Si no se hubiera estimado la existencia de delito o falta, la Administración podrá continuar el expediente sancionador con base, en su caso, en los hechos que el órgano judicial competente haya considerado probados.

4. En los mismos términos, la instrucción de causa penal ante los Tribunales de Justicia suspenderá la tramitación del expediente adminis-

trativo sancionador que se hubiera incoado por los mismos hechos y, en su caso, la ejecución de los actos administrativos de imposición de sanción. Las medidas administrativas que hubiera sido adoptadas para salvaguardar la salud y seguridad de las personas se mantendrán hasta tanto la autoridad judicial se pronuncie sobre las mismas en el procedimiento correspondiente.

Artículo 31. Clasificación de las infracciones.

1. Son infracciones muy graves las tipificadas en el punto siguiente como infracciones graves, cuando de las mismas resulte un daño muy grave o se derive un peligro muy grave e inminente para las personas, la flora, la fauna, las cosas o el medio ambiente.

2. Son infracciones graves las siguientes:

   a) La fabricación, importación, ventas, transporte, instalación o utilización de productos, aparatos o elementos sujetos a seguridad industrial sin cumplir las normas reglamentarias, cuando comporte peligro o daño grave para personas, flora, fauna, cosas o el medio ambiente.

   b) La puesta en funcionamiento de instalaciones careciendo de la correspondiente autorización, cuando esta sea preceptiva de acuerdo con la correspondiente disposición legal o reglamentaria.

   c) La ocultación o alteración dolosa de los datos a que se refieren los artículos 22 y 23 de esta Ley, así como la resistencia o reiterada demora en proporcionarlos siempre que estas no se justifiquen debidamente.

   d) La resistencia de los titulares de actividades e instalaciones industriales en permitir el acceso o facilitar la información requerida por las Administraciones Públicas, cuando hubiese obligación legal o reglamentaria de atender tal petición de acceso o información.

   e) La expedición de certificados o informes cuyo contenido no se ajuste a la realidad de los hechos.

   f) Las inspecciones, ensayos o pruebas efectuadas por los Organismos de Control de forma incompleta o con resultados inexactos por una insuficiente constatación de los hechos o por la deficiente aplicación de normas técnicas.

   g) La acreditación de Organismos de Control por parte de las Entidades de Acreditación cuando se efectúe sin verificar totalmente las condiciones y requisitos técnicos exigidos para el funcionamiento de aquellos o mediante valoración técnicamente inadecuada.

h) El incumplimiento de las prescripciones dictadas por la autoridad competente en cuestiones de seguridad relacionadas con esta Ley y con las normas que la desarrollen.

i) La inadecuada conservación y mantenimiento de instalaciones si de ello puede resultar un peligro para las personas, la flora, la fauna, los bienes o el medio ambiente.

j) La aplicación de las ayudas y subvenciones públicas a fines distintos de los determinados en su concesión, así como no efectuar su reintegro cuando así se hubiera establecido.

k) La inexactitud, falsedad u omisión en cualquier dato, o manifestación, de carácter esencial, sobre el cumplimiento de los requisitos exigidos señalados en la declaración responsable o la comunicación aportada por los interesados.

l) La realización de la actividad sin cumplir los requisitos exigidos o sin haber realizado la comunicación o la declaración responsable cuando alguna de ellas sea preceptiva.

3. Son infracciones leves las siguientes:

a) El incumplimiento de cualquier otra prescripción reglamentaria no incluida en los apartados anteriores.

b) La no comunicación, a la Administración competente, de los datos referidos en los artículos 22 y 23 de esta Ley dentro de los plazos reglamentarios.

c) La falta de colaboración con las Administraciones Públicas en el ejercicio por estas de las funciones reglamentarias derivadas de esta Ley.

Artículo 32. Prescripción.

1. El plazo de prescripción de las infracciones previstas en esta Ley será de cinco años para las muy graves, tres para las graves y uno para las leves, a contar desde su total consumación.

El cómputo del plazo de prescripción se iniciará en la fecha en que se hubiera cometido la infracción o, si se trata de una actividad continuada, en la fecha de su cese.

2. El plazo de prescripción de las sanciones establecidas en esta Ley será de cinco años para las referidas a infracciones muy graves, tres para las graves y uno para las leves.

Artículo 33. Responsables.

1. Serán sujetos responsables de las infracciones, las personas físicas o jurídicas que incurran en las mismas. En particular se consideran responsables:

   a) El propietario, director o gerente de la industria en que se compruebe la infracción.

   b) El proyectista, el director de obra, en su caso, y personas que participan en la instalación, reparación, mantenimiento, utilización o inspección de las industrias, equipos y aparatos, cuando la infracción sea consecuencia directa de su intervención.

   c) Los fabricantes, vendedores o importadores de los productos, aparatos, equipos o elementos que no se ajusten a las exigencias reglamentarias.

   d) Los organismos, las entidades y los laboratorios especificados en esta Ley, respecto de las infracciones cometidas en el ejercicio de su actividad.

2. En su caso existir más de un sujeto responsable de la infracción, o que esta sea producto de la acumulación de actividades debidas a diferentes personas, las sanciones que se impongan tendrán entre sí carácter independiente.

3. Cuando en aplicación a la presente Ley dos o más personas resulten responsables de una infracción y no fuese posible determinar su grado de participación, serán solidariamente responsables a los efectos de las sanciones que se deriven.

Artículo 34. Sanciones.

1. Las infracciones serán sancionadas en la forma siguiente:

   a) Las infracciones leves con multas de hasta 500.000 pesetas.

   b) Las infracciones graves con multas desde 500.001 hasta 15.000.000 de pesetas.

   c) Las infracciones muy graves con multas desde 15.000.001 hasta 100.000.000 de pesetas.

Se autoriza al Gobierno para actualizar el importe de las sanciones imponibles, de acuerdo con los índices de precios de consumo del Instituto Nacional de Estadística.

2. Para determinar la cuantía de las sanciones se tendrán en cuenta las siguientes circunstancias:

   a) La importancia del daño o deterioro causado.

b) El grado de participación y beneficio obtenido.

c) La capacidad económica del infractor.

d) La intencionalidad en la comisión de la infracción.

e) La reincidencia.

3. La autoridad sancionadora competente podrá acordar además, en las infracciones graves y muy graves, la pérdida de la posibilidad de obtener subvenciones y la prohibición para celebrar contratos con las Administraciones Públicas, durante un plazo de hasta dos años en las infracciones graves y hasta cinco años en las muy graves.

4. Las sanciones impuestas por infracciones muy graves, una vez firmes, serán publicadas en la forma que se determine reglamentariamente.

5. Sin perjuicio de lo dispuesto en el artículo 30, apartado 1, las acciones u omisiones tipificadas en la presente Ley que lo estén también en otras, se calificarán con arreglo a la que comporte mayor sanción.

[...]

Capítulo 10. Comisión Asesora

Artículo 44. Comisión Asesora para las instalaciones térmicas de los edificios

La Comisión Asesora para las Instalaciones Térmicas de los Edificios es un órgano colegiado de carácter permanente, que depende orgánicamente de la Secretaria de Estado de Energía del Ministerio para la Transición Ecológica y el Reto Demográfico.

Artículo 45. Funciones de la Comisión Asesora

Corresponde a esta Comisión asesorar a los Ministerios competentes en materias relacionadas con las instalaciones térmicas de los edificios, mediante las siguientes actuaciones:

1. Analizar los resultados obtenidos en la aplicación práctica del Reglamento de instalaciones térmicas, proponiendo criterios para su correcta interpretación y aplicación.

2. Recibir las propuestas y comentarios que formulen las distintas Administraciones Públicas, agentes del sector y usuarios y proceder a su estudio y consideración.

3. Estudiar y proponer la actualización del reglamento, conforme a la evolución de la técnica.

4. Estudiar las actuaciones internacionales en la materia, y especialmente las de la Unión Europea, proponiendo las correspondientes acciones.

5. Establecer los requisitos que deben cumplir los documentos reconocidos del Reglamento de instalaciones térmicas en los edificios, las condiciones para su validación y el procedimiento a seguir para su reconocimiento conjunto por los Ministerios de Industria, Energía y Turismo y de Transportes, Movilidad y Agenda Urbana, así como proponer a la Secretaría de Estado de Energía su inclusión en el Registro General.

Artículo 46. Composición de la Comisión Asesora

1. La Comisión Asesora estará compuesta por el Presidente, dos Vicepresidentes, los Vocales y el Secretario.

2. Será Presidente el titular de la Secretaría de Estado de Energía, que será sustituido en caso de ausencia, vacante o enfermedad por el Vicepresidente primero, y en ausencia de éste, por el Vicepresidente segundo.

   Será Vicepresidente primero el titular de la Dirección General de Agenda Urbana y Arquitectura del Ministerio de Transportes, Movilidad y Agenda Urbana, y será Vicepresidente segundo un representante del Instituto para la Diversificación y Ahorro de la Energía.

3. Serán Vocales de la Comisión los representantes designados por cada una de las siguientes entidades:

a) En representación de la Administración General del Estado y con categoría de Subdirector General o asimilado:

I. Un representante de la Secretaria de Estado de Energía del Ministerio para la Transición Ecológica y el Reto Demográfico.

II. Un representante de la Dirección General de Política Energética y Minas del Ministerio para la Transición Ecológica y el Reto Demográfico.

III. Un representante de la Dirección General de Industria y de la Pequeña y Mediana Empresa del Ministerio de Industria, Comercio y Turismo.

IV. Dos representantes de la Dirección General de Agenda Urbana y Arquitectura del Ministerio de Transportes, Movilidad y Agenda Urbana.

V. Un del Instituto para la Diversificación y Ahorro de la Energía.

VI. Un representante del Instituto de Ciencias de la Construcción «Eduardo Torroja» del Consejo Superior de Investigaciones Científicas.

VII. Un representante de la Dirección General de Calidad y Evaluación Ambiental y Medio Natural del Ministerio para la Transición Ecológica y el Reto Demográfico.

VIII. Un representante de la Dirección General de Consumo del Ministerio de Consumo.

b) En representación de las Comunidades Autónomas y las Entidades Locales:

• Un vocal por cada una de las Comunidades Autónomas y de las Ciudades de Ceuta y Melilla, que voluntariamente hubieran aceptado su participación en este órgano.

• Un vocal propuesto por la Federación Española de Municipios y Provincias.

c) En representación de los agentes del sector y usuarios:

• Representantes de las organizaciones, de ámbito nacional, con mayor implantación de los sectores afectados y de los usuarios relacionados con las instalaciones térmicas, según lo establecido en el apartado 5.

4. Actuará como Secretario, con voz y voto, el vocal en representación de la Secretaría de Estado de Energía del Ministerio de Industria, Energía y Turismo.

5. Las organizaciones representativas de los sectores y usuarios afectados podrán solicitar su participación al Presidente de la Comisión Asesora. Ésta fijará reglamentariamente el procedimiento y los requisitos para su admisión, que deberá contar con la opinión favorable del Pleno.

Artículo 47. Organización de la Comisión Asesora

1. La Comisión Asesora funcionará en Pleno, en Comisión Permanente y en Grupos de Trabajo.

2. La Comisión conocerá, en Pleno, aquellos asuntos que, después de haber sido objeto de consideración por la Comisión permanente y los Grupos de trabajo específicos, en su caso, estime el Presidente que deban serlo en razón de su importancia. Corresponderá al Pleno la aprobación del Reglamento de régimen interior. El Pleno se reunirá como mínimo una vez al año, por convocatoria de su Presidente, o por petición de, al menos, una cuarta parte de sus miembros.

3. La Comisión Permanente, que se reunirá una vez al semestre, ejercerá las competencias que el Pleno le delegue, ejecutará sus acuerdos y coordinará los grupos de trabajo específicos. Estará compuesta por el Presidente, los dos Vicepresidentes y el Secretario. Además de los anteriores, y previa convocatoria del Presidente, asistirán a sus reuniones los vocales representantes del Ministerio de Industria, Energía y Turismo y, del Ministerio de Fomento, del Instituto para la Diversificación y Ahorro de la Energía (IDAE), cuatro representantes de las comunidades autónomas elegidos en el pleno y los directamente afectados por la naturaleza de los asuntos a tratar.

4. Los Grupos de Trabajo se constituirán para analizar aquellos asuntos específicos que el Pleno les delegue, relacionados con las funciones de la Comisión Asesora. Podrán participar, además de los miembros de la Comisión Asesora, representantes de la Administración, de los sectores interesados, así como expertos en la materia. Serán designados por acuerdo de la Comisión Permanente, bajo la coordinación de un miembro de la misma.

5. El funcionamiento de la Comisión Asesora será atendido con los medios de personal y de material de la Secretaría de Estado de Energía.

6. La Comisión Asesora utilizará las técnicas y medios electrónicos, informáticos y telemáticos que faciliten el desarrollo de su actividad, de acuerdo con el artículo 45 de la Ley 30/1992, de 26 de diciembre, de Régimen Jurídico de las Administraciones Públicas y del Procedimiento Administrativo Común.

7. Para su adecuado funcionamiento, la Comisión aprobará su reglamento interno. En lo no previsto en dicho reglamento, se aplicarán las previsiones que sobre órganos colegiados figuran en el capítulo II del título II de la Ley 30/1992, de 26 de noviembre, de Régimen Jurídico de las Administraciones Públicas y del Procedimiento Administrativo Común.

PARTE 2

Instrucciones técnicas

Instrucción técnica IT 1. Diseño y dimensionado

IT 1.1. Exigencia de bienestar e higiene

IT 1.1.1 Ámbito de aplicación

El ámbito de aplicación de esta sección es el que se establece con carácter general para el RITE, en su artículo 2, con las limitaciones que se fijan en este apartado.

IT 1.1.2 Procedimiento de verificación

Para la correcta aplicación de esta exigencia en el diseño y dimensionado de las instalaciones térmicas debe seguirse la secuencia de verificaciones siguiente:

> a. Cumplimiento de la exigencia de calidad térmica del ambiente del apartado 1.4.1.
>
> b. Cumplimiento de la exigencia de calidad de aire interior del apartado 1.4.2.
>
> c. Cumplimiento de la exigencia de calidad acústica del apartado 1.4.3.d.
>
> d. Cumplimiento de la exigencia de higiene del apartado 1.4.4.

IT 1.1.3 Documentación justificativa

El proyecto o memoria técnica, contendrá la siguiente documentación justificativa del cumplimiento de esta exigencia de bienestar térmico e higiene:

> a. Justificación del cumplimento de la exigencia de calidad del ambiente térmico del apartado 1.4.1.
>
> b. Justificación del cumplimiento de la exigencia de calidad de aire interior del apartado 1.4.2.
>
> c. Justificación del cumplimiento de la exigencia de calidad acústica del apartado 1.4.3.
>
> d. Justificación del cumplimiento de la exigencia de higiene del apartado 1.4.4.

IT 1.1.4 Caracterización y cuantificación de la exigencia de bienestar e higiene

IT 1.1.4.1 Exigencia de calidad térmica del ambiente y valores para el dimensionado

IT 1.1.4.1.1 Generalidades

La exigencia de calidad térmica del ambiente se considera satisfecha en el diseño y dimensionado de la instalación térmica, si los parámetros que definen el bienestar térmico, como la temperatura operativa, humedad relativa, velocidad media del aire e intensidad de la turbulencia, asimetrías radiantes, gradiente vertical de temperatura y temperatura del suelo se mantienen en la zona ocupada dentro de los valores establecidos a continuación.

IT 1.1.4.1.2 Temperatura operativa y humedad relativa

1. Las condiciones interiores de diseño de la temperatura operativa y la humedad relativa se fijarán con base en la actividad metabólica de las personas, su grado de vestimenta y el porcentaje estimado de insatisfechos (PPD), según los siguientes casos:

    a. Para personas con actividad metabólica sedentaria de 1,2 met, con grado de vestimenta de 0,5 clo en verano y 1 clo en invierno y un PPD (porcentaje de personas insatisfechas) menor al 10 %, los valores de la temperatura operativa y de la humedad relativa, asumiendo un nivel de velocidad de aire bajo (<0,1 m/s), estarán comprendidos entre los límites indicados en la tabla 1.4.1.1.

Tabla 1.4.1.1 *Condiciones interiores de diseño*

Estación	Temperatura operativa (°C)	Humedad relativa (%)
Verano	23-25	45-60
Invierno	21-23	40-50

Para el dimensionamiento de los sistemas de calefacción, se empleará una temperatura de cálculo de las condiciones interiores de 21 °C. Para los sistemas de refrigeración la temperatura de cálculo será de 25 °C.

    b. Para valores diferentes de la actividad metabólica, grado de vestimenta, velocidad del aire y PPD del apartado a) es válido el cálculo de la temperatura operativa y la humedad relativa realizado por el procedimiento indicado en la norma UNE - EN ISO 7730.

    En este caso, los valores para el dimensionamiento de sistemas de refrigeración son los valores superiores del rango de bienestar considerado y para los sistemas de calefacción los valores más bajos del rango de bienestar considerado.

2. Al cambiar las condiciones exteriores, la temperatura operativa se podrá variar entre los dos valores calculados para las condiciones extremas de diseño. Se podrá admitir una humedad relativa del 35 % en las condiciones extremas de invierno durante cortos periodos de tiempo.

3. La temperatura seca del aire de los locales que alberguen piscinas climatizadas se mantendrá entre 1 °C y 2 °C por encima de la del agua del vaso, con un máximo de 30 °C. La humedad relativa del local se mantendrá siempre por debajo del 65 %, para proteger los cerramientos de la formación de condensaciones.

IT 1.1.4.1.3 Velocidad media del aire

1. La velocidad del aire en la zona ocupada se mantendrá dentro de los límites de bienestar, teniendo en cuenta la actividad de las personas y su vestimenta, así como la temperatura del aire y la intensidad de la turbulencia.

2. La velocidad media admisible del aire en la zona ocupada (V), se calculará de la forma siguiente:

Para valores de la temperatura seca t del aire dentro de los márgenes de 20 °C a 27 °C, se calculará con las siguientes ecuaciones:

a. Con difusión por mezcla, intensidad de la turbulencia del 40 % y PPD por corrientes de aire del 15 %:

$$V = \frac{t}{100} - 0,07 \, m/s$$

b. Con difusión por desplazamiento, intensidad de la turbulencia del 15 % y PPD por corrientes de aire menor que el 10 %:

$$V = \frac{t}{100} - 0,10 \, m/s$$

3. La velocidad podrá resultar mayor, solamente en lugares del espacio que estén fuera de la zona ocupada, dependiendo del sistema de difusión adoptado o del tipo de unidades terminales empleadas.

IT 1.1.4.1.4 Otras condiciones de bienestar

En la determinación de condiciones de bienestar en un edificio se tendrán en consideración otros aspectos descritos en la norma UNE - EN ISO 7730, y se valorarán de acuerdo a los métodos de cálculo definidos en dicha norma tales como:

a) Molestias por corrientes de aire.

b) Diferencia vertical de la temperatura del aire. Estratificación.

c) Suelos calientes y fríos.

d) Asimetría de temperatura radiante.

IT 1.1.4.2 Exigencia de calidad del aire interior

IT 1.1.4.2.1 Generalidades

1. En los edificios de viviendas, a los locales habitables del interior de las mismas, los almacenes de residuos, los trasteros, los aparcamientos y garajes; y en los edificios de cualquier otro uso, a los aparcamientos y los garajes se consideran válidos los requisitos de calidad de aire interior establecidos en la Sección HS 3 del Código Técnico de la Edificación.

2. El resto de edificios dispondrá de un sistema de ventilación para el aporte del suficiente caudal de aire exterior que evite, en los distintos locales en los que se realice alguna actividad humana, la formación de elevadas concentraciones de contaminantes, de acuerdo con lo que se establece en el apartado 1.4.2.2 y siguientes. A los efectos de cumplimiento de este apartado se considera válido lo establecido en el procedimiento de la UNE-EN 13779

CTE. Sección HS 3 - Calidad del aire interior

1. Generalidades

1.1 Ámbito de aplicación

1. Esta sección se aplica, en los edificios de viviendas, al interior de las mismas, los almacenes de residuos, los trasteros, los aparcamientos y garajes; y, en los edificios de cualquier otro uso, a los aparcamientos y los garajes. Se considera que forman parte de los aparcamientos y garajes las zonas de circulación de los vehículos.

2. Para locales de cualquier otro tipo se considera que se cumplen las exigencias básicas si se observan las condiciones establecidas en el RITE.

1.2 Procedimiento de verificación

1. Para la aplicación de esta sección debe seguirse la secuencia de verificaciones que se expone a continuación.

2. Cumplimiento de las condiciones establecidas en el apartado 2.

3. Cumplimiento de las condiciones de diseño del sistema de ventilación del apartado 3:

   a) para cada tipo de local, el tipo de ventilación y las condiciones relativas a los medios de ventilación, ya sea natural, mecánica o híbrida;

   b) las condiciones relativas a los elementos constructivos siguientes:

       I. aberturas y bocas de ventilación;

       II. conductos de admisión;

    III. conductos de extracción para ventilación híbrida;

    IV. conductos de extracción para ventilación mecánica;

    V. aspiradores híbridos, aspiradores mecánicos y extractores;

    VI. ventanas y puertas exteriores.

4. Cumplimiento de las condiciones de dimensionado del apartado 4 relativas a los elementos constructivos.

5. Cumplimiento de las condiciones de los productos de construcción del apartado 5.

6. Cumplimiento de las condiciones de construcción del apartado 6.

7. Cumplimiento de las condiciones de mantenimiento y conservación del apartado 7.

2. Caracterización y cuantificación de la exigencia

1. En los locales habitables de las viviendas debe aportarse un caudal de aire exterior suficiente para conseguir que en cada local la concentración media anual de CO_2 sea menor que 900 ppm y que el acumulado anual de CO_2 que exceda 1.600 ppm sea menor que 500.000 ppm·h, en ambos casos con las condiciones de diseño del apéndice C.

2. Además, el caudal de aire exterior aportado debe ser suficiente para eliminar los contaminantes no directamente relacionados con la presencia humana. Esta condición se considera satisfecha con el establecimiento de un caudal mínimo de 1,5 l/s por local habitable en los periodos de no ocupación.

3. Las dos condiciones anteriores se consideran satisfechas con el establecimiento de una ventilación de caudal constante acorde con la tabla 2.1.

Tabla 2.1 *Caudales mínimos para ventilación de caudal constante en locales habitables*

Tipo de vivienda	Caudal mínimo q_v en l/s				
	Locales secos[1][2]			Locales húmedos[2]	
	Dormitorio principal	Resto de dormitorios	Sala de estar y comedores	Mínimo en total	Mínimo por local
0 ó 1 dormitorios	8	-	6	12	6
2 dormitorios	8	4	8	24	7
3 o más dormitorios	8	4	10	33	8

4. En la zona de cocción de las cocinas debe disponerse de un sistema que permita extraer los contaminantes que se producen durante su uso, de forma independiente a la ventilación general de los locales habitables. Esta condición se considera satisfecha si se dispone de un sistema en la zona de cocción que permita extraer un caudal mínimo de 50 l/s.

3. Diseño

3.1 Condiciones generales de los sistemas de ventilación

3.1.1 Viviendas

1. Las viviendas deben disponer de un sistema general de ventilación que puede ser híbrida o mecánica, con las siguientes características (véanse los ejemplos de la figura 3.1):

   a) el aire debe circular desde los locales secos a los húmedos, para ello los comedores, los dormitorios y las salas de estar deben disponer de aberturas de admisión; los aseos, las cocinas y los cuartos de baño deben disponer de aberturas de extracción; las particiones situadas entre los locales con admisión y los locales con extracción deben disponer de aberturas de paso;

   b) los locales con varios usos de los del punto anterior deben disponer en cada zona destinada a un uso diferente de las aberturas correspondientes;

   c) como aberturas de admisión, se dispondrán aberturas dotadas de aireadores o aperturas fijas de la carpintería, como son los dispositivos de microventilación con una permeabilidad al aire según UNE EN 12207:2017 en la posición de apertura de clase 1 o superior; no obstante, cuando las carpinterías exteriores sean de clase 1 de permeabilidad al aire según UNE EN 12207:2017 pueden considerarse como aberturas de admisión las juntas de apertura;

   d) cuando la ventilación sea híbrida, las aberturas de admisión deben comunicar directamente con el exterior;

   e) los aireadores deben disponerse a una distancia del suelo mayor que 1,80 m;

   f) cuando algún local con extracción esté compartimentado, deben disponerse de aberturas de paso entre los compartimentos; la abertura de extracción debe disponerse en el compartimento más contaminado que, en el caso de aseos y cuartos de baños, es aquel en el que está situado el inodoro, y en el caso de cocinas es aquel en el que está situada la zona de cocción; la abertura de paso que conecta con el resto de la vivienda debe estar situada en el local menos contaminado;

g) las aberturas de extracción deben conectarse a conductos de extracción y deben disponerse a una distancia del techo menor que 200 mm y a una distancia de cualquier rincón o esquina vertical mayor que 100 mm;

h) un mismo conducto de extracción puede ser compartido por aseos, baños, cocinas y trasteros.

Figura 3.1 *Ejemplos de ventilación en el interior de las viviendas*

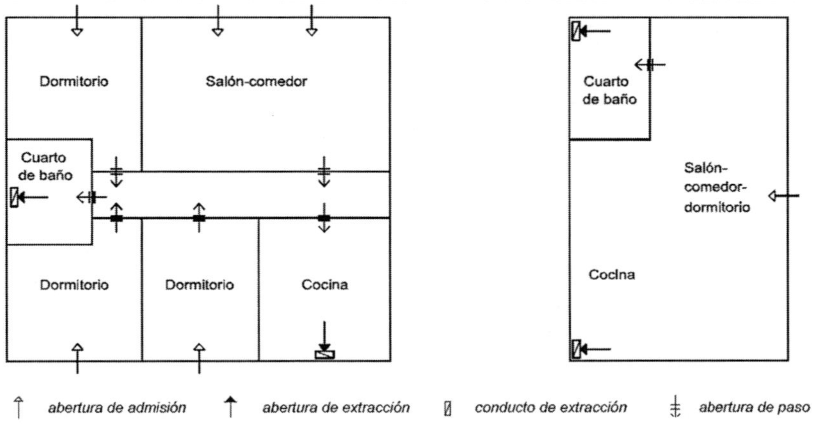

2. Las cocinas, comedores, dormitorios y salas de estar deben disponer de un sistema complementario de ventilación natural. Para ello debe disponerse de una ventana exterior practicable o una puerta exterior.

3. Las cocinas deben tener un sistema adicional específico de ventilación con extracción mecánica para los vapores y los contaminantes de la cocción. Para ello debe disponerse de un extractor conectado a un conducto de extracción independiente de los de la ventilación general de la vivienda que no puede utilizarse para la extracción de aire de locales de otro uso. Cuando este conducto sea compartido por varios extractores, cada uno de estos debe de estar dotado de una válvula automática que mantenga abierta su conexión con el conducto solo cuando esté funcionando o de cualquier otro sistema antirrevoco.

[...]

3.2 Condiciones particulares de los elementos

3.2.1 Aberturas y bocas de ventilación

1. En ausencia de norma urbanística que regule sus dimensiones, los espacios exteriores y los patios con los que comuniquen directamente

los locales mediante aberturas de admisión, aberturas mixtas o bocas de toma deben permitir que en su planta se pueda inscribir un círculo cuyo diámetro sea igual a un tercio de la altura del cerramiento más bajo de los que lo delimitan y no menor que 3 m.

2. Pueden utilizarse como abertura de paso un aireador o la holgura existente entre las hojas de las puertas y el suelo.

3. Las aberturas de ventilación en contacto con el exterior deben disponerse de tal forma que se evite la entrada de agua de lluvia o estar dotadas de elementos adecuados para el mismo fin.

4. Las bocas de expulsión deben situarse en la cubierta del edificio separadas 3 m como mínimo de cualquier elemento de entrada de ventilación (boca de toma, abertura de admisión, puerta exterior y ventana) y de los espacios donde pueda haber personas de forma habitual, tales como terrazas, galerías, miradores, balcones, etc.

5. En el caso de ventilación híbrida, la boca de expulsión debe ubicarse en la cubierta del edificio a una altura sobre ella de 1 m como mínimo y debe superar las siguientes alturas en función de su emplazamiento (véanse los ejemplos de la figura 3.4):

   a) la altura de cualquier obstáculo que esté a una distancia comprendida entre 2 y 10 m;

   b) 1,3 veces la altura de cualquier obstáculo que esté a una distancia menor o igual que 2 m;

3.2.2 Conductos de admisión

1. Los conductos deben tener una sección uniforme y carecer de obstáculos en todo su recorrido.

2. Los conductos deben tener un acabado que dificulte su ensuciamiento y deben ser practicables para su registro y limpieza cada 10 m como máximo en todo su recorrido.

3.2.3 Conductos de extracción para ventilación híbrida

1. Cada conducto de extracción debe disponer de un aspirador híbrido situado después de la última abertura de extracción en el sentido del flujo del aire.

2. Los conductos deben ser verticales.

3. Si los conductos son colectivos no deben servir a más de 6 plantas. Los conductos de las dos últimas plantas deben ser individuales. La conexión de las aberturas de extracción con los conductos colectivos debe hacerse a través de ramales verticales cada uno de los cuales

debe desembocar en el conducto inmediatamente por debajo del ramal siguiente (véase el ejemplo de la figura 3.3).

Figura 3.3 *Ejemplo de conducto de extracción para ventilación híbrida con conducto colectivo*

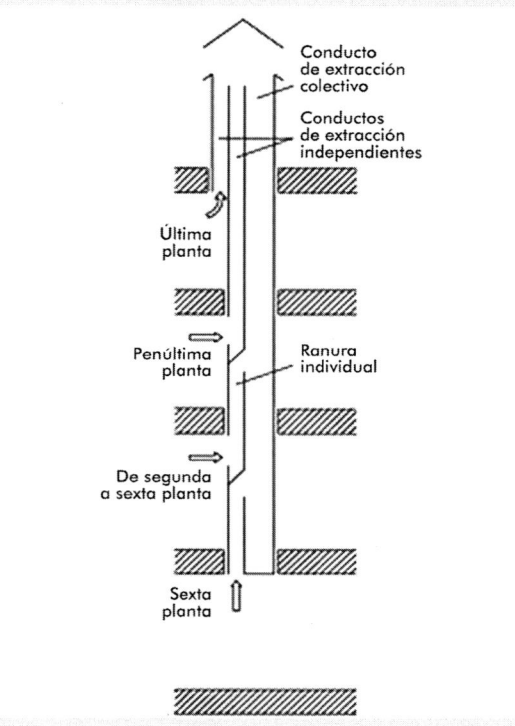

4. Los conductos deben tener una sección uniforme y carecer de obstáculos en todo su recorrido.

5. Los conductos que atraviesen elementos separadores de sectores de incendio deben cumplir las condiciones de resistencia a fuego del apartado 3 de la sección SI1.

6. Los conductos deben tener un acabado que dificulte su ensuciamiento y deben ser practicables para su registro y limpieza en la coronación.

7. Los conductos deben ser estancos al aire para su presión de dimensionado.

3.2.4 Conductos de extracción para ventilación mecánica

1. Cada conducto de extracción debe disponer de un aspirador mecánico situado, salvo en el caso de la ventilación específica de la cocina,

después de la última abertura de extracción en el sentido del flujo del aire, pudiendo varios conductos compartir un mismo aspirador (véanse los ejemplos de la figura 3.4), excepto en el caso de los conductos de los garajes, cuando se exija más de una red.

Figura 3.4 *Ejemplos de disposición de aspiradores mecánicos*

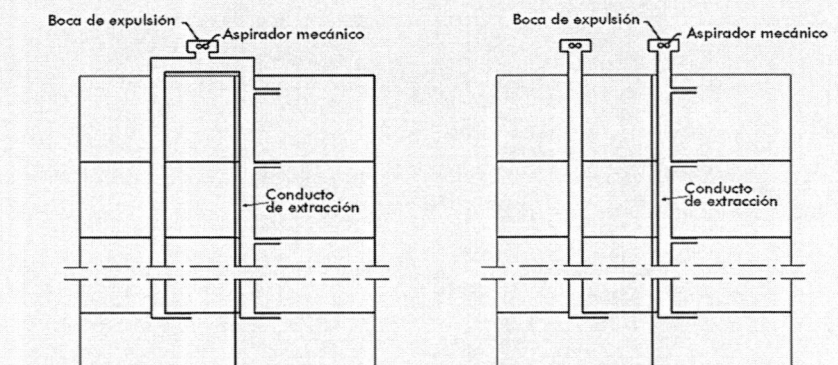

2. La sección de cada tramo del conducto comprendido entre dos puntos consecutivos con aporte o salida de aire debe ser uniforme.

3. Los conductos deben tener un acabado que dificulte su ensuciamiento y ser practicables para su registro y limpieza en la coronación.

4. Cuando se prevea que en las paredes de los conductos pueda alcanzarse la temperatura de rocío estos deben aislarse térmicamente de tal forma que se evite que se produzcan condensaciones.

5. Los conductos que atraviesen elementos separadores de sectores de incendio deben cumplir las condiciones de resistencia a fuego del apartado 3 de la sección SI1.

6. Los conductos deben ser estancos al aire para su presión de dimensionado.

7. Cuando el conducto para la ventilación específica adicional de las cocinas sea colectivo, cada extractor debe conectarse al mismo mediante un ramal que debe desembocar en el conducto de extracción inmediatamente por debajo del ramal siguiente (véanse los ejemplos de la figura 3.5).

Figura 3.5 *Ejemplos de conductos para la ventilación **específica adicional de las cocinas***

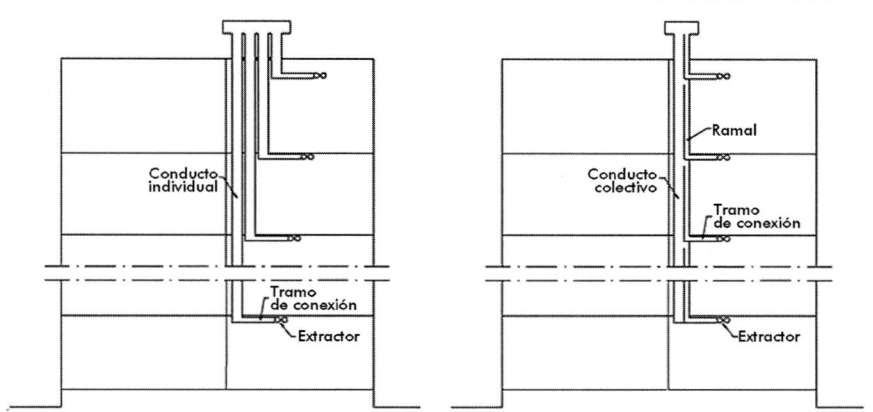

3.2.5 Aspiradores híbridos, aspiradores mecánicos y extractores

1. Los aspiradores mecánicos y los aspiradores híbridos deben disponerse en un lugar accesible para realizar su limpieza.

2. Previo a los extractores de las cocinas debe disponerse un filtro de grasas y aceites dotado de un dispositivo que indique cuándo debe reemplazarse o limpiarse dicho filtro.

3. Debe disponerse un sistema automático que actúe de tal forma que todos los aspiradores híbridos y mecánicos de cada vivienda funcionen simultáneamente o adoptar cualquier otra solución que impida la inversión del desplazamiento del aire en todos los puntos.

3.2.6 Ventanas y puertas exteriores

1. Las ventanas y puertas exteriores que se dispongan para la ventilación natural complementaria deben estar en contacto con un espacio que tenga las mismas características que el exigido para las aberturas de admisión.

[...]

7. Mantenimiento y conservación

1. Deben realizarse las operaciones de mantenimiento que, junto con su periodicidad, se incluyen en la tabla 7.1 y las correcciones pertinentes en el caso de que se detecten defectos.

Tabla 7.1 *Operaciones de mantenimiento*

	Operación	Periodicidad
Conductos	Limpieza	1 año
Conductos	Comprobación de la estanquidad aparente	5 años
Aberturas	Limpieza	1 año
Aspiradores hibridos, mecánicos, y extractores	Limpieza	1 año
Aspiradores hibridos, mecánicos, y extractores	Revisión del estado de funcionalidad	5 años
Filtros	Revisión del estado	6 meses
Filtros	Limpieza o sustitución	1 año
Sistemas de control	Revisión del estado de sus automatismos	2 años

[...]

Apéndice A

Terminología

[...]

Acumulado anual de CO_2: magnitud que representa la relación entre las concentraciones de CO_2 alcanzadas por encima de un determinado valor (valor base) y el tiempo que se han mantenido a lo largo de un año. Puede calcularse como el sumatorio de las áreas (medidas en ppm · hora) contenidas entre la representación de las concentraciones de CO_2 en función del tiempo y el valor base. Ejemplo:

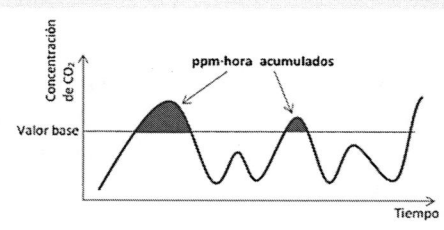

IT 1.1.4.2.2 Categorías de calidad del aire interior en función del uso de los edificios

En función del uso del edificio o local, la categoría de calidad del aire interior (IDA) que se deberá alcanzar será, como mínimo, la siguiente:

- IDA 1 (aire de óptima calidad): hospitales, clínicas, laboratorios y guarderías.

- IDA 2 (aire de buena calidad): oficinas, residencias (locales comunes de hoteles y similares, residencias de ancianos y de estudiantes), salas de lectura, museos, salas de tribunales, aulas de enseñanza y asimilables y piscinas.

- IDA 3 (aire de calidad media): edificios comerciales, cines, teatros, salones de actos, habitaciones de hoteles y similares, restaurantes, cafeterías, bares, salas de fiestas, gimnasios, locales para el deporte (salvo piscinas) y salas de ordenadores.

- IDA 4 (aire de calidad baja).

IT 1.1.4.2.3 Caudal mínimo del aire exterior de ventilación

1. El caudal mínimo de aire exterior de ventilación, necesario para alcanzar las categorías de calidad de aire interior que se indican en el apartado 1.4.2.2, se calculará de acuerdo con alguno de los cinco métodos que se indican a continuación.

   a. Método indirecto de caudal de aire exterior por persona.

      - Se emplearán los valores de la tabla 1.4.2.1 cuando las personas tengan una actividad metabólica de alrededor 1,2 met, cuando sea baja la producción de sustancias contaminantes por fuentes diferentes del ser humano y cuando no esté permitido fumar.

Tabla 1.4.2.1 *Caudales de aire exterior, en dm³/s por persona*

Categoría	dm³/s por persona
IDA 1	20
IDA 2	12,5
IDA 3	8
IDA 4	5

   - Para locales donde esté permitido fumar, los caudales de aire exterior serán, como mínimo, el doble de los indicados en la tabla 1.4.2.1.

- Cuando el edificio disponga de zonas específicas para fumadores, estas deben consistir en locales delimitados por cerramientos estancos al aire, y en depresión con respecto a los locales contiguos.

b. Método directo por calidad del aire percibido.

- En este método basado en el informe CR 1752 (método olfativo), los valores a emplear son los de la tabla 1.4.2.2.

Tabla 1.4.2.2 *Calidad del aire percibido, en decipols*

Categoría	dp
IDA 1	0,8
IDA 2	1,2
IDA 3	2,0
IDA 4	3,0

c. Método directo por concentración de CO_2.

- Para locales con elevada actividad metabólica (salas de fiestas, locales para el deporte y actividades físicas, etc.), en los que no está permitido fumar, se podrá emplear el método de la concentración de CO_2, buen indicador de las emisiones de bioefluentes humanos. Los valores se indican en la tabla 1.4.2.3.

Tabla 1.4.2.3 *Concentración de CO_2 en los locales*

Categoría	ppm[1]
IDA 1	350
IDA 2	500
IDA 3	800
IDA 4	1.200

[1] Concentración de CO_2 (en partes por millón en volumen) por encima de la concentración en el aire exterior

- Para locales con elevada producción de contaminantes (piscinas, restaurantes, cafeterías, bares, algunos tipos de tiendas, etc.) se podrá emplear los datos de la tabla 1.4.2.3, aunque si se conocen la composición y caudal de las sustancias contaminantes se recomienda el método de la dilución del apartado E.

d. Método indirecto de caudal de aire por unidad de superficie.

Para espacios no dedicados a ocupación humana permanente, se aplicarán los valores de la tabla 1.4.2.4.

Tabla 1.4.2.4 *Caudales de aire exterior por unidad de superficie de locales no dedicados a ocupación humana permanente*

Categoría	dm³/(s.m²)
IDA 1	no aplicable
IDA 2	0,83
IDA 3	0,55
IDA 4	0,28

e. Método de dilución.

Cuando en un local existan emisiones conocidas de materiales contaminantes específicos, se empleará el método de dilución. Se considerarán válidos a estos efectos, los cálculos realizados como se indica en el apartado 6.4.2.3 de la EN 13779. La concentración obtenida de cada sustancia contaminante, considerando la concentración en el aire de impulsión SUP y las emisiones en los mismos locales, deberá ser menor que el límite fijado por las autoridades sanitarias.

2. En las piscinas climatizadas el aire exterior de ventilación necesario para la dilución de los contaminantes será de 2,5 dm³/s por metro cuadrado de superficie de la lámina de agua y de la playa (no está incluida la zona de espectadores). A este caudal se debe añadir el necesario para controlar la humedad relativa, en su caso. El local se mantendrá con una presión negativa de entre 20 a 40 Pa con respecto a los locales contiguos.

3. En edificios para hospitales y clínicas son válidos los valores de la norma UNE 100713.

IT 1.1.4.2.4 Filtración del aire exterior mínimo de ventilación

1. El aire exterior de ventilación se introducirá debidamente filtrado en los edificios.

2. Las clases de filtración mínimas a emplear, en función de la calidad del aire exterior (ODA) y de la calidad del aire interior requerida (IDA), serán las que se indican en la tabla 1.4.2.5

3. La calidad del aire exterior (ODA) se clasificará de acuerdo con los siguientes niveles:

ODA 1: aire puro que se ensucia temporalmente (por ejemplo, polen).

ODA 2: aire con concentraciones altas de partículas y/o de gases contaminantes.

ODA 3: aire con concentraciones muy altas de gases contaminantes (ODA 3G) y/o de partículas (ODA 3P).

Tabla 1.4.2.5 *Clases de filtración*

Calidad del aire exterior	Calidad del aire interior			
	IDA 1	**IDA 2**	**IDA 3**	**IDA 4**
ODA 1	F9	F8	F7	F5
ODA 2	F7 + F9	F6 + F8	F5 + F7	F5 + F6
ODA 3	F7+GF*+F9	F7+GF+F9	F5 + F7	F5 + F6

*GF = Filtro de gas (filtro de carbono) y/o filtro químico o físico químico (fotocatalítico) y solo serán necesarios en caso de que la ODA 3 se alcance por exceso de gases.

UNE - EN 779:2013

Filtros de aire utilizados en ventilación general para eliminación de partículas. Determinación de las prestaciones de los filtros.

Grupo de filtro	Clase de filtro EN 779:2013	Clase de filtro EN 779:2003	Diferencia presión final (Pa)	Eficiencia gravimétrica media (Sm, %) de polvo sintético	Eficiencia media (Em, %) para partículas 0,4 μm	Eficiencia minima (%)
Grueso	G1	G1	250	50 % ≤ Sm < 65 %		
	G2	G2	250	65 % ≤ Sm < 80 %		
	G3	G3	250	80 % ≤ Sm < 90 %		
	G4	G4	250	90 % ≤ Sm		
Medio	M5	F5	450		40 % ≤ Em < 60 %	
	M6	F6	450		60 % ≤ Em < 80 %	
Fino	F7	F7	450		80 % ≤ Em < 90 %	35 %
	F8	F8	450		90 % ≤ Em < 95 %	55 %
	F9	F9	450		95 % ≤ Em	70 %

4. Se emplearán prefiltros para mantener limpios los componentes de las unidades de ventilación y tratamiento de aire, así como para alargar la vida útil de los filtros finales. Los prefiltros se instalarán en la entrada del aire exterior a la unidad de tratamiento, así como en la entrada del aire de retorno.

5. Los filtros finales se instalarán después de la sección de tratamiento y, cuando los locales sean especialmente sensibles a la suciedad (locales en los que haya que evitar la contaminación por mezcla de partículas, como quirófanos o salas limpias, etc.), después del ventilador de impulsión, procurando que la distribución de aire sobre la sección de filtros sea uniforme.

6. En todas las secciones de filtración, salvo las situadas en tomas de aire exterior, se garantizarán las condiciones de funcionamiento en seco (no saturado).

7. Las secciones de filtros de la clase G4 o menor para las categorías del aire interior IDA 1, IDA 2 e IDA 3 solo se admitirán como secciones adicionales a las indicadas en la tabla 1.4.2.5.

8. Los aparatos de recuperación de calor deben estar siempre protegidos con una sección de filtros, cuya clase será la recomendada por el fabricante del recuperador; de no existir recomendación serán como mínimo de clase F6.

9. En las reformas, cuando no haya espacio suficiente para la instalación de las unidades de tratamiento de aire, el filtro final indicado en la tabla 1.4.2.5 se incluirá en los recuperadores de calor.

IT 1.1.4.2.5 Aire de extracción

1. En función del uso del edificio o local, el aire de extracción se clasifica en las siguientes categorías:

   a) AE 1 (bajo nivel de contaminación): aire que procede de los locales en los que las emisiones más importantes de contaminantes proceden de los materiales de construcción y decoración, además de las personas.

   Está excluido el aire que procede de locales donde se permite fumar. Están incluidos en este apartado: oficinas, aulas, salas de reuniones, locales comerciales sin emisiones específicas, espacios de uso público, escaleras y pasillos.

   b) AE 2 (moderado nivel de contaminación): aire de locales ocupado con más contaminantes que la categoría anterior, en los que, además, no está prohibido fumar.

Están incluidos en este apartado: restaurantes, habitaciones de hoteles, vestuarios, aseos, cocinas domésticas (excepto campana extractora), bares, almacenes.

c) AE 3 (alto nivel de contaminación): aire que procede de locales con producción de productos químicos, humedad, etc.

Están incluidos en este apartado: saunas, cocinas industriales, imprentas, habitaciones destinadas a fumadores.

d) AE 4 (muy alto nivel de contaminación): aire que contiene sustancias olorosas y contaminantes perjudiciales para la salud en concentraciones mayores que las permitidas en el aire interior de la zona ocupada.

Están incluidos en este apartado: extracción de campanas de humos, aparcamientos, locales para manejo de pinturas y solventes, locales donde se guarda lencería sucia, locales de almacenamiento de residuos de comida, locales de fumadores de uso continuo, laboratorios químicos.

2. El caudal de aire de extracción de locales de servicio será como mínimo de 2 dm³/s por m² de superficie en planta.

3. Solo el aire de categoría AE 1, exento de humo de tabaco, puede ser retornado a los locales.

4. El aire de categoría AE 2 puede ser empleado solamente como aire de transferencia de un local hacia locales de servicio, aseos y garajes.

5. El aire de las categorías AE 3 y AE 4 no puede ser empleado como aire de recirculación o de transferencia.

6. Cuando se mezclen aires de extracción de diferentes categorías el conjunto tendrá la categoría del más desfavorable; si las extracciones se realizan de manera independiente, la expulsión hacia el exterior del aire de las categorías AE3 y AE4 no puede ser común a la expulsión del aire de las categorías AE1 y AE2, para evitar la posibilidad de contaminación cruzada.

IT 1.1.4.3 Exigencia de higiene

IT 1.1.4.3.1 Preparación de agua caliente para usos sanitarios

1. En la preparación de agua caliente para usos sanitarios se cumplirá con la legislación vigente higiénico-sanitaria para la prevención y control de la legionelosis.

2. En los casos no regulados por la legislación vigente, el agua caliente sanitaria se preparará a una temperatura que resulte compatible con su uso, considerando las pérdidas en la red de tuberías.

3. Los sistemas, equipos y componentes de la instalación térmica, que de acuerdo con la legislación vigente higiénico-sanitaria para la prevención y control de la legionelosis deban ser sometidos a tratamientos de choque térmico se diseñarán para poder efectuar y soportar los mismos.

4. Los materiales empleados en el circuito resistirán la acción agresiva del agua sometida a tratamiento de choque químico.

5. No se permite la preparación de agua caliente para usos sanitarios mediante la mezcla directa de agua fría con condensado o vapor procedente de calderas.

Real Decreto 487/2022, de 21 de junio, por el que se establecen los requisitos sanitarios para la prevención y el control de la legionelosis. Incluye corrección de errores publicada en el BOE núm. 36, de 11 de febrero de 2023 y las modificaciones del Real Decreto 614/2024, de 2 de julio.

I

La legionelosis es una enfermedad bacteriana de origen ambiental que suele presentar dos formas clínicas diferenciadas: la infección pulmonar o «Enfermedad del Legionario», que se caracteriza por neumonía con fiebre alta, y la forma no neumónica, conocida como «Fiebre de Pontiac», que se manifiesta como un síndrome febril agudo y de pronóstico leve. En ambas situaciones puede presentarse en forma de brotes o de casos aislados o esporádicos.

La legionelosis es una de las enfermedades objeto de declaración obligatoria figurando, como tal, en el anexo I del Real Decreto 2210/1995, de 28 de diciembre, por el que se crea la red nacional de vigilancia epidemiológica, siendo los casos y brotes objeto de notificación a través de dicha red, lo que permite la recogida y análisis de la información sobre casos y brotes de legionelosis con el fin de poder detectar problemas, valorar los cambios en el tiempo y en el espacio y contribuir a la aplicación de medidas preventivas y de control frente a dicha enfermedad.

La infección por *Legionella* generalmente es adquirida en los ámbitos comunitario y nosocomial, siendo necesario distinguir en su vigilancia epidemiológica entre estos casos y los asociados a viajes o producidos en otros ámbitos. En ambos supuestos, la enfermedad puede estar asociada a dispositivos y sistemas que utilizan agua a temperaturas que permiten la proliferación de la bacteria y producen aerosoles durante su funcionamiento. Las variaciones de la temperatura del agua a lo largo del circuito hidráulico de la instalación, junto con el estancamiento y la presencia de biofilms o biocapa, las incrustaciones calcáreas, la corrosión o los precipitados minerales son factores que propician la proliferación de *Legionella*.

Legionella es una bacteria ambiental capaz de sobrevivir en un amplio intervalo de condiciones físico-químicas, multiplicándose a temperaturas entre 20 °C y 50 °C. Su temperatura óptima de crecimiento se da entre los 35 °C y 37 °C. Su nicho ecológico natural son las aguas superficiales, como lagos, ríos, estanques, formando parte de su flora bacteriana sin descartar el agua de mar. Desde estos reservorios naturales, la bacteria puede colonizar los sistemas de abastecimiento y, a través de la red de distribución de agua, se incorpora a los sistemas de agua sanitaria (fría o caliente) u otros sistemas que requieren agua para su funcionamiento, como las torres de refrigeración.

La presencia de agua contaminada con la bacteria en instalaciones mal diseñadas, mal instaladas, sin mantenimiento o con un mantenimiento inadecuado favorece el estancamiento del agua y la acumulación de productos nutrientes para ella, tales como lodos, materia orgánica, materias de corrosión y amebas, formando una biocapa. La presencia de esta biocapa, junto a una temperatura propicia, explica la multiplicación de *Legionella* hasta concentraciones infectantes para el ser humano. Si existe en la instalación un mecanismo productor de aerosoles, la bacteria puede dispersarse al aire. Los aerosoles que contienen la bacteria pueden permanecer suspendidos en el aire y penetrar por inhalación en el aparato respiratorio de las personas expuestas.

Si bien las instalaciones que con mayor frecuencia se han identificado como fuentes de infección por *Legionella*, son los sistemas de distribución de agua fría de consumo humano o agua caliente sanitaria, los equipos de enfriamiento, tales como las torres de refrigeración, y los condensadores evaporativos, otros tipos de instalaciones o equipos, tales como los sistemas de agua climatizada con agitación constante y recirculación a través de chorros de alta velocidad o la inyección de aire (spas, piscinas, vasos o bañeras terapéuticas, bañeras de hidromasaje, tratamientos con chorros a presión, etc.), cisternas o depósitos de agua móviles, centrales humidificadoras industriales, humectadores, humidificadores, fuentes ornamentales, sistemas de riego por aspersión en el medio urbano, sistemas de agua contra incendios, elementos de refrigeración por aerosolización al aire libre, lavado de vehículos o nebulizadores, entre otros, también son susceptibles de constituirse en fuente de la presencia de *Legionella* si las condiciones de proliferación y difusión por aerosolización de la bacteria concurren en ellos. A su vez, dado el factor añadido del tipo de personas al que van dirigidos, son también foco de atención los equipos e instalaciones de terapia respiratoria (respiradores, nebulizadores, etc.).

La Comisión de Salud Pública, del Consejo Interterritorial del Sistema Nacional de Salud, en su reunión del 29 de octubre de 1999, con el objetivo de evitar o reducir al mínimo la aparición de brotes y casos de legionelosis, estimó necesario disponer de criterios técnico-sanitarios coordinados y aceptados por las autoridades sanitarias de la administración estatal, autonómica y local. Por ello, se aprobó el Real Decreto 909/2001, de 27 de julio, por el que se establecen los criterios higiénico-sanitarios para la prevención y control de la legionelosis. Estos criterios fueron actualizados por el Real Decreto 865/2003, de 4 de julio, por el que se establecen los criterios higiénico-sanitarios para la prevención y control de la legionelosis.

La situación actual del conocimiento científico-técnico, la experiencia acumulada tanto en la aplicación de la normativa y los resultados del estudio epidemiológico y ambiental de los casos y brotes producidos en los últimos años, hace preciso actualizar el Real Decreto 865/2003, de 4 de julio, mediante la aprobación de una nueva norma que contemple las mejoras técnicas, nuevas medidas de gestión del riesgo e innovaciones necesarias para un mayor control de las instalaciones o equipos susceptibles. No obstante, se considera necesario seguir investigando en aquellos aspectos que dan lugar a la proliferación de la *Legionella*, así como en los procedimientos posibles para su eliminación de forma eficaz, adaptando en consecuencia la normativa a los sucesivos avances que se produzcan.

II

El real decreto tiene por objeto la prevención y el control de la legionelosis, en aras de la protección de la salud humana, mediante el establecimiento de las medidas sanitarias a aplicar en las instalaciones susceptibles de la proliferación y diseminación de *Legionella*. Su ámbito de aplicación son las instalaciones que puedan ser susceptibles de convertirse en focos de exposición humana a la bacteria y, por tanto, de propagación de la enfermedad de la legionelosis durante su funcionamiento, pruebas de servicio o mantenimiento. Se aplica tanto a instalaciones en edificios, medios de transporte, instalaciones recreativas, instalaciones urbanas, instalaciones de uso sanitario o terapéutico y cualquier instalación que utilice agua en su funcionamiento y produzca, o sea susceptible de producir, aerosoles que puedan suponer un riesgo para la salud de la población. A título de ejemplo, sin pretender ser una lista exhaustiva, en el anexo I se relacionan una serie de instalaciones que cumplen dichos requisitos.

Quedan excluidas del ámbito de aplicación las instalaciones ubicadas en edificios dedicados al uso exclusivo de vivienda, siempre y cuando no afecten al ambiente exterior de estos edificios. Ello sin perjuicio de que, ante la sospecha de un riesgo para la salud de la población, la autoridad sanitaria podrá exigir que se adopten las medidas de control que se consideren oportunas.

La responsabilidad principal del cumplimento de las condiciones higiénico-sanitarias corresponde al titular de las instalaciones, que puede recurrir a empresas de servicios para la realización de operaciones de prevención y control de *Legionella* en las instalaciones a su cargo. También se establecen las responsabilidades de los fabricantes de aparatos y equipos afectados por el real decreto en relación con el diseño y los materiales utilizados en su fabricación, que en el caso de los equipos de refrigeración por aerosolización o los humectadores de uso doméstico deberán incluir las pautas de limpieza y desinfección a tener presentes por los usuarios en las instrucciones de uso y mantenimiento de los mismos.

III

El titular de una instalación que, utilizando agua, produce o es susceptible de producir aerosoles, con el objeto de minimizar la presencia, proliferación y dispersión de *Legionella* y sobre la base de la aplicación de cuatro principios (garantizar la eliminación o reducción de zonas sucias, el acumulo de suciedad, así como los estancamientos mediante un buen diseño y el mantenimiento de las instalaciones y equipos; evitar las condiciones que favorecen la supervivencia y multiplicación de Legionella, mediante el control de la temperatura del agua y la desinfección de la misma; minimizar la emisión de aerosoles y, en su caso, la aplicación de medidas correctoras efectivas) puede recurrir a la implantación de un Plan de Prevención y Control de *Legionella* o a un Plan Sanitario frente a Legionella, siendo el segundo opcional y el primero el punto de partida. El Plan de Prevención y Control de *Legionella* debe ser diseñado e implantado contemplando, al menos, los requisitos establecidos en los anexos del real decreto, con el contenido que se establece en el mismo.

[…]

V

La formación del personal implicado en las actividades vinculadas a los Planes debe abordar los contenidos relativos al papel y la actividad que cada trabajador desempeña en los mismos. En el caso particular de la toma de muestras, el responsable técnico del Plan desempeña un papel particular en la misma.

Por último, en los anexos del real decreto se establecen, tanto a los efectos de aplicación rutinaria de los diferentes programas como en el caso de notificación de casos o brotes, requisitos generales aplicables a todas las instalaciones objeto del real decreto, y adicionalmente se establecen requisitos específicos para determinados tipos de instalaciones.

VI

[…]

Este real decreto se dicta al amparo de lo dispuesto en la Constitución Española en su artículo 149.1.16.ª, que reserva al Estado la competencia exclusiva en materia de bases y coordinación general de la sanidad.

En su virtud, a propuesta de la Ministra de Sanidad, con la aprobación previa del entonces Ministro de Política Territorial y Función Pública, de acuerdo con el Consejo de Estado, y previa deliberación del Consejo de Ministros en su reunión del día 21 de junio de 2022,

DISPONGO:

Artículo 1. Objeto

Este real decreto tiene como objeto la protección de la salud de la población a través de la prevención y control de la legionelosis mediante la adopción de medidas sanitarias en aquellas instalaciones que utilicen agua en las que *Legionella* es capaz de proliferar, y diseminarse a través de aerosoles y la exposición de las personas a los mismos.

Artículo 2. Definiciones

A los efectos de este real decreto se entenderá por:

1. «Agua de aporte»: agua que alimenta a una instalación.

2. «Agua sanitaria»: agua de consumo humano fría o caliente.

[…]

11. «Instalaciones prioritarias»: instalaciones de locales, centros o edificios que prestan servicios o son frecuentados por personas de especial vulnerabilidad: centros sanitarios, socio-sanitarios y penitenciarios, así como cualquier otro que la autoridad sanitaria determine.

12. «Personal propio»: personal que mantenga una vinculación laboral directa con la persona titular de la instalación y desarrolle funciones y tareas de prevención y control de *Legionella*.

13. «Punto de control»: punto, operación o etapa donde se realiza un seguimiento programado en base a las actividades de control.

14. «Punto crítico»: punto, operación o etapa que requiere la adopción de medidas eficaces para eliminar o minimizar el riesgo hasta niveles aceptables.

15. «Plan de Prevención y Control de *Legionella*»: conjunto de actividades que permiten minimizar el riesgo de proliferación y/o diseminación de *Legionella* en las instalaciones o establecimientos.

16. «Plan Sanitario frente a *Legionella* (en adelante, PSL)»: conjunto de actividades resultado de una evaluación del riesgo.

17. «Punto terminal»: cualquier punto de salida de agua y susceptible de producir aerosoles (duchas, grifos, etc.).

18. «Titular de la instalación»: persona física o jurídica, pública o privada que sea propietaria o explotadora de una instalación, responsable del cumplimiento de este real decreto.

Artículo 3. Ámbito de aplicación

1. Las medidas contenidas en este real decreto se aplicarán a las instalaciones que puedan ser susceptibles de convertirse en focos de exposición humana a la bacteria y, por tanto, de propagación de la enfermedad de la legionelosis durante su funcionamiento, pruebas de servicio o mantenimiento, tales como las descritas en el anexo I.

2. Quedan excluidas del ámbito de aplicación de este real decreto las instalaciones ubicadas en edificios dedicados al uso exclusivo de vivienda, siempre y cuando no afecten al ambiente exterior de estos edificios. No obstante, ante la sospecha de un riesgo para la salud de la población, la autoridad sanitaria podrá exigir que se adopten las medidas de control que se consideren oportunas.

Artículo 4. Prevención de riesgos laborales

En materia de prevención de riesgos laborales se estará a lo dispuesto en la Ley 31/1995, de 8 de noviembre, de Prevención de Riesgos Laborales, y en el Real Decreto 39/1997, de 17 de enero, por el que se aprueba el Reglamento de los servicios de prevención, así como en el resto de la normativa de desarrollo de la citada ley, y, en particular, en el Real Decreto 664/1997, de 12 de mayo, sobre la protección de los trabajadores contra los riesgos relacionados con la exposición a agentes biológicos durante el trabajo y en el Real Decreto 374/2001, de 6 de abril, sobre la protección de la salud y seguridad de los trabajadores contra los riesgos relacionados con los agentes químicos durante el trabajo.

Artículo 5. Responsabilidades

1. Las personas físicas o jurídicas titulares de las instalaciones objeto de este real decreto son las responsables del cumplimiento de lo dispuesto en este real decreto.

2. En el caso de que la instalación sea explotada por persona física o jurídica distinta de la propietaria de la instalación, esta persona explotadora será la responsable a efectos del cumplimiento de las responsabilidades y obligaciones del presente real decreto, salvo que pueda acreditarse fehacientemente que dicha responsabilidad la tiene la persona propietaria.

3. Las personas titulares de torres de refrigeración y condensadores evaporativos están obligadas a notificar, mediante el modelo de documento que se recoge en el anexo II de forma electrónica, a la autoridad sanitaria competente de la comunidad o ciudad autónoma en la que se instale el equipo:

    a) En el plazo máximo de un mes desde su puesta en funcionamiento, el número y características técnicas de éstas, así como las modificaciones que afecten al sistema.

    b) En el plazo de un mes desde su cese definitivo de la actividad o baja de la instalación.

4. En caso de que la persona titular de la instalación contrate con un servicio externo la realización total o parcial de las tareas descritas en el presente real decreto, éstas deberán quedar descritas y acreditadas documentalmente.

5. Las empresas de servicios externos estarán obligadas a solicitar por escrito a la persona titular de la instalación la justificación de la notificación de la instalación y, en caso de no disponer de la misma, deberán proceder a informar por escrito a la persona titular de la citada instalación, con copia a la autoridad sanitaria, que debe proceder a su notificación.

6. Las administraciones sanitarias, en el marco de sus competencias, podrán ampliar la obligatoriedad de notificación a instalaciones distintas de las contempladas en el apartado 3. En todo caso, la relación de instalaciones notificadas será pública.

7. Las empresas o entidades de servicios que realicen operaciones de prevención y control de *Legionella* en las instalaciones a su cargo, son responsables de que se lleven a cabo correctamente las tareas que le hayan sido contratadas por el titular de la instalación para el control de la legionelosis, debiendo constar esta circunstancia en el contrato que realice con la persona titular de la instalación. En el caso de realizar la limpieza y desinfección deberán emitir un registro/certificado para cada instalación según el modelo del anexo X.

8. Las personas fabricantes de aparatos y equipos regulados por este real decreto deberán asegurar el correcto diseño en cuanto a materiales, accesibilidad a los distintos componentes de los equipos, facilidad de limpieza y otros requisitos técnicos, de acuerdo con lo establecido en este real decreto y las normas técnicas que le sean de aplicación.

9. Los proyectos que incluyan instalaciones reguladas por este real decreto y las empresas instaladoras de sistemas, aparatos y equipos, han de asegurar que los materiales de la instalación, la accesibilidad y ubicación de la misma sean adecuados al uso previsto de la instalación conforme a lo establecido en este real decreto, así como en las normas técnicas que les sean de aplicación.

10. La contratación de la realización, total o parcial, de las actividades contempladas en el presente real decreto con un servicio externo, no exime a la persona titular de la instalación de su responsabilidad de garantizar que las instalaciones no representen un riesgo para la salud pública.

11. Toda persona física o jurídica contratada por la persona titular de las instalaciones para llevar a cabo tareas reguladas por este real decreto, estará obligada a atender las demandas de información de la autoridad

sanitaria, a disponer de los correspondientes registros donde figuren los distintos titulares y las operaciones realizadas en sus instalaciones, que estarán a disposición de la autoridad sanitaria, quien los podrá solicitar cuando lo estime oportuno.

12. El responsable técnico del PPCL o, en su caso, del PSL tiene la responsabilidad de la elaboración, desarrollo, implantación y evaluación del Plan correspondiente, así como, proponer a la persona titular de la instalación las medidas correctoras correspondientes.

CAPÍTULO II
Requisitos de las instalaciones y de la calidad del agua

Artículo 6. Requisitos específicos de las instalaciones o equipos y de la calidad del agua

1. Los requisitos de diseño para los diferentes tipos de instalaciones y equipos objeto de este real decreto se describen en el anexo III, apartado I, sin perjuicio de lo que disponga el Código Técnico de la Edificación (en adelante, CTE) aprobado por Real Decreto 314/2006, de 17 de marzo, el Reglamento de Instalaciones Térmicas en los Edificios (en adelante, RITE) aprobado por Real Decreto 1027/2007, de 20 de julio, el Reglamento de seguridad para instalaciones frigoríficas y sus instrucciones (en adelante RISF) aprobado por Real Decreto 552/2019, de 27 de septiembre, o cualquier otra legislación aplicable. Las nuevas instalaciones y las existentes, cuando se sometan a remodelación, así como cuando lo considere necesario la autoridad sanitaria por razones de protección de la salud, contarán con declaración responsable del cumplimiento de estos requisitos, emitida por persona física o jurídica habilitada acorde con la normativa aplicable.

2. Los criterios de calidad del agua en cada uno de los tipos de instalaciones objeto de este real decreto serán al menos los que señala el anexo III, apartado II.

[…]

CAPÍTULO III
Planes de control frente a Legionella *y actuaciones*
de la autoridad sanitaria

Artículo 7. Actuaciones del titular de la instalación

1. La persona titular de una instalación de las previstas en el apartado 1 del artículo 3 estará obligada a controlar y prevenir la aparición y proliferación de Legionella. Para ello, podrá optar entre elaborar un PPCL o un PSL.

2. Con objeto de minimizar la presencia, proliferación y dispersión de *Legionella* se establecerán una serie de medidas preventivas en las instalaciones de riesgo, que se basarán en la aplicación de cuatro principios:

   a) Garantizar la eliminación o reducción de zonas sucias, el acumulo de suciedad, así como los estancamientos mediante un buen diseño y el mantenimiento de las instalaciones y equipos.

   b) Evitar las condiciones que favorecen la supervivencia y multiplicación de *Legionella*, mediante el control de la temperatura del agua y la desinfección de la misma.

   c) Minimizar la emisión de aerosoles.

   d) Aplicar medidas correctoras para mitigar el riesgo.

Artículo 8. Plan de Prevención y Control de Legionella (PPCL)

1. La persona titular de una instalación objeto de este real decreto, con el fin de evitar la proliferación de *Legionella* será responsable de que se elabore e implante un PPCL adaptado a las particularidades y características de su instalación.

2. El PPCL constará al menos de los siguientes aspectos:

   a) Diagnóstico inicial de la instalación y descripción detallada de la instalación, que incluirá como mínimo:

      1.º Datos técnicos y de funcionamiento, diseño y ubicación de la instalación.

      2.º Un plano o esquema señalizado para cada instalación que contemple todos sus componentes y en particular el esquema de funcionamiento del circuito hidráulico, que se actualizará cada vez que se realice alguna modificación, indicando la fecha de la misma, el tipo de suministro y la procedencia del agua, incluyendo el contrato de suministro y la identificación de la red de distribución facilitada por el gestor, cuando el suministro proceda de una red de distribución pública o privada.

      3.º Puntos de toma de muestra y puntos de posible emisión de aerosoles que serán señalados en el plano o esquema del punto anterior y teniendo en cuenta los puntos de control identificados según lo descrito en el capítulo IV.

   b) Descripción de los programas siguientes:

      1.º Programa de mantenimiento y revisión de instalaciones y equipos: incluirá las medidas preventivas que al menos tendrá que cumplir lo descrito en el anexo IV, así como la designación de responsabilidades (instalador, titular, personal externo y/o propio tanto los responsables técnicos y las responsables técnicas como los operarios y las operarias y las empresas proveedoras externas, entre otras).

2.º Programa de tratamiento: incluirá el tratamiento del agua en su caso y el programa de limpieza y desinfección de la instalación que, al menos, tendrá que cumplir lo descrito en el anexo IV.

3.º Programa de muestreo y análisis del agua: al menos tendrá que cumplir lo descrito en los anexos V y VI, y los laboratorios de control, lo descrito en el anexo VII y en el artículo 12.

4.º Programa de formación del personal, que contemplará, acorde con las características de la instalación o de los equipos la relación de contenidos en función de las actividades vinculadas a los PPCL de las instalaciones frente a *Legionella* y de las funciones asignadas a las personas trabajadoras que intervengan en los mismos.

c) Documentación y registros: los documentos y los registros de cada instalación, reflejarán la realización de las actividades y controles establecidos en los programas, así como sus resultados, las incidencias y las medidas adoptadas, que en caso de detección de *Legionella spp.* cumplirán al menos lo descrito en el anexo VIII y los resultados de las mismas. También serán objeto de registro las fechas de paradas y puestas en marcha técnicas de la instalación, incluyendo su motivo. Los registros serán preferentemente en soporte informático con una declaración responsable, realizada por el responsable técnico, el titular de la instalación o su representante legal.

3. El PPCL deberá ser revisado de forma periódica y se actualizará como resultado de las revisiones o evaluaciones efectuadas o cuando la autoridad sanitaria lo considere necesario y, en particular:

a) Si se detectan desviaciones importantes durante la evaluación periódica, el responsable técnico conjuntamente con el titular de la instalación debe revisar todo el PPCL.

b) Tras reformas sustanciales en la instalación, contaminaciones microbianas, asociación a casos o brotes de la enfermedad u otras incidencias significativas, a criterio del responsable técnico se debe realizar una evaluación adicional.

4. La documentación y registros del PPCL estará en la propia instalación a disposición del personal de mantenimiento, empresas o entidades de servicios contratadas, en su caso, y de la autoridad sanitaria. La documentación se guardará preferentemente en formato electrónico.

5. Toda la documentación y los registros correspondientes a las diferentes operaciones del PPCL se encontrará a disposición de las autoridades sanitarias y se conservarán durante, al menos cinco años desde su generación.

Artículo 9. Plan Sanitario frente a Legionella (PSL)

1. El PSL está basado en la evaluación del riesgo y fundamentado en las recomendaciones de la Organización Mundial de la Salud y estará adaptado a las particularidades y características de cada instalación.

2. El PSL deberá contar con los siguientes aspectos:

   a) Evaluación del riesgo:

      1.º Identificación de los peligros.

      2.º Priorización de los riesgos.

      3.º Determinación de los puntos críticos.

      4.º Descripción de las medidas correctoras y verificación de la eficacia de las mismas.

   b) Medidas de control y verificación.

   c) Gestión y comunicación.

   d) Evaluación continua del PSL.

3. Los titulares de cualquier instalación que opten por desarrollar un PSL como medio de control y prevención, y hasta que dicho PSL no esté adecuadamente diseñado, planificado y validado mediante datos y/ o resultados que demuestren su eficacia, deberán mantener el correspondiente PPCL de la instalación.

4. En las instalaciones, locales, centros o edificios prioritarios definidos en el artículo 2.11, la persona titular deberá basar su plan preferiblemente en un PSL.

Artículo 10. Actuaciones de la autoridad sanitaria

1. Corresponde a la autoridad sanitaria, en el ámbito de sus competencias, sin perjuicio de las que correspondan a otras autoridades:

   a) Funciones de control oficial del correcto cumplimiento de cuanto se establece en este real decreto.

   b) Elaborar directrices en su ámbito competencial sobre la aplicación de este real decreto o normativa complementaria.

2. La autoridad sanitaria, en sus funciones de control oficial de las instalaciones objeto de este real decreto podrá:

a) Revisar la documentación correspondiente al PPCL de la instalación o en su caso la auditoría del PSL.

b) Inspeccionar la instalación, control de parámetros o cualquier otra comprobación que se considere oportuna, incluida la toma de muestras de agua que se realizará según lo dispuesto en el anexo VI, y sus análisis según el anexo VII.

c) Dictar las medidas para corregir, prevenir o minimizar el riesgo.

3. Si del resultado de estas actuaciones se concluyera que existe riesgo para la salud pública, la autoridad sanitaria podrá adoptar las medidas necesarias para corregir, prevenir o minimizar el riesgo, incluyendo la clausura temporal o definitiva de la instalación.

4. Las autoridades sanitarias dentro de las funciones de control, establecerán planes de control plurianuales que serán objeto de los correspondientes informes de seguimiento. Tanto los planes de control como los informes estarán a disposición del público general.

CAPÍTULO IV
Programa de muestreo y análisis del agua

Artículo 11. Muestreo y puntos de muestreo de los Planes de control frente a Legionella (PPCL o PSL)

1. En el caso del PPCL, el programa de muestreo, la toma de muestras y su transporte se realizarán según lo dispuesto en los anexos V y VI. En el caso del PSL, el programa de muestreo, la toma de muestras y su transporte se realizarán de acuerdo con los apartados 1 a 3 de la parte A del anexo V y el anexo VI.

2. La toma de muestras se llevará a cabo según procedimientos documentados que figurarán en el programa de muestreo y análisis del agua.

3. Para cada una de las muestras tomadas, la información recogida sobre la misma permitirá en todo momento garantizar su correlación con la planificación especificada en el programa de muestreo, así como con las condiciones de transporte, el documento de toma de muestras, el de emisión de resultado del laboratorio y las medidas correctoras adoptadas en función del resultado analítico obtenido de la misma.

4. Sin perjuicio de las responsabilidades identificadas en el artículo 5, corresponderá a la persona responsable técnica del Plan aportar la documentación e información sobre la instalación para la correcta toma de muestras.

5. La toma de muestras para la determinación de Legionella mediante cultivo será realizada por una entidad o empresa acreditada para el acto de la toma de muestra de acuerdo con la Norma UNE-EN-ISO/IEC 17025:2017 Evaluación de la conformidad. Requisitos generales para la competencia de los laboratorios de ensayo y de calibración.

6. La autoridad sanitaria podrá cambiar o añadir otros puntos de muestreo en cada una de las instalaciones, por razones de salud pública.

7. Los resultados analíticos sobre *Legionella* y cualquier incumplimiento de los parámetros de la Tabla 1 del anexo III de este real decreto, obtenidos de las muestras de agua del sistema de agua sanitaria tomadas en los edificios prioritarios, definidos en el Real Decreto 3/2023 de 10 de enero, por el que se establecen los criterios técnico-sanitarios de la calidad del agua de consumo, su control y suministro, se notificarán en el Sistema de Información Nacional de Aguas de Consumo (SINAC) en su apartado de EDIBASE, en plazo y forma según lo dispuesto en el anexo XI del Real Decreto 3/2023, de 10 de enero, sin perjuicio de las medidas de control que por la autoridad se consideren oportunas.

Artículo 12. Laboratorios y métodos de análisis

1. Los laboratorios que realicen los análisis descritos en el anexo VII. Parte A, deberán tener acreditados los métodos de análisis conforme a la norma UNE-EN ISO/IEC 17025:2017 «Evaluación de la conformidad. Requisitos generales para la competencia de los laboratorios de ensayo y de calibración» por una Entidad Nacional de Acreditación conforme al Reglamento (CE) n.º 765/2008 del Parlamento Europeo, de 9 de julio, por el que se establecen los requisitos de acreditación y vigilancia del mercado relativos a la comercialización de los productos.

[...]

Artículo 13. Frecuencia mínima de muestreo

1. La frecuencia mínima de muestreo será la señalada en el anexo V, cuando se opte por el PPCL. En caso de optar por el PSL se podrán modificar los parámetros a determinar y frecuencias de control de dichos parámetros en base a este PSL.

2. Si se detectan irregularidades, desviaciones de temperatura, nivel de desinfectante o ante cualquier incidencia que se produzca en la instalación, el responsable técnico del Plan deberá valorar la adopción de las medidas correspondientes.

3. La autoridad sanitaria, tanto si se ha optado por PPCL como por PSL, si lo considera oportuno podrá requerir un aumento de los parámetros a analizar o de la frecuencia de muestreo en caso necesario.

Artículo 14. Control de la calidad del agua

1. Cuando se tomen muestras para analizar *Legionella spp.*, además deberán determinarse in situ al menos los siguientes parámetros físicos químicos: pH (si el efecto del desinfectante depende del pH), temperatura, conductividad y, en su caso, desinfectante residual.

2. La instalación deberá disponer del neutralizante específico en relación con el desinfectante utilizado en la desinfección, a disposición tanto de la persona o entidad que realice la toma de muestras como para la autoridad sanitaria, en el caso de muestras oficiales.

CAPÍTULO V

Actuaciones y tratamiento

Artículo 14. Actuaciones ante casos o brotes de legionelosis

1. La autoridad sanitaria coordinará las actuaciones de todos los profesionales, de diferentes empresas, entidades o administraciones que intervengan en la investigación de casos o brotes de legionelosis, teniendo en cuenta lo establecido por la Red Nacional de Vigilancia Epidemiológica.

2. La autoridad sanitaria decidirá las actuaciones a realizar por la persona titular de la instalación, si sospecha que un edificio o instalación puede estar asociada con los casos notificados.

3. Dichas actuaciones se describen en el anexo IX y podrán ser:

   a) Limpieza y desinfección de choque con remuestreo a los 15-30 días.

   b) Paralización total o parcial de la instalación.

   c) Reformas estructurales.

   d) Otras que se determinen.

4. La persona titular de la instalación deberá acreditar ante la autoridad sanitaria que se han llevado a cabo en la instalación las medidas establecidas por la autoridad sanitaria y en el caso de existir defectos estructurales, que éstos se han corregido en el plazo establecido.

5. Si se han realizado reformas estructurales, se llevará a cabo un tratamiento de limpieza y desinfección y una nueva toma de muestras, que se realizará entre los 15 y 30 días posteriores de la realización del tratamiento, para comprobar la eficacia de las medidas aplicadas.

6. Los edificios o las instalaciones que han sido asociados a casos de legionelosis deberán ser sometidos a una vigilancia especial y continuada, según determine la autoridad sanitaria, con el objeto de prevenir la aparición de nuevos casos.

Artículo 16. Uso de biocidas (desinfectantes)

1. Se podrán utilizar cualquiera de los biocidas (desinfectantes) autorizados y registrados o, en su caso, notificados para el tratamiento de las instalaciones en aplicación del Reglamento (UE) n.º 528/2012 del Parlamento Europeo y del Consejo, de 22 de mayo de 2012, relativo a la comercialización y el uso de los biocidas, del Real Decreto 3349/1983 de 30 de noviembre, por el que se aprueba la Reglamentación Técnico-Sanitaria para la fabricación, comercialización y utilización de plaguicidas, o acogidos a la disposición transitoria segunda del Real Decreto 1054/2002, de 11 de octubre, por el que se regula el proceso de evaluación para el registro, autorización y comercialización de biocidas. Su uso en todo momento, deberá cumplir con los procedimientos establecidos en dicha autorización.

[...]

3. Las personas físicas o jurídicas de servicios biocidas a terceros deberán estar a los efectos inscritas en el Registro Oficial de Establecimientos y Servicios Biocidas.

Artículo 17. Uso de otros tratamientos

1. Los sistemas físicos frente a Legionella no deberán suponer riesgos para la instalación ni para la salud y seguridad de los operarios y las operarias ni otras personas que puedan estar expuestas, debiéndose verificar su correcto funcionamiento periódicamente. Su uso se ajustará, en todo momento, a las especificaciones técnicas o de funcionamiento establecidos por la empresa fabricante, quien facilitará a la persona titular de la instalación conforme a lo anteriormente dispuesto, una declaración responsable de seguridad, la documentación técnica correspondiente a los estudios específicos llevados a cabo en laboratorios acreditados, o las correspondientes certificaciones externas de organismos nacionales o internacionales sobre su eficacia frente a *Legionella*.

2. Los antiincrustantes, antioxidantes, biodispersantes y cualquier otro tipo de sustancias y mezclas químicas utilizados en los procesos de limpieza y tratamiento de las instalaciones, cumplirán con los requisitos establecidos en el Reglamento (CE) n.º 1907/2006 del Parlamento Europeo y del Consejo, de 18 de diciembre de 2006, relativo al registro, la evaluación, la autorización y la restricción de las sustancias y preparados químicos (REACH) y con los de clasificación, etiquetado y envasado de sustancias y mezclas establecidos en el Reglamento (CE) n.º 1272/2008, del Parlamento Europeo y del Consejo, de 16 de diciembre de 2008, sobre clasificación, etiquetado y envasado de sustancias y mezclas, y su uso no deberá representar un riesgo para la salud de los profesionales que los aplican ni para la población general.

CAPÍTULO VI
Personal

Artículo 18. Formación del personal

1. La persona titular de las instalaciones garantizará que todo el personal propio o externo implicado en las actividades recogidas en este real decreto, cuente con la formación requerida a la actividad que desempeña dentro del mismo.

2. Sin perjuicio de los requisitos de la legislación nacional relativa a los programas de formación sectorial, el Programa de formación del personal propio de la instalación o de la empresa contratada, debe contemplar la relación de contenidos en función de las actividades vinculadas a los PPCL / PSL y de las funciones asignadas a las personas trabajadoras que intervengan en los mismos, así como el nivel de conocimiento y la forma de adquirirlo para cada una de ellas.

3. El personal propio o de empresa de servicios a terceros que realice operaciones menores en la prevención y control de *Legionella*, en las instalaciones, tales como mediciones de temperatura, comprobación de los niveles de biocidas, control de pH, se incluirá dentro del plan de formación de la empresa titular de la instalación o de la empresa de servicios a terceros.

4. La persona responsable técnica del PPCL o PSL deberá contar con la formación y los conocimientos suficientes para desempeñar las actividades establecidas en el artículo 5 de este real decreto y, en su caso, según lo establecido en el artículo 5 del Real Decreto 830/2010, de 25 de junio, por el que se establece la normativa reguladora de la capacitación para realizar tratamientos con biocidas.

5. El personal propio o de la empresa de servicio a terceros que desempeña su actividad relativa al programa de tratamiento, sin perjuicio de lo establecido en el artículo 4 del Real Decreto 830/2010, de 25 de junio, deberá estar en posesión de la cualificación profesional relativa al mantenimiento higiénico-sanitario de instalaciones susceptibles de proliferación de *Legionella* y otros organismos nocivos y su diseminación por aerosolización (SEA492_2), recogida en el Real Decreto 1223/2010, de 1 de octubre, por el que se complementa el Catálogo Nacional de Cualificaciones Profesionales, mediante el establecimiento de tres cualificaciones profesionales correspondientes a la Familia Profesional Seguridad y Medio Ambiente o un certificado de profesionalidad que acredite las unidades de competencia correspondientes a la formación establecida en dicha cualificación.

CAPÍTULO VII
Infracciones y sanciones

Artículo 19. Infracciones

Sin perjuicio de otras responsabilidades civiles o penales que puedan corresponder, las infracciones contra lo dispuesto en este real decreto tendrán carácter de infracciones administrativas a la normativa sanitaria, de acuerdo con lo dispuesto en la Ley 14/1986, de 25 de abril, General de Sanidad y en la Ley 33/2011, de 4 de octubre, General de Salud Pública. En consonancia con dichas normas se graduarán de la siguiente forma:

1. Infracciones leves

   [...]

2. Infracciones graves

   [...]

3. Infracciones muy graves

Artículo 20. Sanciones

En cuanto a las sanciones y procedimiento sancionador, se regirá en lo establecido la Ley 39/2015, de 1 de octubre, del Procedimiento Administrativo Común de las Administraciones Públicas, la Ley 40/2015, de 1 de octubre, de Régimen Jurídico del Sector Público y en los artículos 58 a 61 de la Ley 33/2011, de 4 de octubre, General de Salud Pública.

Disposición transitoria primera. Planes y Programas

Las personas titulares de las instalaciones a las que se refiere el apartado 1 del artículo 3 deberán actualizar el PPCL o implantar el PSL, según proceda, en un plazo de un año desde la entrada en vigor de este real decreto.

Disposición transitoria segunda. Requisitos de las instalaciones

1. Para las instalaciones existentes con anterioridad a la entrada en vigor del presente real decreto se establece un periodo transitorio de dos años desde esa fecha para el cumplimiento de aquellos requisitos específicos recogidos en el anexo III, apartado I que no tuvieran que cumplir previamente como consecuencia de la aplicación del Real Decreto 865/2003, de 4 de julio, el Real Decreto 140/2003, de 7 de febrero, por el que se establecen los criterios sanitarios de la calidad del agua de consumo humano o cualquier otra normativa que le fuera de aplicación.

2. El periodo transitorio establecido en el apartado anterior no será de aplicación a los requisitos objeto del CTE que se regirán por los periodos

transitorios establecidos en el Real Decreto 314/2006, de 17 de marzo, por el que se aprueba el Código Técnico de la Edificación y sus modificaciones.

Disposición adicional tercera. Requisitos de depósitos e interacumuladores de doble tanque con volumen inferior a 750 litros

Los depósitos de acumulación entre 250 y 750 litros y los interacumuladores de doble tanque con volumen de acumulación de agua inferiores a 750 litros, de instalaciones de agua caliente sanitaria (ACS), existentes con anterioridad a la entrada en vigor del presente real decreto, deberán cumplir las características de los accesos para inspección, limpieza, vaciado y toma de muestras adecuados a las características de diseño definidas en la Norma UNE-EN 12897:2017+A1:2020 Especificaciones para calentadores de agua por acumulación por calentamiento indirecto sin ventilación (cerrados), tras la sustitución de los mismos

Disposición adicional cuarta. Referencia a Normas "UNE-EN"

La referencia a Normas UNE-EN ISO efectuadas a lo largo del articulado y anexos de este real decreto se entenderán hechas a la versión que se encuentre vigente en cada momento, una vez transcurrido el plazo que se indica a continuación, a contar desde el día de la publicación en el "Boletín Oficial del Estado" de su título y código numérico mediante Resolución de la Dirección General de Industria y de la Pequeña y Mediana Empresa:

    a) Las modificaciones de las normas UNE-EN ISO 19458:2007 Calidad del agua. Muestreo para el análisis microbiológico, y UNE-ISO 17381:2012 Calidad del agua. Selección y aplicación de métodos que utilizan kits de ensayo listos para usar en el análisis del agua, al año de su publicación en el BOE.

    b) Las modificaciones de las normas UNE-EN ISO 16140-2:2016 Protocolo para la validación de métodos alternativos (registrados) frente a los métodos de referencia, UNE-EN ISO/IEC 17025:2017 Evaluación de la conformidad. Requisitos generales para la competencia de los laboratorios de ensayo y de calibración y UNE-EN ISO 11731:2017 Calidad del agua. Recuento de Legionella, al día siguiente de su publicación en el BOE, siendo de aplicación a las solicitudes de certificación y acreditación que se produzcan a partir de dicha fecha.

    c) Las modificaciones de las normas UNE-EN 12897:2017+A1:2020 Especificaciones para calentadores de agua de acumulación por calentamiento indirecto sin ventilación (cerrados) y UNE-EN 1717:2001 Protección contra la contaminación del agua potable en las instalaciones de aguas y requisitos generales de los dispositivos para evitar la contaminación por reflujo, que salvo en los casos contemplados en el apartado 2 de la disposición transitoria cuarta, será de aplicación al año de su publicación en el BOE para las nuevas instalaciones de agua caliente sanitaria que lo requieran y a la sustitución de los depósitos de acumulación entre 250 y 750 litros y los interacumuladores de doble tanque (con volúmenes de acumulación de agua inferiores a 750 litros) de instalaciones de agua caliente sanitaria ya existentes.

Disposición transitoria quinta. Nueva actualización de Planes y Programas

Las personas titulares de las instalaciones a las que se refiere el artículo 3.1 deberán actualizar el PPCL o el PSL a lo establecido en el presente real decreto, antes del 1 de julio de 2025.

[...]

Disposición derogatoria única. Derogación normativa

Quedan derogadas cuantas disposiciones de igual o inferior rango se opongan a lo establecido en el presente real decreto y en particular el Real Decreto 865/2003, de 4 de julio, por el que se establecen los criterios higiénico-sanitarios para la prevención y control de la legionelosis.

ANEXO I

Relación no exhaustiva de instalaciones y equipos

1. Sistemas de agua sanitaria.

2. Torres de refrigeración y condensadores evaporativos.

3. Equipos de enfriamiento evaporativo.

4. Centrales humidificadoras industriales.

5. Humidificadores.

6. Sistemas de agua contra incendios.

7. Sistemas de agua climatizada o con temperaturas similares a las climatizadas (≥ 24 °C) y aerosolización con/sin agitación y con/sin recirculación a través de chorros de alta velocidad o la inyección de aire, vasos de piscinas polivalente con este tipo de instalaciones, vasos de piscinas con dispositivos de juego, zonas de juegos de agua, setas, cortinas, cascadas, entre otras.

8. Fuentes ornamentales con difusión de aerosoles y fuentes transitables.

9. Sistemas de riego por aspersión en el medio urbano o en campos de golf o deportes.

10. Dispositivos de enfriamiento evaporativo por pulverización mediante elementos de refrigeración por aerosolización.

11. Sistemas de lavado de vehículos.

12. Máquinas de riego o baldeo de vías públicas y vehículos de limpieza viaria.

13. Cualquier elemento destinado a refrigeración y/o humectación susceptible de producir aerosoles no incluido en el resto de puntos.

14. Instalaciones de uso sanitario / terapéutico: Equipos de terapia respiratoria; respiradores; nebulizadores; sistemas de agua a presión en tratamientos dentales; bañeras terapéuticas con agua a presión; bañeras obstétricas para partos e instalaciones que utilicen aguas declaradas mineromedicinales o termales.

15. Cualquier otra instalación que utilice agua en su funcionamiento y produzca o sea susceptible de producir aerosoles que puedan suponer un riesgo para la salud de la población.

ANEXO II
Modelo de documento de notificación de torres de refrigeración y condensadores evaporativos

| Alta ☐ | Baja ☐ | Modificación ☐ | Fecha [＿＿＿＿＿] |

	NIF / CIF
Titular	
Instalador	
Representante (en su caso)	

Dirección del titular	
Teléfono(s)	
Fax *(optativo)*	
Correo electrónico	
Dirección a efectos de notificación	

Ubicación de los equipos

Zona Urbana ☐   Zona Industrial ☐   Zona Agrícola ☐   Instalación en centro prioritario ☐

Coordenadas geográficas ETRS89:   Huso [＿＿]   X [＿＿＿＿＿]   Y [＿＿＿＿＿]

Dirección: [＿＿＿＿＿＿＿＿＿＿＿＿]

Altura	Menor Distancia en horizontal a la vía pública	Menor Distancia a tomas de aire y ventanas
m	m	m

Existen en las proximidades: Residencias de ancianos ☐   Hospitales ☐   Otros ☐

Características de la instalación o circuito

Instalación fija ☐   Instalación móvil(1) ☐   Volumen de agua del circuito (m³) [＿＿＿]

(1) En caso de instalaciones móviles, deberán realizar una notificación cada vez que se desplace la instalación.

Función de la torre de refrigeración/condensador evaporativo:

Climatización ☐   Refrigeración de procesos ☐   Otros ☐ [＿＿＿＿]

Tipo de instalación	Nº de equipos	Marca Modelo	Nº serie	Fecha instalación	Fecha Reforma	Potencia térmica (kW)
Torres de refrigeración.						
Condensadores evaporativos.						

Identificación del circuito al que pertenece cada torre o condensador evaporativo

Régimen de Funcionamiento

Continuo [2] ☐   Estacional [3] ☐   Intermitente [4] ☐   Irregular [5] ☐

(2) Funcionamiento sin interrupción.

(3) Funcionamiento coincidente con los cambios estacionales (primavera-verano).

(4) Periódico con paradas de más de una semana.

(5) Que no sigue ninguna norma en su funcionamiento.

Horas/día de funcionamiento		Días/año	

Origen del agua

Red pública	Suministro propio		Agua regenerada [6]	Agua reutilizada del propio proceso
	Superficial	Subterráneo		

(6) Adjuntar el informe o resolución de concesión de uso o del propio proceso

Ubicación del depósito

	No	Si	Ubicación	Volumen en m³
Previo				
En el circuito				

Fecha de la limpieza y desinfección antes de la puesta en funcionamiento.

Cese definitivo de la instalación

Fecha del cese [_____]

Firma del notificante

Fdo.: ....

ANEXO III
Requisitos de instalaciones y de calidad del agua

I. Requisitos de diseño para instalaciones o equipos

El diseño y los materiales utilizados en las instalaciones y equipos evitarán la formación de incrustaciones, el crecimiento microbiano y la formación de biocapa. Los materiales constitutivos del circuito hidráulico además resistirán la acción agresiva del agua y de los desinfectantes químicos o, en su caso, del tratamiento térmico.

El almacenamiento de productos desinfectantes y demás sustancias químicas utilizadas en la instalación, además de las medidas genéricas de seguridad de almacenamiento de productos químicos, deberá estar perfectamente protegido de la irradiación solar y de las inclemencias atmosféricas.

Además, las instalaciones deberán tener las siguientes características:

Parte A. Sistemas de agua sanitaria

1. Garantizarán la total estanqueidad y la correcta circulación del agua, evitando su estancamiento, disponiendo de suficientes puntos de purga para vaciar completamente la instalación, que estarán dimensionados para permitir la eliminación completa de los sedimentos.

2. Facilitarán la accesibilidad a los equipos para su inspección, mantenimiento, reparación, limpieza, desinfección, toma de muestras y las medidas necesarias de protección.

3. Los materiales utilizados deben poder estar en contacto con el agua de consumo humano.

4. Dispondrán en el agua de aporte de sistemas de filtración según lo dispuesto en el Código Técnico de Edificación. En su caso, se valorará la necesidad de instalación de equipos de tratamiento de la dureza del agua, tales como descalcificadores o inhibidores de la incrustación.

5. En los puntos terminales, se deben seleccionar preferentemente difusores de baja aerosolización, sobre todo en las duchas.

6. Las instalaciones de agua fría:

   a) Mantendrán la temperatura del agua en el circuito de agua fría lo más baja posible procurando, donde las condiciones climatológicas lo permitan, una temperatura inferior a 20 °C, para lo cual las tuberías estarán suficientemente alejadas de las de agua caliente o en su defecto aisladas térmicamente.

   b) Si la instalación interior de agua fría dispone de depósitos, éstos deberán cumplir con los requisitos establecidos en el artículo 11 del

Real Decreto 140/2003, de 7 de febrero. Si se encuentran situados al aire libre, además estarán térmicamente aislados y protegidos.

c) Los depósitos deberán estar dotados de un sistema de medida de temperatura del agua interior, en su caso, de dosificador automático de desinfectante y de una válvula de purga accesible en el punto más bajo que permita el vaciado del mismo, así como deberá permitir la toma de muestras del agua.

7. En las instalaciones de agua caliente (en adelante ACS):

a) Boca de registro: Los elementos de acumulación de agua de 750 litros o más deberán disponer, de boca de registro fácilmente accesible, con un diámetro mínimo de 400 mm que permita realizar operaciones de inspección, limpieza, desinfección, mantenimiento y protección contra la corrosión. Los depósitos de acumulación entre 250 y 750 litros y los interacumuladores de doble tanque (con volúmenes de acumulación de agua inferiores a 750 litros) estarán provistos de los correspondientes accesos para inspección, limpieza, vaciado y toma de muestras adecuados a sus características de diseño definidas en la Norma UNE-EN 12897:2017+A1:2020 Especificaciones para calentadores de agua de acumulación por calentamiento indirecto sin ventilación (cerrados).

b) Los acumuladores estarán dotados de un sistema de medida de temperatura representativo del agua interior y dotados de llave de purga accesible en la zona más baja del depósito que permita el vaciado completo y la toma de muestras y que además se situará con nivel inferior a la salida del agua.

c) Temperatura en los acumuladores: Asegurará, en toda el agua almacenada en los acumuladores de agua caliente finales, es decir, inmediatamente anteriores a consumo, una temperatura homogénea y mínima de 60 °C. En el caso de interacumuladores de doble tanque, la temperatura del agua debe ser como mínimo de 70 °C.

d) Cuando se utilice un sistema de aprovechamiento térmico con acumulación de agua de consumo, en el que no se asegure de forma continua una temperatura superior a 60 °C (energía solar, geotermia, …) se debe garantizar que posteriormente se alcance una temperatura de 60 °C en un acumulador final antes de la distribución hacia el consumo.

e) Válvulas: Dispondrá de sistema de válvulas de retención suficiente, cuando sea necesario, para evitar retornos de agua por pérdida de presión o disminución del caudal suministrado y mezclas de agua de diferentes circuitos, calidades o usos, según la norma UNE-EN 1717:2001 Protección contra la contaminación del agua potable en las instalaciones de aguas y requisitos generales de los dispositivos para evitar la contaminación por reflujo.

f) Temperaturas: Mantendrá la temperatura del agua, en el circuito de agua caliente, por encima de 50 °C en todos los puntos terminales del circuito y en la tubería de retorno, si disponen de la misma, utilizando un equilibrado por temperatura. La instalación permitirá que el agua alcance una temperatura de 70 °C en caso que se necesite realizar un tratamiento térmico de desinfección.

g) Sistemas sin acumulación: Los sistemas de calentamiento sin acumulación con y sin retorno, garantizarán que el agua a la salida del sistema de calentamiento tenga una temperatura mínima de 60 °C.

h) Los tramos de tuberías en los que no se pueda asegurar una circulación del agua y una temperatura mínima superior a 50 °C no podrán tener una longitud superior a 5 metros o un volumen de agua almacenada superior a 3 litros. Esto será aplicable a los sistemas de válvula mezcladora, en los que se deben garantizar 50 °C antes de la propia válvula y disponer de un sistema de medición de la temperatura. La temperatura de estabilización deberá alcanzarse antes de transcurrido un minuto.

i) Para instalaciones de usuarios inmunocomprometidos, se recomienda la instalación de filtros microbiológicos de probada eficacia frente a Legionella u otros sistemas de análoga eficacia en los puntos terminales.

Parte B. Torres de refrigeración y condensadores evaporativos

1. Ubicación: Sin perjuicio de lo establecido en el RITE, estarán ubicados de manera que se reduzca al mínimo el riesgo de exposición de las personas a los aerosoles. A este efecto se deberán ubicar siempre que sea posible en lugares alejados tanto de las personas como de las tomas de aire acondicionado o de ventilación, tanto propios como de edificios adyacentes.

2. Accesibilidad. Las instalaciones y sus componentes serán accesibles de forma que las intervenciones de revisión, mantenimiento, limpieza, desinfección, toma de muestras e inspección puedan realizarse adecuadamente.

3. Puntos de muestreo. Las instalaciones deberán contar con puntos accesibles para realizar la toma de muestras de los análisis fisicoquímicos y microbiológicos y el nivel de desinfectante. Estarán localizados en el lugar más alejado posible del aporte de agua y de la inyección o dosificación del desinfectante. Además de disponer de punto accesible en la balsa también deberán disponer de punto de toma de muestras en la tubería de retorno. Se recomienda que la instalación disponga de un dispositivo toma-muestras en el circuito de retorno del agua hacia la torre.

4. Sistemas de filtración. En aquellas instalaciones que no puedan mantener los valores de turbidez contemplados en la tabla 1 o en los casos que se considere necesario, deberán disponer de sistemas de filtración en el circuito de agua.

5. Sistema de purgas. Existirán suficientes puntos de purga para vaciar completamente la instalación y estarán dimensionados para permitir la eliminación de los sedimentos acumulados. El sistema de purga se debe automatizar en función de la conductividad máxima permitida en el sistema indicado en el programa del tratamiento del agua. Previa justificación técnica, se puede realizar la purga mediante un temporizador, rotámetro o similares, y ajuste manual del caudal instantáneo de purga.

6. Separador de gotas. Deberán disponer de sistemas separadores de gotas de alta eficiencia cuyo caudal de agua arrastrado será menor del 0,002 por ciento del caudal de agua circulante.

7. Sistemas de dosificación. En caso de utilizar biocidas se deberá garantizar que la instalación se mantenga desinfectada en todo momento frente a Legionella, en su caso, deberán disponer de sistemas automáticos de dosificación.

Parte C. Sistemas de agua climatizada o con temperaturas similares a las climatizadas (≥ 24 °C) y aerosolización con/sin agitación y con/sin recirculación a través de chorros de alta velocidad o la inyección de aire, vasos de piscinas polivalente con este tipo de instalaciones, vasos de piscinas con dispositivos de juego, zonas de juegos de agua, setas, cortinas, cascadas, entre otras

1. Instalaciones con recirculación.

    a) Las instalaciones con recirculación de agua deben contar con un sistema de tratamiento del agua que, como mínimo, constará de filtración, renovación y desinfección, en su caso, preferentemente automática en continuo y control de pH (si la efectividad del desinfectante depende del pH).

    b) La bomba de recirculación y los filtros deben de estar dimensionados en función del volumen de la instalación.

2. Instalaciones sin recirculación.

    a) Las instalaciones sin recirculación, en las que la temperatura del agua de servicio se consigue por mezcla de agua fría y agua caliente sanitaria, el dispositivo de mezcla se debe encontrar lo más cerca posible del vaso, al objeto de evitar conducciones con agua a temperatura de riesgo.

    b) Cuando el agua proceda de captación propia o de una red de abastecimiento que no garantice un adecuado nivel de agente desinfectante en el agua suministrada, se instalará un sistema de desinfección.

c) En este último caso, y para la correcta desinfección del agua se instalará un depósito intermedio en el que, en su caso, mediante dosificador preferentemente automático, se desinfectará el agua. Las dimensiones del depósito garantizarán un tiempo de permanencia del agua suficiente para una correcta desinfección.

Parte D. Dispositivos de enfriamiento evaporativo por pulverización mediante elementos de refrigeración por aerosolización

1. Como norma general, siempre que sea posible, las instalaciones cuando estén ubicadas en espacios públicos o de uso colectivo no dispondrán de depósito. El agua de aporte procederá de una red de distribución de agua de consumo humano.

2. En caso de que dispongan de un depósito, deberá ser accesible para los tratamientos de limpieza y desinfección, así como permitir la toma de muestras. El depósito deberá estar protegido adecuadamente contra cambios de temperatura, suciedad, etc.

3. El agua utilizada en estas instalaciones deberá cumplir lo dispuesto en la legislación vigente de agua de consumo humano.

Parte E. Otras instalaciones

En este apartado se incluyen otras instalaciones no comprendidas en la parte A, B, C o D de este anexo.

Con carácter general:

1. El diseño de la instalación será tal que:

   a) Minimice la emisión de aerosoles al ambiente, especialmente para los puntos terminales y en los elementos de protección exterior de las instalaciones, evite zonas de estancamiento de agua, tuberías de desviación (by-pass), equipos y aparatos en reserva, tramos de tuberías con fondo ciego, etc.).

   b) Evite, en la medida de lo posible y si las condiciones climatológicas lo permiten, que la temperatura del agua permanezca por encima de 20 °C mediante aislamiento térmico de los equipos, aparatos, depósitos y tuberías, etc., si fuera necesario.

   c) Evite la entrada de materiales extraños a las instalaciones mediante dispositivos adecuados en las acometidas, depósitos previos, tomas de aire y aberturas al exterior. Si la calidad del agua de aporte lo requiere, por su elevado contenido de partículas en suspensión, dispondrá de filtro.

d) Posibilite el acceso a los equipos, depósitos y aparatos para llevar a cabo las tareas de revisión, mantenimiento, limpieza, desinfección y toma de muestras.

e) Las instalaciones deben disponer de válvulas de retención y aislamiento que eviten retornos de agua y mezclas de agua procedentes de diferentes sistemas.

f) Las redes de tuberías deben estar dotadas de válvulas de drenaje en todos los puntos bajos. Los drenajes se deben conducir a un lugar visible y si procede autorizado, y estar dimensionados para permitir la eliminación de los sedimentos acumulados.

g) En caso de usar filtros de punto final, estos deben evitar el retorno del agua y no deben contaminar microbiológicamente aguas arriba.

h) En particular, los equipos, depósitos y aparatos en reserva, si existen, dispondrán de válvulas de corte de cierre hermético y de una válvula de drenaje situada en el punto más bajo.

2. Origen del agua:

a) Preferentemente se utilizará agua de consumo humano, en el caso de utilizar agua de procedencia distinta a la red de distribución de agua de consumo, se debe disponer del tratamiento que sea necesario para evitar la presencia de Legionella spp. en la instalación. En las instalaciones que utilicen agua sanitaria cumplirán con los requisitos que les sean de aplicación por la legislación de agua de consumo humano.

b) La calidad del agua de aporte se debe adecuar a los requisitos de los fabricantes de los diferentes elementos de la instalación.

II. Criterios de calidad del agua

El agua de las instalaciones objeto de este real decreto deben cumplir en cuanto a la calidad del agua los parámetros indicados en la tabla 1, excepto las aguas declaradas minero medicinales o termales que podrán, según sus características, ser eximidos de su cumplimiento por la autoridad sanitaria de la comunidad autónoma correspondiente.

Tabla 1. *Parámetros de calidad del agua*

Tipo de instalación	Aerobios (UFC/ml) (1)	pH (2)	Temperatura (°C)	Turbidez (UNF)	Hierro Total (mg/L)	Conductividad
Sistemas de agua sanitaria.	Lo dispuesto en el RD 140/2003		Agua Fría: Preferiblemente <20 ºC Agua Caliente: >50 ºC Acumulador: >60 ºC	<4	≤0.2	–
Torres de refrigeración y condensadores evaporativos.	100.000	Variable en función del biocida.	–	<15	<2	(3)
Sistemas de agua climatizada o con temperaturas similares a las climatizadas (≥ 24 ºC) y aerosolización con/sin agitación y con/sin recirculación a través de chorros de alta velocidad o la inyección de aire, vasos de piscinas polivalente con este tipo de instalaciones, vasos de piscinas con dispositivos de juego, zonas de juegos de agua, setas, cortinas, cascadas, entre otras.	100	Variable en función del biocida.	Lo dispuesto en el RD 742/2013	≤5	–	–
Dispositivos de enfriamiento evaporativo por pulverización mediante elementos de refrigeración por aerosolización.	Lo dispuesto en el RD 140/2003		Preferiblemente <20 ºC	<5	–	–
Otras instalaciones que puedan producir aerosolización.	–	Variable en función del biocida.	Preferiblemente <20 ºC	–	–	–

(1) Método de análisis: Norma UNE-EN ISO 6222:1999 Calidad del agua. Enumeración de microorganismos cultivables: Recuento de colonias por siembra en medio de cultivo de agar.

(2) Cuando la efectividad del desinfectante dependa del pH.

(3) Debe estar comprendida entre los límites que permitan la composición del agua (dureza, alcalinidad, sulfatos y otros) de tal forma que no se produzcan fenómenos de incrustación y corrosión.

ANEXO IV

Programa de mantenimiento y revisión y Programa de tratamiento de instalaciones y equipos

Conjunto de acciones para el control de las instalaciones que debe incluir no solo la frecuencia con la que deben realizarse las actividades sino también las acciones correctoras a llevar a cabo en caso de detectar anomalías en el estado de mantenimiento de las instalaciones.

En general, con una periodicidad previamente establecida, se debe comprobar el correcto funcionamiento de las instalaciones y revisar el estado de conservación y limpieza, con el fin de detectar la presencia de sedimentos, incrustaciones, productos de la corrosión, lodos o algas en aquellas instalaciones susceptibles de albergarlas y cualquier otra circunstancia que altere o pueda alterar el buen funcionamiento de la instalación. Si se detecta algún componente deteriorado se debe proceder a su reparación o sustitución, anotando la fecha en que se detectó, así como de su reparación o sustitución e identificación del personal o empresa que ha realizado la actividad.

Tanto el programa de mantenimiento como el de tratamiento deben detallar la distribución de tareas entre todo el personal, tanto propio como externo, que interviene en su desarrollo, debiendo quedar identificadas las labores de cada trabajador, incluidas las del responsable del programa y las del responsable técnico, quien, en caso necesario, deberá indicar las acciones correctoras, el plazo máximo para las ejecución de las mismas y, si procede, las personas que deben ser avisadas en cada incidencia.

El programa de tratamiento se compone del:

1. Programa de limpieza y desinfección, que debe contemplar tanto las limpiezas y desinfecciones generales de toda la instalación y las específicas para zonas o equipos específicos programadas como las limpiezas parciales efectuadas a resultas de cualquier actividad de mantenimiento. Deberá contemplar de forma precisa los procedimientos, productos a utilizar y dosis, precauciones a tener en cuenta y la periodicidad de cada actividad, quedando constancia registral de los mismos. Cuando sea efectuado el tratamiento tanto por personal propio como por una empresa contratada, se extenderá un registro o certificado, según el modelo que figura en el anexo X.

2. Programa de tratamiento del agua, que incluirá las acciones que permiten mantener la calidad del agua de la instalación en condiciones correctas desde el punto de vista físico-químico y microbiológico, especialmente en cuanto a presencia de Legionella spp. y a la tendencia agresiva o incrustante del agua. Se pueden llevar a cabo mediante el uso de productos químicos, sistemas físicos o físico-químicos. En el Programa debe quedar detallado el o los tratamientos seleccionados para el correcto mantenimiento del agua del sistema.

El programa de tratamiento del agua se revisará cuando se detecten cambios en cualquiera de los parámetros contemplados en la tabla 1 y se adoptarán las medidas necesarias.

Parte A. Aspectos generales

1. Las actividades del programa de mantenimiento y revisión y del programa de tratamiento se realizarán con la periodicidad que se refleje en el PPCL que, al menos, será la establecida en el presente anexo.

2. En la revisión se comprobará su correcto funcionamiento y su buen estado de conservación y limpieza de todas las partes de la instalación.

3. Se revisará el estado de conservación y limpieza general, con el fin de detectar la presencia de sedimentos, incrustaciones, productos de la corrosión, lodos y cualquier otra circunstancia que altere o pueda alterar el buen funcionamiento de la instalación.

4. Si se detecta algún componente deteriorado se procederá a su reparación o sustitución.

5. Con carácter general, salvo las indicadas específicamente para cada tipo de instalación en el presente anexo, la limpieza y desinfección de las instalaciones se efectuará como mínimo una vez al año y, además:

    a) cuando se ponga en marcha la instalación por primera vez,

   b) tras una parada superior a un mes (excepto que la autoridad sanitaria determine un periodo diferente),

   c) tras una reparación o modificación estructural,

   d) cuando una revisión general de la instalación lo aconseje, o

   e) cuando así lo determine la autoridad sanitaria.

6. Una desinfección no será efectiva si no va acompañada de una limpieza exhaustiva previa.

7. En el uso del desinfectante debe asegurarse un tiempo mínimo de contacto entre el agua y el desinfectante, teniendo en cuenta, en su caso, los niveles de pH acorde con las indicaciones de fabricante del desinfectante.

8. Los productos químicos se dosificarán preferentemente, siempre que sea posible, de forma automática, mediante sistemas con monitorización o control telemático que contará con un programa de calibración. En todo caso, en su uso se seguirán las indicaciones del fabricante.

Parte B. Sistemas de agua sanitaria

Parte B.1 Aspectos generales

1. La revisión, la limpieza y desinfección de toda la instalación se efectuará al menos una vez al año, sin superar los 12 meses entre una desinfección y la siguiente.

2. La revisión de los puntos terminales (grifos y duchas), se deberá realizar mensualmente (muestra rotatoria), y al menos una vez al año en todos los puntos terminales de la instalación.

3. Semanalmente se abrirán los grifos y duchas de habitaciones o instalaciones con poco uso o no utilizadas, dejando correr el agua unos minutos. Al final del año se habrá comprobado todos los puntos finales de la instalación.

Parte B.2 Agua caliente sanitaria (ACS)

Sin perjuicio de lo establecido en el apartado 1 de la parte B.1, la revisión del estado de mantenimiento de los depósitos acumuladores se realizará trimestralmente, sin que ello implique obligatoriamente realizar la apertura y vaciado de los mismos

Mensualmente a través de las válvulas de drenaje de las tuberías, se realizará la eliminación de los sedimentos y semanalmente la purga del fondo de los acumuladores.

El control de la temperatura del agua se realizará diariamente en los depósitos finales de acumulación, en los que la temperatura no será inferior a 60 °C y en el circuito de retorno, en el que no será inferior a 50 °C y mensualmente en un número representativo de grifos y duchas (muestra rotatoria), incluyendo los más cercanos y los más alejados de los acumuladores, no debiendo ser inferior a 50 °C. Se debe alcanzar la temperatura de estabilización antes del minuto. Al final del año se habrán comprobado todos los puntos terminales de la instalación.

Parte B.3 Agua fría sanitaria

La revisión, limpieza y desinfección anual de la instalación de agua fría se realizará en los depósitos de agua fría.

La temperatura del agua se comprobará semanalmente en el depósito, de forma que se mantenga lo más baja posible, procurando, donde las condiciones climatológicas lo permitan, una temperatura inferior a 20 °C.

Si como resultado de esta medición se comprueban valores superiores a 25 °C, se realizará la evaluación del riesgo y, en su caso, se tomarán las medidas oportunas, teniendo en cuenta las condiciones climatológicas.

Cuando, por las condiciones climatológicas se prevean incrementos de la temperatura ambiente tales que puedan dar lugar a un aumento de la temperatura del agua por encima de 20 °C, se medirá y registrará ésta en el punto de la instalación más desfavorable midiendo la temperatura en puntos terminales transcurridos 2 minutos de dichos aumentos.

En el agua fría, se comprobarán los niveles de desinfectante diariamente, en un número representativo de los puntos terminales, con medición y regulación de pH (si la efectividad del biocida depende del pH). Se dosificará el desinfectante sobre una recirculación del mismo, con un caudal que asegure una adecuada homogeneización en el depósito de al menos el 20 % del volumen del agua acumulada y se tomarán las medidas que garanticen la eficacia del tratamiento. Al final del año se habrán comprobado todos los puntos terminales de la instalación.

Parte B.4 Procedimiento de limpieza y desinfección del sistema de agua sanitaria

El orden del procedimiento será secuencial: empezando la limpieza por el depósito, después el acumulador y por último la red y sus puntos terminales, e inmediatamente la desinfección detrás de la limpieza.

1. Acciones previas: Informar de forma evidente sobre la prohibición del uso del agua a los usuarios.

2. Procedimiento de limpieza y desinfección del depósito.

   En el proceso de limpieza y desinfección del depósito se seguirá el siguiente procedimiento:

   a) Vaciar el depósito y eliminar todos los residuos acumulados en fondos y paredes hasta dejar las superficies perfectamente limpias. Si las superficies interiores del depósito presentan incrustaciones, estas se deberían eliminar con agua a presión y, en caso necesario, recurriendo a desincrustantes químicos.

b) Aclarar, en su caso.

c) Inspeccionar el estado del depósito y realizar, si es necesario, las reparaciones pertinentes con el fin de eliminar grietas, fugas, desconchados del revestimiento.

d) Aclarar perfectamente el depósito con agua antes de iniciar la desinfección. Purgar los restos del aclarado.

e) Realizar el tratamiento de desinfección.

f) Limpiar y desinfectar los elementos auxiliares del sistema de bombeo y tratamiento del agua.

g) Aclarar con agua de consumo, neutralizar y eliminar el efluente.

h) Volver a llenar con agua de consumo restableciendo el servicio una vez ajustado el nivel de desinfectante.

3. Procedimiento de limpieza y desinfección de acumuladores de ACS.

a) Acumuladores de ACS accesibles, se deberá realizar el siguiente procedimiento:

1.º Apagar el acumulador y vaciar, si es preciso, desmontar algunos elementos como ánodos del sistema de protección catódica.

2.º Proceder a la apertura de los accesos al interior (bocas de registro).

3.º Realizar la limpieza mecánica de toda la superficie interior para eliminar incrustaciones y productos de corrosión, sin dañar el revestimiento interior. Purgar los restos de esta operación.

4.º Aclarar perfectamente el depósito con agua antes de iniciar la desinfección.

5.º Realizar el tratamiento de desinfección.

6.º Aclarar con agua de consumo, neutralizar y eliminar el efluente.

7.º Volver a llenar con agua de consumo, previo a su puesta en servicio.

b) Acumuladores de ACS no accesibles, de menos de 750 litros con acceso manual para su limpieza y desinfección se deberá realizar el siguiente procedimiento:

1.º Se podrán limpiar y desinfectar cuando se realice el proceso de limpieza y desinfección de la red.

2.º Se deberán seguir las indicaciones del fabricante o protocolo establecido.

4. Procedimiento de limpieza y desinfección de la red de agua fría y agua caliente sanitaria (ACS).

El proceso de limpieza y desinfección de la red se realizará según el siguiente procedimiento:

a) Acciones previas:

1.º En el caso de ACS, desconectar el sistema de calentamiento del agua con antelación suficiente que permita iniciar el tratamiento con el agua a temperatura ambiente y siempre inferior a 30 °C, con las precauciones adecuadas, evitando un enfriamiento brusco que pueda dañar los materiales que componen la instalación, se puede acelerar el enfriamiento drenando parte de la acumulación y añadiendo agua fría de consumo.

2.º Con antelación suficiente (con grandes volúmenes pueden ser varios días según el consumo), se debería haber cerrado la entrada de agua al depósito para que se vacíe el depósito o quede un volumen mínimo de agua, evitando el vertido innecesario de agua al alcantarillado.

3.º Desconectar los sistemas de tratamiento del agua (dosificadores de desinfectante, regulador de pH, etc.).

b) Limpieza. Proceder a la limpieza de depósitos según el procedimiento descrito en el punto B.4.2.a), b), c) y d).

c) Desinfección:

1.º Una vez limpio, llenar el depósito con la cantidad de agua estimada para realizar la desinfección de la red.

2.º Calcular la dosis del desinfectante necesaria en función del volumen de agua a tratar.

3.º Asegurarse que las bombas de presión y de recirculación del ACS estén en funcionamiento.

4.º Realizar el tratamiento de desinfección, asegurándose de que el biocida llegue a todos los puntos terminales. Si se precisa se pueden adicionar productos anticorrosivos autorizados para agua de consumo, compatibles con el desinfectante.

d) Si no existiese depósito o fuese técnicamente aconsejable, se debería dosificar el desinfectante y otros productos químicos en el punto más próximo posible a la acometida del agua desde la red de abastecimiento.

e) Controlar el nivel de pH (si la efectividad del biocida depende del pH) y de desinfectante al menos cada hora. Este control se realiza en el depósito y en los puntos terminales más alejados de la red.

f) Finalizado el tiempo de contacto, neutralizar la cantidad de biocida.

g) Acciones posteriores a la limpieza y desinfección:

    1.º Abrir los grifos de los puntos terminales y comprobar el nivel de biocida.

    2.º En el caso de ACS, conectar los sistemas de calentamiento y de tratamiento del agua.

    3.º Permitir el uso de la instalación una vez comprobados los niveles de calidad del agua y el correcto funcionamiento de la instalación.

h) Elementos accesorios:

    1.º Los elementos desmontables, como grifos y duchas, se limpian a fondo con los medios adecuados que permitan la eliminación de incrustaciones y adherencias y se desinfectan, sumergiéndolos en desinfectante, el tiempo necesario, aclarando posteriormente con abundante agua fría.

    2.º Se deberá utilizar los desinfectantes autorizados para la finalidad requerida.

    3.º Los elementos difíciles de desmontar o sumergir se cubren con un paño limpio impregnado en la misma solución de desinfectante, durante el tiempo necesario o mediante pulverización y aclarado posterior como método alternativo excepcional.

Parte B.5 Desinfección térmica del sistema de Agua Caliente Sanitaria (ACS)

El procedimiento que se debería seguir es el siguiente:

1. Acciones previas: Apagar el acumulador y vaciar, si es preciso, desmontar elementos tales como los ánodos del sistema de protección catódica.

2. Limpieza: Limpiar el acumulador según el procedimiento descrito anteriormente.

3. Desinfección térmica:

a) Llenar el acumulador y elevar la temperatura del agua hasta 70 °C y mantenerlo al menos durante 2 horas.

b) Abrir por completo los puntos terminales y mantenerlos de forma secuencial por sectores todos los grifos y duchas hasta alcanzar 60 °C en todos los puntos terminales, manteniéndolos abiertos durante al menos 5 minutos.

c) El depósito debería mantenerse a 70 °C durante 2 horas. La red una vez alcanzados los 60 °C se deja enfriar de forma natural durante un periodo mínimo de 2 horas.

4. En la instalación en la que la producción de calor sea insuficiente para llevar a cabo la desinfección térmica o no pueda llegar a temperaturas de 70 °C, o las tuberías no tengan un buen aislamiento, puede transmitirse calor y comprometer la temperatura del agua fría en alguna parte del sistema, se realizará la desinfección con biocidas.

Parte C. Torres de refrigeración y condensadores evaporativos

Parte C.1 Aspectos generales

1. La limpieza y desinfección del sistema completo, incluso de los depósitos en caso de existencia, se realizará, al menos dos veces al año, preferiblemente al comienzo de la primavera y el otoño, o en todo caso con periodicidad semestral, cuando las instalaciones sean de funcionamiento no estacional.

2. Se realizará semestralmente la revisión del separador de gotas, el condensador, el relleno si procede, y el sistema de distribución de agua, y mensualmente la bandeja, los sistemas de purga (sondas de conductividad, electroválvulas), los equipos de tratamiento y los de dosificación.

Parte C.2 Procedimiento de limpieza y desinfección de torres de refrigeración y condensadores evaporativos

I. Instalaciones que pueden parar su actividad

El procedimiento a realizar será el siguiente:

1. Acciones previas: Desconectar los sistemas de tratamiento del agua (dosificadores de desinfectante, regulador de pH, biodispersante, etc.).

2. Desinfección: Estas instalaciones antes de proceder a su limpieza deberán ser tratadas con un desinfectante, para evitar el riesgo biológico para el trabajador según los apartados siguientes:

a) Calcular la dosis de desinfectante necesaria en función del volumen de agua a tratar para mantener el agua en la balsa con una concentración de biocida adecuada y ajustando el pH (si la efectividad del biocida depende del pH).

b) Adición de anticorrosivos y biodispersantes, compatibles con el biocida, manteniendo, en su caso, el pH correspondiente.

c) Recircular el sistema el tiempo necesario en función de la elección del desinfectante, con los ventiladores desconectados para evitar la salida de biocida al ambiente. Se mide el nivel de biocida y de pH (si la efectividad del biocida depende del pH) al menos cada hora controlando la cantidad de biocida y ajustando el pH en caso necesario.

d) Neutralizar el biocida, vaciar el sistema y aclarar con agua a presión.

3. Limpieza. Limpiar a fondo las superficies eliminando en lo posible las incrustaciones, depósitos, biocapa y aclarar.

4. Accesorios. Las piezas desmontables se limpian a fondo. Se desinfectan, sumergidas en el biocida, aclarando posteriormente con abundante agua. Los elementos muy grandes, difíciles de desmontar o de difícil acceso se pulverizan con biocida dejándola actuar el tiempo necesario, antes de su aclarado.

5. Acciones posteriores. Llenar de agua y poner en marcha los sistemas de tratamiento del agua.

II. Instalaciones que no pueden parar su actividad

Siempre y cuando el titular acredite que su instalación no puede parar su actividad, el procedimiento a realizar será el siguiente:

1. Acciones previas. Desconectar los sistemas de tratamiento del agua (dosificadores de desinfectante, regulador de pH, biodispersante, etc.).

2. Desinfección.

a) Añadir la cantidad adecuada de biodispersante para que actúe sobre la biocapa y permita el ataque del biocida, así como un inhibidor de la corrosión, específico para cada sistema, en caso necesario.

b) Añadir la dosis de biocida necesaria en función del volumen de agua a tratar para mantener en el agua de la balsa una concentración de biocida adecuada y controlar pH (si la efectividad del biocida depende del pH).

c) Recircular el tiempo necesario en función del biocida elegido manteniendo los niveles de éste. Se realizan determinaciones del mismo y, en su caso, del pH cada hora, para asegurar la concentración de biocida prevista.

3. Acciones posteriores. Una vez finalizada la operación de desinfección en continuo, se puede renovar la totalidad del agua del circuito a criterio del responsable técnico de mantenimiento, abriendo la purga al máximo posible y manteniendo el nivel de la balsa con el fin de recuperar el nivel de turbidez del agua, previa al inicio de la operación y poner en marcha los sistemas de tratamiento del agua.

4. Las torres de refrigeración y condensadores evaporativos que den servicio a instalaciones industriales tales como centrales de energías térmicas, centrales nucleares, deberán disponer de protocolos de limpieza y desinfección específicos, adecuados a la particularidad de su uso.

Parte D. Sistemas de agua climatizada o con temperaturas similares a las climatizadas (≥ 24 °C) y aerosolización con/sin agitación y con/sin recirculación a través de chorros de alta velocidad o la inyección de aire, vasos de piscinas polivalente con este tipo de instalaciones, vasos de piscinas con dispositivos de juego, zonas de juegos de agua, setas, cortinas, cascadas, entre otras

Parte D.1 Aspectos generales

1. Antes de su puesta y funcionamiento por primera vez, se debe de realizar una limpieza y desinfección, de forma que el desinfectante llegue a todo el sistema.

2. Los elementos nuevos deben desinfectarse antes de su puesta en servicio, con biocida autorizado a tal fin, posteriormente se procederá a su aclarado.

3. Diariamente, para hacer llegar el agua con el desinfectante a todos los elementos del sistema, se pondrá en funcionamiento el sistema de circulación, en caso de existir, al menos 10 minutos antes de la apertura del vaso o del uso de la instalación.

4. Bañeras o vaso sin recirculación. Son bañeras de llenado y vaciado. El agua debe cambiarse para cada usuario, de forma que se llena el vaso antes del baño y se vacía al finalizar éste. Pueden ser consideradas puntos terminales de una instalación de agua sanitaria.

    a) Después de cada uso se procederá al vaciado y limpieza de las paredes y fondo de la bañera. Diariamente al finalizar la jornada se procederá al vaciado, limpieza, cepillado y desinfección de las paredes y el fondo del vaso.

    b) Mensualmente se revisarán los elementos de la bañera y difusores.

    c) Semestralmente se procederá a desmontar, limpiar y desinfectar los difusores del vaso conforme al procedimiento establecido en el anexo IV para los puntos terminales.

5. Vasos con recirculación:

    a) Se realizarán las renovaciones parciales o totales de agua necesarias para el mantenimiento de los criterios de calidad del agua.

    b) Mensualmente se revisarán los elementos de los vasos, especialmente los conductos y los filtros.

c) En todo momento se debe mantener en el agua un nivel adecuado de desinfectante residual.

d) Semestralmente, como mínimo, se procederá a desmontar, limpiar y desinfectar toda la instalación (los difusores del vaso, las boquillas de impulsión, los grifos, las duchas,...) y se sustituirán los elementos que presenten anomalías por fenómenos de corrosiones, incrustaciones u otros.

e) Se realizará una desinfección más intensa al finalizar el uso diario de la instalación, manteniendo un nivel de desinfectante y un tiempo de recirculación adecuado.

Parte D.2 Procedimiento de limpieza y desinfección en instalaciones con recirculación del agua.

El procedimiento a seguir será:

1. Acciones previas.

   a) Informar de forma evidente sobre la prohibición del uso y acceso a la instalación por los usuarios.

   b) En caso de vasos climatizados, desconectar el sistema de calentamiento del agua con antelación suficiente que permita iniciar el tratamiento con el agua a temperatura ambiente o siempre inferior a 30 °C.

   c) Desconectar los sistemas de tratamiento del agua (dosificadores de desinfectante, regulador de pH, etc.).

   d) Valorar la necesidad de utilizar biodispersante en el tratamiento de limpieza de la instalación, y debería adicionarse previo al vaciado del vaso o los depósitos, recirculando el agua y siguiendo las instrucciones del fabricante.

   e) Cuando sea necesario para evitar o reducir al mínimo la probabilidad de proliferación y diseminación de la Legionella, vaciar el agua del vaso y del depósito.

2. Limpieza.

   a) Limpiar a fondo las paredes de los vasos y depósito, eliminando incrustaciones y realizando las reparaciones necesarias.

   b) Limpiar y desinfectar los filtros de las bombas.

   c) Desmontar las boquillas de los difusores, chorros, duchas, etc. y limpiarlas a fondo eliminando las incrustaciones y adherencias sumergiéndose una vez limpias en desinfectante, durante un tiempo establecido para él, o mediante pulverización con desinfectante como método alternativo excepcional, y finalmente aclarado posterior con abundante agua de aporte.

d) Cuando sea necesario para evitar o reducir al mínimo la probabilidad de proliferación y diseminación de la Legionella, llenar el vaso o el depósito con la cantidad de agua estimada para realizar la desinfección.

3. Desinfección.

a) Calcular la dosis de desinfectante necesaria en función del volumen de agua a tratar y añadir el desinfectante.

b) Asegurarse que todos los difusores, duchas, chorros, bombas, filtros, etc. del circuito estén en funcionamiento.

c) Controlar el nivel de biocida y pH (si la efectividad del biocida depende del pH) y realizar este control al menos cada hora.

d) Finalizado el tiempo de contacto, neutralizar la cantidad de biocida.

e) Cuando sea necesario para evitar o reducir al mínimo la probabilidad de proliferación y diseminación de la Legionella, vaciar los vasos, depósitos, circuitos, filtros, etc. y aclarar las paredes.

4. Acciones posteriores

a) Montar nuevamente las boquillas y aclarar con agua de aporte.

b) Cuando sea necesario para evitar o reducir al mínimo la probabilidad de proliferación y diseminación de la Legionella, volver a llenar con agua de aporte y restablecer las condiciones de uso normales.

c) Realizar un lavado y enjuague de los filtros.

d) Conectar los sistemas de calentamiento, en su caso, y de tratamiento del agua.

e) Dosificar el biocida.

f) Permitir el uso de la instalación una vez comprobados los niveles de calidad del agua y el correcto funcionamiento de la instalación.

g) Antes de su puesta en servicio y al final de la jornada en la que se ha realizado la limpieza y desinfección de la totalidad de la instalación, se debería hacer una revisión y mantener en re-circulación con todos sus elementos en funcionamiento durante aproximadamente una hora.

Parte E. Otros tipos de instalaciones

[…]

ANEXO V
Programa de muestreo

Parte A. Aspectos generales

Conjunto de actuaciones dirigidas al control de la eficacia de las tareas del programa de mantenimiento y revisión de las instalaciones y equipos y del programa de tratamiento (tratamiento del agua y de limpieza y desinfección de la instalación) para minimizar los procesos de corrosión, incrustación y crecimiento de Legionella spp. en la instalación.

1. El muestreo debe ser representativo en función del objetivo concreto del muestreo y comprender las diferentes partes de la instalación revisando los puntos de control identificados y definiendo el número de puntos a muestrear acorde con las determinaciones analíticas a realizar.

2. Debe incluir, al menos, los parámetros microbiológicos, físicos, químicos y físico-químicos a controlar, la determinación de los puntos a muestrear, periodicidades o momento del muestreo, número y tipo de determinaciones a realizar, métodos de muestreo, condiciones de conservación y transporte de las muestras, métodos de ensayo, criterios de evaluación de los resultados y designación de responsables de cada operación.

3. En el caso de los ensayos analíticos realizados in situ, incluirá también los procedimientos escritos de los métodos de análisis utilizados para la cuantificación de los parámetros, los límites de detección o de cuantificación de los mismos.

4. Sin perjuicio de los parámetros indicados en las tablas 1 y 3 se podrán realizar aquellas determinaciones que, a criterio del responsable técnico, se consideren útiles en la valoración de la calidad del agua o de la efectividad del programa de mantenimiento y revisión.

Parte B. Designación de puntos de muestreo

Parte B.1 Sistemas de agua sanitaria

1. En instalaciones sin circuito de retorno, el muestreo se realizará en función de los puntos terminales representativos de la instalación identificados como puntos de toma de muestra.

2. En instalaciones con circuito de retorno, el muestreo se realizará en función de los puntos terminales, los acumuladores de agua caliente y los depósitos de agua fría representativos de la instalación e identificados como puntos de toma de muestra.

3. En cada muestreo se recogerá muestra del agua como mínimo de los siguientes puntos de la instalación, que no se deberán mezclar, teniendo en cuenta que se deberá aumentar en función del tamaño y características de la instalación:

141

a) Un punto en el depósito.

b) Un punto en el acumulador.

c) Un punto en el circuito de retorno.

d) Cada uno de los puntos terminales identificados como puntos de toma de muestras.

4. En función del objetivo del muestreo, en los puntos terminales puede realizarse la toma de muestra de dos maneras diferentes:

a) Sin purga (sin dejar correr el agua): Su objetivo es muestrear el terminal y su tubería. Representa la colonización del punto terminal, ya que una de las zonas donde es mayor la probabilidad de que Legionella spp. crezca y se multiplique es en el interior del grifo o ducha, por lo que el primer litro tomado nada más abrir el punto terminal es el que tendría la mayor concentración de Legionella spp. y preferiblemente se debería tomar en uno que haya estado al menos unas horas sin utilizarse.

Se recomienda tomar muestras, sin purga de:

1.º Primer tramo en puntos terminales.

2.º Puntos terminales alejados y de poco uso.

3.º Tramos de baja circulación.

4.º Puntos terminales de agua mezclada con temperaturas por debajo de 50 °C.

b) Con purga (dejando correr el agua): Su objetivo es muestrear el agua del circuito. Se deja correr el agua hasta alcanzar temperatura constante. Representa la calidad del agua circulante suministrada al grifo o la ducha.

5. El muestreo de puntos terminales debe abarcar los diferentes sectores de la instalación, atendiendo al número de plantas del edificio o a la extensión horizontal de la red interior de distribución. Priorizando los muestreos en duchas por tratarse de puntos de mayor exposición.

6. El número de puntos de toma de muestra en instalaciones de uso colectivo (hospitales, hoteles, colegios, instalaciones deportivas, residencias geriátricas, etc.) estará en función de los puntos terminales, acumuladores de agua caliente y depósitos de agua fría que tenga la instalación. Para los puntos terminales el número de puntos de muestreo se calculará según se indica en la tabla 2.

Tabla 2. *Puntos terminales de toma de muestra en instalaciones de uso colectivo*

Puntos terminales (1)	Puntos mínimos de toma de muestra	
	Circuito de agua caliente	Circuito de agua fría
≤ 10	1	1
11 a 20	3	1
21 a 50	4	1
51 a 100	4	2
101 a 150	5	2
151 a 200	6	3
201 a 250	7	3
251 a 300	8	4
301 a 350	9	4
> 350	Aumentar proporcionalmente	Aumentar proporcionalmente

(1) En establecimientos con alojamientos de personas, todos los puntos terminales ubicados dentro de cada unidad de alojamiento o habitación se podrán contabilizar como uno.

Parte B.2 Torres de refrigeración y condensadores evaporativos. Las muestras se tomarán en al menos uno de los siguientes puntos por orden de preferencia

    a) En la tubería del circuito de retorno.

    b) En el depósito o la balsa de agua, en el punto más alejado del aporte, así como de la inyección de biocida.

Parte B.3 Sistemas de agua climatizada o con temperaturas similares a las climatizadas (≥ 24 °C) y aerosolización con/sin agitación y con/sin recirculación a través de chorros de alta velocidad o la inyección de aire, vasos de piscinas polivalente con este tipo de instalaciones, vasos de piscinas con dispositivos de juego, zonas de juegos de agua, …)

1. Bañeras con recirculación. Los puntos de toma de muestra de agua serán representativos de cada vaso y del circuito, además de un número de muestras representativas de los elementos de aerosolización. Al menos en cada muestreo se recogerá agua de estos dos puntos de la instalación, teniendo en cuenta que se deberá aumentar en función del tamaño y características de la instalación. Estos puntos de toma de muestra se realizarán preferentemente de:

    a) En el depósito de compensación.

    b) En el retorno, punto más lejano o en la zona de recirculación.

    c) En el propio vaso alejado del aporte de agua.

2. Bañeras sin recirculación. Se tomará una muestra del vaso. En caso de instalaciones con varios vasos se aumentará el número de muestras en función de las características de la instalación.

Parte B.4 Otras instalaciones. Para la determinación de los puntos de muestreo en instalaciones objeto de este real decreto y no contempladas en las partes B.1, B.2 y B.3 de este anexo, se utilizarán como referencia los procedimientos establecidos en aquéllas de acuerdo a la similitud técnica de la instalación a muestrear

Parte C. Frecuencia de muestreo de agua de la instalación

La frecuencia mínima del muestreo del agua en función del tipo de instalación será la recogida en la tabla 3.

Además, se realizará una determinación de *Legionella spp.* en muestras de puntos representativos de la instalación como mínimo 15-30 días después de la realización del tratamiento de limpieza y desinfección.

Cuando el tiempo de parada de la instalación supere la vida media del biocida empleado y aunque no la supere no haya habido recirculación del agua con el biocida en 24 horas, se comprobará el nivel del biocida y si fuera necesario la calidad microbiológica (*Legionella spp.* y aerobios totales) del agua antes de su puesta en funcionamiento. Cuando sea necesario para evitar o reducir al mínimo la probabilidad de proliferación y diseminación de la *Legionella*, se debe hacer una limpieza y desinfección de la instalación.

Tabla 3. *Frecuencia mínima de muestreo*

	Legionella spp. (UFC/L)	Aerobios (UFC/ml)	pH (1) (2)	Temperatura (°C)(2)	Turbidez (UNF)(2)	Biocida (3)	Hierro total (mg/L) (4)	Conductividad
Sistemas de agua sanitaria.	Trimestral	Trimestral.	Diario.	Diario, rotatorio.	Semanal.	Diario, en su caso, con lectura automática en continuo.	Trimestral.	–
Torres de refrigeración y condensadores evaporativos.	Mensual.	Trimestral	Diario	Diario.	Semanal	Diario, en su caso, con lectura automática en continuo.	Mensual.	Mensual.
Sistemas de agua climatizada o con temperaturas similares a las climatizadas y aerosolización con agitación y recirculación a través de chorros de alta velocidad y/o la inyección de aire, etc. (5)	Mensual.	Mensual.	Diario.	Diario.	Diario.	Diario, en su caso con lectura automática en continuo.	–	–
Dispositivos de enfriamiento evaporativo por pulverización mediante elementos de refrigeración por aerosolización.	Semestral	Semestral.	Mensual.	Mensual.	Mensual.	Mensual.	–	–
Instalaciones o equipos en los que se utilizan agua declarada minero medicinal y/o termal.	Mensual.	Trimestral.	Semanal.	Semanal.	Semanal.	–	–	–
Otras instalaciones que puedan producir aerosolización con depósito y recirculación (6).	Anual.	Semestral.	Mensual.	Mensual.	Mensual.	Mensual.	–	–
Otras instalaciones que puedan producir aerosolización sin recirculación.	Anual.	–	Mensual.	Mensual.	–	Mensual.	–	–

(1) En función del biocida.

(2) En el caso del pH, temperatura y turbidez se podrá controlar in situ preferentemente con lectura automática en continuo.

(3) En el caso de utilización de tratamientos de desinfección físicos se debe sustituir el control del biocida por los controles que aseguren el correcto funcionamiento del sistema de desinfección.

(4) En sistema de agua sanitaria sólo si el sistema dispone de partes metálicas que contienen hierro en su composición.

(5) Para instalaciones que les sea de aplicación el Real Decreto 742/2013, de 27 de septiembre, por el que se establecen los criterios técnico-sanitarios de las piscinas, se aplicará lo establecido en dicha norma, salvo criterio de la autoridad sanitaria.

(6) Si fuera necesario, se incluirán otros parámetros que se consideren útiles en la determinación de la calidad del agua o de la efectividad del programa de tratamiento del agua. Sin embargo, la autoridad sanitaria podrá eximir a la persona titular de la instalación del análisis de alguno de estos parámetros si, en base al tipo de instalación de que se trate, no es probable su presencia en el agua en niveles tales que supongan un riesgo para la salud.

ANEXO VI
Protocolo de toma y transporte de muestras

En el proceso de toma y transporte de muestras no se mezclarán en un mismo envase muestras procedentes de diferentes instalaciones o de distintos puntos de muestreo ni de temperaturas muy diferentes

[...]

Parte A.2 Conservación y transporte de la muestra

1. El periodo de tiempo transcurrido entre la toma de la muestra y su análisis puede reducir la fiabilidad de los resultados obtenidos, dicho tiempo debería ajustarse a los requisitos especificados en la tabla 4.

2. Durante la conservación y el transporte de la muestra la temperatura debería ajustarse a los requisitos recogidos en la tabla 4, evitando su exposición a la luz y el calor.

3. Si se toman muestras de agua a temperaturas muy diferentes no se deben transportar en la misma nevera (por ejemplo, no mezclar muestras de agua caliente a 60 °C con muestras de agua fría a 20 °C).

Tabla 4. *Tiempo desde toma de la muestra hasta inicio del ensayo incluido transporte (t). Temperatura de conservación (T.ª) y volumen mínimo de muestra necesario (V) para los ensayos microbiológicos*

Ensayo	Tiempo (Horas)	T.ª (°C) (1)	V (ml)
Aerobios totales	< 24	5 ± 3	50 – 100
Legionella spp.	< 24	6 – 18	1 000
	> 24 y < 48	5 ± 3	

(1) Siempre que se indique una temperatura de refrigeración, ésta se debe referir a la temperatura del entorno de la muestra (no a la muestra en sí).

[...]

Parte B. Ensayos químicos y físico-químicos

1. En el proceso de la toma de muestra el recipiente se debe llenar completamente y cerrar de forma que no quede una cámara de aire por encima de la muestra. Las características de composición y volumen del envase serán las especificadas en la tabla 5.

Tabla 5. *Características de los envases para los ensayos químicos y físico-químicos*

Parámetro	Recipiente	Volumen(*) (ml)
pH	Polimérico/Vidrio	100
Conductividad	Polimérico/Vidrio borosilicatado	100
Turbidez	Polimérico/Vidrio	100
Hierro total	Polimérico/Vidrio borosilicatado	100
Calcio, Dureza	Polimérico/Vidrio	100
Cloruros	Polimérico/vidrio	100
Alcalinidad	Polimérico/vidrio	100
Sales de ácidos fuertes	Polimérico/vidrio	100
Sulfatos	Polimérico/Vidrio	100
Sólidos en Suspensión	Polimérico/Vidrio	500

(*) En función de la técnica prevista para realizar el análisis puede ser un volumen inferior. En el caso de realizar análisis de varios parámetros físico-químicos se pueden tomar con un solo envase de 100 ml o 1 000 ml en función de la técnica de ensayo previsto.

Parte C. Reactivos y materiales para la toma de muestra

Además de los recipientes específicos según la toma de muestra a efectuar, se deberá contar con los siguientes elementos:

1. Termómetro para la medición in situ de la temperatura.

2. Medidor de biocida in situ, con el kit establecido en la autorización, en su caso.

3. Neutralizante especifico del biocida, según autorización, en su caso.

4. Nevera(s) portátil(es) con refrigeración o bloques congeladores.

5. Posibles herramientas para la manipulación en determinados puntos del muestreo (destornilladores, llaves de Allen, llave inglesa, alicates, etc.).

6. Guantes desechables.

7. Torundas estériles y tubos de transporte estériles de cierre antifugas con el diluyente adecuado (solución de acuerdo con el anexo C de la norma UNE-EN ISO 11731:2017 Calidad del agua. Recuento de *Legionella*). En el caso de utilizar agua estéril se deberá comprobar que no tiene efectos sobre la recuperación de *Legionella*.

8. Alcohol o toallitas desinfectantes.

9. Mechero o soplete portátil para flameado si procede.

10. Rotuladores, bolígrafos y etiquetas resistentes al agua.

11. Embalajes adecuados que eviten ruptura y derrame en el transporte.

12. Registro de toma de muestra (manual o electrónico).

13. En caso preciso, a los efectos de su consulta, el programa de muestreo y el procedimiento de toma de muestras.

Los equipos de lectura-medición empleados (termómetro, pH metro, turbidímetro, etc.), deben encontrarse dentro del periodo de calibración.

Parte D. Prácticas correctas de higiene en la toma de muestras

Se deben tener en cuenta una serie de precauciones para minimizar la contaminación y en particular en la toma de muestras para análisis microbiológicos:

1. Lavarse las manos o llevar guantes desechables.

2. Nunca fumar, comer o beber mientras se toman muestras.

3. Si procede, limpiar el punto de toma de muestras. En el caso de toma de muestras para ensayos microbiológicos, además de limpiar el punto de toma de muestra siempre se debe desinfectar (por ejemplo, con un algodón impregnado con alcohol, toallita desinfectante, flamear, etc.) con carácter inmediato a la toma de muestra.

4. No se debe introducir ningún objeto o instrumento (termómetro, pH-metro, ...) dentro del recipiente que contiene la muestra para la realización de análisis microbiológico. Los posibles análisis *in situ* deben realizarse en una sub-muestra en un recipiente aparte.

5. Las neveras, o refrigeradores, en la que se transporten las muestras se deben mantener limpias, de manera que no aporten suciedad ni flora microbiana a los recipientes. Las utilizadas para las muestras de análisis microbiológicos deben ser de uso exclusivo para este tipo de muestras.

Parte E. Procedimiento de toma de muestras

El orden de la toma de muestra cuando se va a realizar el ensayo de *Legionella spp.* y además otros posibles ensayos microbiológicos o físico-químicos en un mismo punto de muestreo, es el siguiente:

1. Toma de la muestra microbiológica, en un solo envase (con neutralizante) con capacidad suficiente para los ensayos a realizar y garantizar la cámara de aire o, en su caso, tantos envases como ensayos a realizar.

2. Tomar la muestra de biocapa mediante raspado con torunda, si procede.

3. Tomar la muestra llenando el/los envases (sin neutralizante) destinados a los ensayos físico-químicos.

Además, el procedimiento de toma de muestra en función del tipo de instalación será:

Parte E.1 Sistemas de agua sanitaria

a) Acumuladores de ACS:

    1.º La muestra se debe tomar preferiblemente en la parte baja del acumulador ya que así se pueden recoger, en su caso, también otra muestra con posibles restos de biocapa.

    2.º Si el punto de llenado con agua fría está en la parte inferior, cerrar la llave de entrada.

    3.º Si existiera una manguera o conducción hasta el desagüe, o bien se debe retirar o bien se debe dejar correr el agua para eliminar este primer vertido contenido en ella.

    4.º Recoger el volumen requerido de agua.

    5.º Posteriormente, registrar la temperatura.

    6.º En su caso, registrar in situ los restantes parámetros según lo establecido en el programa de muestreo.

b) Depósitos de agua fría de consumo humano (en adelante, AFCH). La muestra de agua, al menos para detección de *Legionella spp.*, se debe recoger en uno de los siguientes puntos:

    1.º Parte baja del depósito a través de la purga ya que así se pueden recoger también muestra con posibles restos de material sedimentado:

        i. Si existiera una manguera o conducción hasta el desagüe, o bien se debe retirar o bien se debe dejar correr el agua para eliminar este primer vertido contenido en ella.

        ii. Recoger el volumen requerido de agua.

    2.º Interior del depósito (si es accesible): Recoger la muestra en un punto lo más alejado posible del aporte de agua, así como de la inyección de desinfectante si existe, o del posible sistema de recirculación del agua del depósito.

    3.º Grifo de toma de muestras a la salida del depósito.

c) Puntos terminales (grifos y duchas). Colocar el grifo (si es mono mando o termostático) en posición máxima de agua caliente o fría según el sistema que se desea muestrear:

    1.º En el caso de recoger muestra sin purga:

        i. Abrir el grifo y recoger el volumen de muestra necesario para los ensayos microbiológicos.

        ii. Medir la temperatura del agua y restantes parámetros a determinar *in situ* según el programa de muestreo.

        iii. Recoger muestra para el resto de los parámetros físico-químicos a analizar en laboratorio.

2.º En el caso de recoger muestra con purga:

    i. Dejar correr el agua hasta estabilización, al menos dos minutos para AFCH, tomar el volumen de muestra requerido para los ensayos microbiológicos.

    ii. Medir la temperatura del agua y, en su caso, medir otros parámetros a determinar *in situ* según lo establecido en el programa de muestreo.

    iii. Recoger muestra para el resto de los parámetros físico-químicos a analizar en laboratorio.

Para recoger muestra de duchas murales sin perder agua de la muestra sin purga y sin dispersar aerosol, se puede embocar un envase de recogida con boca ancha para que no haya derrames o rodear la ducha con una bolsa estéril sin fondo para facilitar el llenado del envase.

d) Circuito de retorno de ACS. La toma de muestras en circuitos de retorno de agua caliente con dispositivo toma-muestras se tomarán como en un terminal con purga, dejando correr el agua, para estabilización, al menos durante un minuto.

Parte E.2 Torres de refrigeración y condensadores evaporativos

La toma de la muestra de agua, se realizará de la siguiente manera:

1. Tomar el volumen de muestra necesaria para los ensayos microbiológicos. En el caso de la toma de la muestra en la tubería de retorno del circuito: Para cuantificar se deberá dejar correr el agua justo para vaciar la tubería y para detección, no se dejará correr. En caso de que se tome en dispositivo toma-muestra se deberá dejar correr el agua para eliminar el primer vertido de agua.

2. Determinar temperatura y restantes parámetros a determinar *in situ* según lo establecido en el programa de muestreo.

3. Recoger muestra para el resto de los parámetros físico-químicos a analizar en laboratorio.

Parte E.3 Sistemas de agua climatizada o con temperaturas similares a las climatizadas (≥ 24 °C) y aerosolización con/sin agitación y con/sin recirculación a través de chorros de alta velocidad o la inyección de aire, vasos de piscinas polivalente con este tipo de instalaciones, vasos de piscinas con dispositivos de juego, zonas de juegos de agua, setas, cortinas, cascadas, entre otras

1. Tomar la muestra del agua del vaso, procediendo previamente a la apertura de los difusores de agua y soplantes de aire durante al menos un minuto y sumergiendo el envase a una profundidad de unos 30 cm en el agua en posición prácticamente horizontal, pero con la boca del envase apuntando hacia arriba de manera que no se disperse el neutralizante del envase.

2. Toma de muestra en el retorno, punto más alejado o en la zona de recirculación.

3. Si se toma una muestra de uno de los difusores, seguir el procedimiento de puntos terminales.

4. Determinar temperatura y restantes parámetros a determinar *in situ* según lo establecido en el programa de muestreo.

5. Recoger muestra para el resto de los parámetros físico-químicos a analizar en laboratorio.

Parte E.4 Otras instalaciones. En la toma de muestras en el resto de instalaciones objeto de este real decreto, se deben utilizar como referencia los procedimientos establecidos en las partes E.1 a E.3 de este anexo de acuerdo a la similitud técnica de la instalación a muestrear

Parte G. Registro de datos de la toma de muestra

1. La muestra debe ser identificada de forma inequívoca e indeleble en su envase o etiqueta del envase.

2. Los datos de identificación de cada una de las muestras deben coincidir con los consignados sobre la misma en el Registro de la Toma de Muestras.

3. En el Registro de Toma de Muestras deberá recoger al menos la siguiente información:

    – Día y hora de la toma de la muestra(*).
    – Identificación de la persona que realiza la muestra.
    – Identificación de la muestra: Código de identificación(*).
    – Naturaleza de la muestra (agua, biocapa)(*).
    – Neutralizante utilizado en la toma de muestra o, en su caso, indicación expresa de no utilización de neutralizante (solo para ensayos microbiológicos)(*).
    – Volumen de muestra tomada(*).
    – Investigaciones a efectuar(*).
    – Identificación del remitente de la muestra (puede o no coincidir con el tomador de la muestra, establecimiento de procedencia, ...)(*).
    – Identificación del transportista y medio de transporte(*).
    – Fecha de entrega de la muestra al transportista (día y hora)(*).
    – Identificación del establecimiento de procedencia.
    – Tipo de Instalación de la que procede la muestra (torre de refrigeración, agua caliente sanitaria, etc.).
    – Identificación del punto de muestreo.
    – Motivo del muestreo.

  – Resultados de los parámetros físico-químicos determinados *in situ*:

  • Temperatura de recogida de la muestra (si procede).

  • Biocida empleado y concentración medida.

  • Otros parámetros: (Consignar).

  – Resultados obtenidos de los ensayos efectuados sobre muestras tomadas simultáneamente o, en su defecto, correlación inequívoca con el informe del ensayo correspondiente.

  – Observaciones: (*) Datos que deben acompañar a la muestra para su análisis.

ANEXO VII
Métodos de análisis

Parte A. Método de referencia para *Legionella spp.*

El método de referencia para la detección de *Legionella spp.* es el método de cultivo contemplado en la norma UNE-EN ISO 11731:2017 Calidad del agua. Recuento de *Legionella*.

[…]

ANEXO VIII

Medidas a adoptar en función de los resultados analíticos de Legionella spp.

Parte A. Aspectos generales

En ausencia de casos de legionelosis, la detección de *Legionella spp.* conllevará la adopción de las medidas correctoras establecidas en el PPCL que, al menos, contemplarán las medidas establecidas en este anexo y efectuar, en caso necesario, las modificaciones estructurales oportunas.

Parte B. Medidas correctoras

Parte B.1 Sistemas de agua sanitaria.

Tabla 7. *Medidas para instalaciones de agua caliente sanitaria y agua fría de consumo humano en función de los resultados analíticos de* Legionella spp.

Recuento de Legionella spp. UFC/L(*)	Medidas a adoptar
No detección o < 100	Mantener los programas actuales.
≥ 100 y < 1 000	a) Si una proporción de muestras menor o igual al 30 % son ≥ a 100 UFC/l, tomadas simultáneamente (mismo muestreo) o 1 sola muestra es igual o superior a 1 000 UFC/l: Revisión de los programas, para identificar las medidas correctoras necesarias. Considerar la limpieza y desinfección del tramo de tubería y puntos terminales implicados. Realizar una nueva toma de muestra entre 15 y 30 días tras la limpieza y desinfección. b) Si más del 30 % de las muestras son ≥ 100 UFC/l: Inmediata revisión de los programas para identificar otras acciones correctoras requeridas. Limpieza y Desinfección del sistema. Realizar una nueva toma de muestra a los 15-30 días tras la limpieza y desinfección.
≥ 1 000	Inmediata revisión del PPCL para identificar las medidas correctoras, incluyendo la limpieza y desinfección del sistema. Realizar nueva toma de muestra a los 15-30 días tras la limpieza y desinfección. Si es necesario, parar la instalación e informar a los usuarios.

(*) UFC/ L: Unidades Formadoras de Colonias por litro de agua.

Las medidas descritas se llevarán a cabo sin perjuicio de las modificaciones que se puedan dictaminar al respecto por parte de la autoridad sanitaria, o por parte del responsable técnico previa autorización de la autoridad sanitaria, en función de los tipos o localización de los puntos en los que se haya detectado *Legionella spp.*

Parte B.2 Torres de refrigeración y condensadores evaporativos

Tabla 8. *Medidas para torres de refrigeración y condensadores evaporativos en función de los resultados de* Legionella spp.

Recuento de *Legionella spp.* UFC /L(*)	Medidas a adoptar
No detectado o < 100	Mantener los programas actuales.
≥ 100 y < 1.000	Revisar los programas y realizar las correcciones oportunas, a fin de establecer acciones correctoras que disminuyan la concentración de *Legionella spp.* Valorar efectuar una limpieza y desinfección. Remuestreo a los 15-30 días, tras la limpieza y desinfección o tras la implantación de las medidas corretoras.
≥ 1.000 y < 10 000	Revisar los programas, y realizar las correcciones oportunas, con el fin de disminuir la concentración de *Legionella*. Limpieza y desinfección. Realizar una nueva toma de muestra entre 15 y 30 días tras la limpieza y desinfección: • Si esta muestra no detecta Legionella spp. tomar una nueva muestra al cabo de un mes. Si el resultado de la segunda muestra es ausencia continuar con el mantenimiento previsto. • Si en una de las dos muestras anteriores, da presencia, revisar el programa de mantenimiento y revisión e introducir las reformas estructurales necesarias. Si supera las 1.000 UFC/L, proceder a realizar una limpieza y desinfección y una nueva toma de muestras a los 15-30 días, tras la limpieza y desinfección.
≥ 10 000	Parar el funcionamiento de la instalación, vaciar el sistema en su caso. Limpiar y desinfectar antes de reiniciar el servicio. Y realizar una nueva toma de muestra a los 15-30 días.

(*) UFC/L: Unidades Formadoras de Colonias por litro de agua.

Las medidas descritas se llevarán a cabo sin perjuicio de las modificaciones que se puedan dictaminar al respecto por parte de la autoridad sanitaria, o por parte del responsable técnico previa autorización de la autoridad sanitaria, en función de los tipos o localización de los puntos en los que se haya detectado *Legionella spp.*

Parte B.3 Sistemas de agua climatizada o con temperaturas similares a las climatizadas (≥ 24 °C) y aerosolización con agitación constante y recirculación a través de chorros de alta velocidad y la inyección de aire (spas, jacuzzis, bañeras de hidromasaje, tratamientos con chorros a presión, vasos de piscinas polivalente con este tipo de instalaciones, vasos de piscinas con dispositivos de juego, zonas de juegos de agua, entre otras).

Tabla 9. *Medidas para instalaciones con sistemas de agua climatizada o con temperaturas similares a las climatizadas (≥ 24 °C) y aerosolización con agitación constante y recirculación a través de chorros de alta velocidad y la inyección de aire en función de los resultados de Legionella spp.*

Recuento de Legionella spp. UFC/L (*)	Medidas a adoptar
No detectado o < 100	Mantener los programas actuales
≥ 100 y < 1 000	Revisar el programa de mantenimiento y revisión y el de tratamiento, a fin de establecer acciones correctoras que disminuyan la concentración de Legionella spp. Limpieza y desinfección. Realizar una nueva toma de muestra entre 15 y 30 días tras la limpieza y desinfección: – Si esta muestra no detecta continuar con el mantenimiento previsto – Si la muestra da presencia, revisar el programa de mantenimiento y revisión e introducir las reformas estructurales necesarias. Proceder a realizar una limpieza y desinfección y realizar una nueva toma de muestras a los 15-30 días, tras la limpieza y desinfección
≥ 1 000	Revisar el programa de mantenimiento y revisión y el de tratamiento, a fin de establecer acciones correctoras que disminuyan la concentración de Legionella spp. Parar el funcionamiento de la instalación, vaciar el sistema en su caso. Limpiar y desinfectar antes de reiniciar el servicio. Y realizar una nueva toma de muestra a los 15-30 días tras la limpieza y desinfección.

(*) UFC/L: Unidades Formadoras de Colonias por litro de agua

Las medidas descritas se llevarán a cabo sin perjuicio de las modificaciones que se puedan dictaminar al respecto por parte de la autoridad sanitaria, o por parte del responsable técnico previa autorización de la autoridad sanitaria, en función de los tipos o localización de los puntos en los que se haya detectado Legionella spp.

Parte B.4 Otros tipos de instalaciones.

[…]

ANEXO IX
Actuaciones ante la detección de casos o brotes

La notificación de casos de legionelosis activa la investigación correspondiente para identificar, y si es posible asociar, el caso a una instalación.

La finalidad de este tipo de estudios es establecer la posible relación entre los casos y una fuente de infección común, con objeto de adoptar las medidas adecuadas para eliminar el foco de infección y prevenir la aparición de nuevos casos. Por tanto, es importante que no se realice ningún tratamiento ni actuación sobre las instalaciones sin el conocimiento de la autoridad sanitaria, ya que de lo contrario podría enmascararse el foco de infección.

En caso de que se produzcan casos o brotes de legionelosis deben realizarse las actuaciones que determine la autoridad sanitaria.

I. Limpieza y desinfección de choque

1. La limpieza y desinfección de choque ante casos o brote, tendrán como finalidad eliminar la contaminación por la bacteria y su fuente. La limpieza se realizará teniendo en cuenta el principio básico de limpieza exhaustiva antes de desinfectar. La desinfección se abordará aun en ausencia de resultados microbiológicos, pero no antes de realizar una toma de muestras. El tratamiento elegido no deberá interferir en la medida de lo posible con el funcionamiento habitual del edificio o instalación en el que se ubique la instalación afectada.

2. Este tratamiento consta de dos fases: Un primer tratamiento, seguido de un tratamiento continuado, que se llevarán a cabo de acuerdo a este anexo.

3. Se registrarán los resultados de cada una de las mediciones efectuadas en la limpieza y desinfección de choque que se integrarán en los registros correspondientes del PPCL y, en su caso, del PSL.

Parte A. Sistemas de agua sanitaria

1. Depósito. En depósito se realiza del mismo modo que la limpieza y desinfección establecida en el programa de limpieza y desinfección del PPCL o, en su defecto, el contenido en el anexo IV.

2. Red de agua fría y agua caliente. En red la limpieza y desinfección se realiza del mismo modo que la limpieza y desinfección establecida en el programa de limpieza y desinfección del PPCL o, en su defecto, el contenido en el anexo IV y añadiendo los siguientes puntos:

   a) Una vez limpio, desinfectado y vaciado el depósito, se llena con un volumen de agua de consumo suficiente y se desinfecta nuevamente, manteniendo esta concentración en todos los puntos de la red de AFCH y ACS, con control periódico cada hora del nivel de biocida, y manteniendo un pH adecuado (en función de biocida utilizado).

   b) Neutralizar el biocida del agua en el depósito y vaciar.

   c) Llenar el depósito de agua para que vuelva a su funcionamiento habitual.

   d) Abrir los grifos de los puntos terminales hasta que el nivel de biocida alcance un valor adecuado.

   e) Conectar los sistemas de calentamiento y de tratamiento del agua.

   f) Permitir el uso de la instalación una vez comprobados los niveles de calidad del agua y el correcto funcionamiento de la instalación.

g) Proceder al tratamiento continuado del agua manteniendo la dosificación en función del biocida utilizado. La temperatura de servicio en dichos puntos para el agua caliente sanitaria se situará entre 55 y 60 °C.

La desinfección térmica no se recomienda en la red de agua de consumo como tratamiento de choque. En los casos en que se considere necesario, se seguirá el procedimiento descrito anteriormente.

3. Acumuladores de ACS y puntos terminales. Los acumuladores de ACS y los puntos terminales se tratan según lo establecido en el programa de limpieza y desinfección del PPCL o, en su defecto, lo establecido en el anexo IV.

Parte B. Torres de refrigeración y condensadores evaporativos

El procedimiento de limpieza y desinfección a realizar será el mismo que el establecido en el programa de limpieza y desinfección del PPCL o, en su defecto, en el anexo IV y con los siguientes pasos adicionales:

a) Llenar de agua la instalación y volver a desinfectar con el biocida añadiendo anticorrosivos compatibles con el biocida, en cantidad adecuada. Comprobar el nivel de biocida cada treinta minutos, reponiendo la cantidad perdida. Se recircula el agua.

b) Neutralizar el biocida y cuando sea necesario vaciar el sistema y aclarar con agua a presión y poner en marcha el programa de mantenimiento de la instalación.

Parte C. Sistemas de agua climatizada o con temperaturas similares a las climatizadas (≥ 24 °C) y aerosolización con/sin agitación y con/sin recirculación a través de chorros de alta velocidad o la inyección de aire, vasos de piscinas polivalente con este tipo de instalaciones, vasos de piscinas con dispositivos de juego, zonas de juegos de agua, setas, cortinas, cascadas, entre otras

Se realizará el tratamiento de choque de la siguiente forma:

a) Informar de forma evidente sobre la prohibición del uso y acceso a la instalación por los usuarios.

b) Desconectar el sistema de calentamiento del agua.

c) Desconectar los sistemas de tratamiento del agua (dosificadores de desinfectante, regulador de pH, floculante, …).

d) Valorar la necesidad de utilizar biodispersante en el tratamiento de limpieza de la instalación, y debería adicionarse previo al vaciado del vaso o los depósitos, recirculando el agua y siguiendo las instrucciones del fabricante.

e) Cuando sea necesario para evitar o reducir al mínimo la probabilidad de proliferación y diseminación de la *Legionella*, vaciar el agua de los vasos, depósitos y de todos los circuitos.

f) Limpiar, mediante frotado las paredes de vasos, depósitos y otras superficies, para quitar la biocapa y los lodos, posteriormente aclarar con abundante agua.

g) Revisar el material filtrante y reponer por uno nuevo si es necesario.

h) Realizar un lavado y enjuague de los filtros.

i) Limpiar y desinfectar los filtros de las bombas.

j) Desmontar las boquillas de los difusores, chorros, duchas, … y limpiarlas a fondo eliminando las incrustaciones y adherencias y desinfectar con el biocida, sumergiendo una vez limpias, durante el tiempo necesario en función del biocida utilizado, aclarando posteriormente con abundante agua de aporte.

k) Revisar todos los componentes de la instalación y reparar o sustituir aquellos elementos que estén deteriorados o con funcionamiento defectuoso.

l) Montar nuevamente las boquillas.

m) Cuando sea necesario llenar de agua de aporte todo el sistema.

n) Calcular la dosis de desinfectante necesaria en función del volumen de agua a tratar.

ñ) Desinfectar el depósito de compensación y el vaso con el biocida, manteniendo un pH adecuado (en función del biocida utilizado).

o) Asegurarse que todos los difusores, duchas, chorros, bombas, filtros, etc. del circuito estén en funcionamiento y recircular el agua con el biocida durante un tiempo mínimo de 10 horas.

p) Controlar el nivel de biocida y pH (si la efectividad del biocida depende del pH) adicionando los productos químicos y biocida, necesarios para alcanzar la estabilidad de los niveles requeridos y después realizar este control al menos cada hora.

q) Finalizado el tiempo de contacto, neutralizar en caso necesario y restablecer las condiciones de uso normales.

r) Conectar los sistemas de calentamiento y de tratamiento del agua, manteniendo el agua durante un periodo de 30 días con la concentración de desinfectante máxima permitida para las condiciones de uso habitual.

s) Permitir el uso de la instalación una vez comprobados los niveles de calidad del agua y el correcto funcionamiento de la instalación.

Parte D. Otras instalaciones

Se llevará a cabo según lo establecido en el PPCL o, en su defecto en el anexo IV, junto con las medidas adicionales indicadas por la autoridad sanitaria.

II. Reformas estructurales

La investigación de casos o brotes podría dar como resultado la exigencia de corregir los defectos estructurales de la instalación, estando obligado la persona propietaria o responsable de ésta a realizar esta operación en el plazo que se designe, a contar desde la primera notificación escrita facilitada por la autoridad competente

ANEXO X

Registro/Certificado de limpieza y desinfección

Datos de la empresa/persona que realiza el tratamiento

Nombre
N° de Registro ROESB *(Si procede)*
Domicilio
NIF
Teléfono
Fax *(Opcional)*
Correo electrónico

Motivo del tratamiento de L+D:

Mantenimiento programado ☐   Aislamiento de *Legionella* ☐   Medida correctora ☐   Brote/Casos ☐

Otros *(Especificar)* ☐

Datos del contratante:
Nombre
Domicilio
NIF
Teléfono
Fax *(Opcional)*
Correo electrónico

Instalación tratada:
Instalación tratada
Instalación notificada a la Autoridad Competente *(Si procede)*

Sí ☐   No ☐   Fecha de notificación

Nombre del circuito

Estado de conservación de la instalación:

Con corrosión ☐   Con incrustaciones, biocapa o algas ☐   Correcto ☐

Plano actualizado del Esquema hidráulico: Sí ☐   No ☐

Fecha de la última actualización: ....

Tratamiento de L+D: Térmico
    Protocolo seguido...

Fecha y hora de inicio y final de realización						
Duración del tratamiento						
Niveles de temperatura en puntos finales						
Se ha vaciado previamente a la limpieza	Sí			No		Parcialmente	
Se han limpiado los depósitos acumuladores	Sí			No		Parcialmente	

Tratamiento de L+D: Químico
Productos utilizados: Nombre comercial y n° de registro en caso de biocidas
En el caso de sistemas de agua sanitaria, deberá adjuntarse un anexo con los niveles de temperatura y desinfectante en los puntos terminales representativos del circuito más alejados de la red, así como los niveles de temperatura de los acumuladores durante todo el proceso, indicando la hora de cada determinación.

Protocolo seguido

Plano o Esquema hidráulico actualizado			
Se ha parado la instalación [1]	Sí	No	Parcialmente
Se ha vaciado previamente a la limpieza	Sí	No	Parcialmente
Se ha limpiado antes de añadir el biocida	Sí	No	Parcialmente
Se han limpiado los depósitos acumuladores	Sí	No	Parcialmente (tiempo de parada)
Fecha y hora de inicio			
Fecha y hora de final			
Indicar concentraciones de choque del biocida			
Indicar tiempo de recirculación del biocida			
En el caso de biocidas, N.° de Registro			
Otros productos, (Presentar Ficha de datos técnicos y de seguridad)			

(1) en caso de torres de refrigeración y condensadores evaporativos
En el caso de sistemas de agua sanitaria deberá adjuntarse un anexo con los niveles de biocida en todos los puntos terminales de la instalación durante el proceso indicando la hora de cada determinación"

Especificar las partes donde se realiza el tratamiento (total, parcial), y hora en que se realizan las mediciones, niveles obtenidos y medidas correctoras realizadas, en caso necesario:

Observaciones

Responsable técnico:

Nombre	
DNI	
Acreditación de la capacitación	
Cualificación/Titulación	

Aplicador/es del tratamiento:

Nombre

DNI

Acreditación/es de la capacitación

Cualificación/es

Fecha de realización de la limpieza y desinfección

Fecha de emisión del certificado

Certificado de tratamiento

Firma/s de la/s persona/s que realizan el tratamiento

Firma del responsable técnico del tratamiento

Firma del titular o del responsable de la instalación

Fdo.

Fdo.

Nota: A cumplimentar tanto si es una empresa de servicios, como si es personal propio de la empresa.

===========================

CTE. Sección HS 4 - Suministro de agua

1 Generalidades

1.1 Ámbito de aplicación

1. Esta sección se aplica a la instalación de suministro de agua en los edificios incluidos en el ámbito de aplicación general del CTE. Las ampliaciones, modificaciones, reformas o rehabilitaciones de las instalaciones existentes se consideran incluidas cuando se amplía el número o la capacidad de los aparatos receptores existentes en la instalación.

2 Caracterización y cuantificación de las exigencias

2.1 Propiedades de la instalación

[…]

2.1.2 Protección contra retornos

1. Se dispondrá de sistemas antirretorno para evitar la inversión del sentido del flujo en los puntos que figuran a continuación, así como en cualquier otro que resulte necesario:

   a) después de los contadores;

   b) en la base de las ascendentes;

   c) antes del equipo de tratamiento de agua;

   d) en los tubos de alimentación no destinados a usos domésticos;

   e) antes de los aparatos de refrigeración o climatización.

2. Las instalaciones de suministro de agua no podrán conectarse directamente a instalaciones de evacuación ni a instalaciones de suministro de agua proveniente de otro origen que la red pública.

3. En los aparatos y equipos de la instalación, la llegada de agua se realizará de tal modo que no se produzcan retornos.

4. Los antirretornos se dispondrán combinados con grifos de vaciado de tal forma que siempre sea posible vaciar cualquier tramo de la red.

2.1.3 Condiciones mínimas de suministro

1. La instalación debe suministrar a los aparatos y equipos del equipamiento higiénico los caudales que figuran en la tabla 2.1.

Tabla 2.1 *Caudal instantáneo mínimo para cada tipo de aparato*

Tipo de aparato	Caudal instantáneo mínimo de agua fría [dm³/s]	Caudal instantáneo mínimo de ACS [dm³/s]
Lavamanos	0,05	0,03
Lavabo	0,10	0,065
Ducha	0,20	0,10
Bañera de 1,40 m o más	0,30	0,20
Bañera de menos de 1,40 m	0,20	0,15
Bidé	0,10	0,065
Inodoro con cisterna	0,10	-
Inodoro con fluxor	1,25	-
Urinarios con grifo temporizado	0,15	-
Urinarios con cisterna (c/u)	0,04	-
Fregadero doméstico	0,20	0,10

Tipo de aparato	Caudal instantáneo mínimo de agua fría [dm³/s]	Caudal instantáneo mínimo de ACS [dm³/s]
Fregadero no doméstico	0,30	0,20
Lavavajillas doméstico	0,15	0,10
Lavavajillas industrial (20 servicios)	0,25	0,20
Lavadero	0,20	0,10
Lavadora doméstica	0,20	0,15
Lavadora industrial (8 kg)	0,60	0,40
Grifo aisaldo	0,15	0,10
Grifo garaje	0,20	-
Vertedero	0,20	-

2. En los puntos de consumo la presión mínima debe ser:

   a) 100 kPa para grifos comunes;

   b) 150 kPa para fluxores y calentadores.

3. La presión en cualquier punto de consumo no debe superar 500 kPa.

4. La temperatura de ACS en los puntos de consumo debe estar comprendida entre 50 °C y 65 °C excepto en las instalaciones ubicadas en edificios dedicados a uso exclusivo de vivienda siempre que estas no afecten al ambiente exterior de dichos edificios.

[...]

3 Diseño

3.2 Elementos que componen la instalación

3.2.1 Red de agua fría

3.2.1.1 Acometida

1. La acometida debe disponer, como mínimo, de los elementos siguientes:

   a) una llave de toma o un collarín de toma en carga, sobre la tubería de distribución de la red exterior de suministro que abra el paso a la acometida;

   b) un tubo de acometida que enlace la llave de toma con la llave de corte general;

   c) Una llave de corte en el exterior de la propiedad.

2. En el caso de que la acometida se realice desde una captación priva-da o en zonas rurales en las que no exista una red general de sumi-nistro de agua, los equipos a instalar (además de la captación propia-mente dicha) serán los siguientes: válvula de pie, bomba para el trasiego del agua y válvulas de registro y general de corte.

[...]

3.2.1.2.2 Filtro de la instalación general

1. El filtro de la instalación general debe retener los residuos del agua que puedan dar lugar a corrosiones en las canalizaciones metálicas. Se instalará a continuación de la llave de corte general. Si se dispone armario o arqueta del contador general, debe alojarse en su interior. El filtro debe ser de tipo Y con un umbral de filtrado comprendido entre 25 y 50 µm, con malla de acero inoxidable y baño de plata, para evitar la formación de bacterias y autolimpiable. La situación del fil-tro debe ser tal que permita realizar adecuadamente las operaciones de limpieza y mantenimiento sin necesidad de corte de suministro.

3.2.2 Instalaciones de agua caliente sanitaria (ACS)

3.2.2.1 Distribución (impulsión y retorno)

1. En el diseño de las instalaciones de ACS deben aplicarse condiciones análogas a las de las redes de agua fría.

2. En los edificios en los que sea de aplicación la contribución mínima de energía solar para la producción de agua caliente sanitaria, de acuerdo con la sección HE-4 del DB-HE, deben disponerse, además de las tomas de agua fría, previstas para la conexión de la lavadora y el lavavajillas, sendas tomas de agua caliente para permitir la insta-lación de equipos bitérmicos.

3. Tanto en instalaciones individuales como en instalaciones de pro-ducción centralizada, la red de distribución debe estar dotada de una red de retorno cuando la longitud de la tubería de ida al punto de consumo más alejado sea igual o mayor que 15 m.

4. La red de retorno se compondrá de:

   a) un colector de retorno en las distribuciones por grupos múltiples de columnas. El colector debe tener canalización con pendiente descendente desde el extremo superior de las columnas de ida hasta la columna de retorno. Cada colector puede recoger todas o varias de las columnas de ida, que tengan igual presión;

   b) columnas de retorno: desde el extremo superior de las colum-nas de ida, o desde el colector de retorno, hasta el acumulador o calentador centralizado.

5. Las redes de retorno discurrirán paralelamente a las de impulsión.

6. En los montantes, debe realizarse el retorno desde su parte superior y por debajo de la última derivación particular. En la base de dichos montantes se dispondrán válvulas de asiento para regular y equilibrar hidráulicamente el retorno.

7. Excepto en viviendas unifamiliares o en instalaciones pequeñas, se dispondrá una bomba de recirculación doble, de montaje paralelo o "gemelas", funcionando de forma análoga a como se especifica para las del grupo de presión de agua fría. En el caso de las instalaciones individuales podrá estar incorporada al equipo de producción.

8 Para soportar adecuadamente los movimientos de dilatación por efectos térmicos deben tomarse las precauciones siguientes:

   a) en las distribuciones principales deben disponerse las tuberías y sus anclajes de tal modo que dilaten libremente, según lo establecido en el Reglamento de Instalaciones Térmicas en los Edificios y sus Instrucciones Técnicas Complementarias ITE para las redes de calefacción;

   b) en los tramos rectos se considerará la dilatación lineal del material, previendo de dilatadores si fuera necesario, cumpliéndose para cada tipo de tubo las distancias que se especifican en el Reglamento antes citado.

9 El aislamiento de las redes de tuberías, tanto en impulsión como en retorno, debe ajustarse a lo dispuesto en el Reglamento de Instalaciones Térmicas en los Edificios y sus Instrucciones Técnicas Complementarias ITE.

3.4 Separaciones respecto de otras instalaciones

1. El tendido de las tuberías de agua fría debe hacerse de tal modo que no resulten afectadas por los focos de calor y, por consiguiente, deben discurrir siempre separadas de las canalizaciones de agua caliente (ACS o calefacción) a una distancia de 4 cm, como mínimo. Cuando las dos tuberías estén en un mismo plano vertical, la de agua fría debe ir siempre por debajo de la de agua caliente.

2. Las tuberías deben ir por debajo de cualquier canalización o elemento que contenga dispositivos eléctricos o electrónicos, así como de cualquier red de telecomunicaciones, guardando una distancia en paralelo de al menos 30 cm.

3. Con respecto a las conducciones de gas se guardará al menos una distancia de 3 cm.

[...]

4.4 Dimensionado de las redes de ACS

4.4.1 Dimensionado de las redes de impulsión de ACS

1. Para las redes de impulsión o ida de ACS se seguirá el mismo método de cálculo que para redes de agua fría.

4.4.2 Dimensionado de las redes de retorno de ACS

1. Para determinar el caudal que circulará por el circuito de retorno, se estimará que en el grifo más alejado la pérdida de temperatura sea como máximo de 3 °C desde la salida del acumulador o intercambiador, en su caso.

2. En cualquier caso, no se recircularán menos de 250 l/h en cada columna, si la instalación responde a este esquema, para poder efectuar un adecuado equilibrado hidráulico.

3. El caudal de retorno se podrá estimar según reglas empíricas de la siguiente forma:

   a) considerar que se recircula el 10 % del agua de alimentación, como mínimo. De cualquier forma se considera que el diámetro interior mínimo de la tubería de retorno es de 16 mm.

   b) los diámetros en función del caudal recirculado se indican en la tabla 4.4.

Tabla 4.4   *Relación entre diámetro de tubería y caudal recirculado de ACS*

Diámetro nominal de la tubería	Caudal recirculado (l/h)
½	140
¾	300
1	600
1 ¼	1.100
1 ½	1.800
2	3.300

[...]

IT 1.1.4.3.2 Calentamiento del agua en piscinas climatizadas

1. La temperatura del agua estará comprendida entre 24° y 30 °C según el uso principal de la piscina (se excluyen las piscinas para usos terapéuticos). La temperatura del agua se medirá en el centro de la piscina y a unos 20 cm por debajo de la lámina de agua.

2. La tolerancia en el espacio, horizontal y verticalmente, de la temperatura del agua no podrá ser mayor que ±1,5 °C.

IT 1.1.4.3.3 Humidificadores

1. El agua de aportación que se emplee para la humectación o el enfriamiento adiabático deberá tener calidad sanitaria.

2. No se permite la humectación del aire mediante inyección directa de vapor procedente de calderas, salvo cuando el vapor tenga calidad sanitaria.

IT 1.1.4.3.4 Aperturas de servicio para limpieza de conductos y plenums de aire

1. Las redes de conductos deben estar equipadas de aperturas de servicio de acuerdo a lo indicado en la norma UNE - ENV 12097 para permitir las operaciones de limpieza y desinfección.

2. Los elementos instalados en una red de conductos deben ser desmontables y tener una apertura de acceso o una sección desmontable de conducto para permitir las operaciones de mantenimiento.

3. Los falsos techos deben tener registros de inspección en correspondencia con los registros en conductos y los aparatos situados en los mismos.

IT 1.1.4.4 Exigencia de calidad del ambiente acústico

Las instalaciones térmicas de los edificios deben cumplir la exigencia del documento DB-HR Protección frente al ruido del Código Técnico de la Edificación, que les afecten.

CTE. Documento Básico HR - Protección frente al ruido

Introducción

I. Objeto

Este Documento Básico (DB) tiene por objeto establecer reglas y procedimientos que permiten cumplir las exigencias básicas de protección frente al ruido. La correcta aplicación del DB supone que se satisface el requisito básico "Protección frente al ruido".

1 Generalidades

1.1 Procedimiento de verificación

1. Para satisfacer las exigencias del CTE en lo referente a la protección frente al ruido deben:

   a) alcanzarse los valores límite de aislamiento acústico a ruido aéreo y no superarse los valores límite de nivel de presión de ruido de impactos (aislamiento acústico a ruido de impactos) que se establecen en el apartado 2.1;

   b) no superarse los valores límite de tiempo de reverberación que se establecen en el apartado 2.2;

   c) cumplirse las especificaciones del apartado 2.3 referentes al ruido y a las vibraciones de las instalaciones.

2.3 Ruido y vibraciones de las instalaciones

1. Se limitarán los niveles de ruido y de vibraciones que las instalaciones puedan transmitir a los recintos protegidos y habitables del edificio a través de las sujeciones o puntos de contacto de aquellas con los elementos constructivos, de tal forma que no se aumenten perceptiblemente los niveles debidos a las restantes fuentes de ruido del edificio.

2. El nivel de potencia acústica máximo de los equipos generadores de ruido estacionario (como los quemadores, las calderas, las bombas de impulsión, la maquinaria de los ascensores, los compresores, grupos electrógenos, extractores, etc.) situados en recintos de instalaciones, así como las rejillas y difusores terminales de instalaciones de aire acondicionado, será tal que se cumplan los niveles de inmisión en los recintos colindantes, expresados en el desarrollo reglamentario de la Ley 37/2003 del Ruido.

3. El nivel de potencia acústica máximo de los equipos situados en cubiertas y zonas exteriores anejas, será tal que en el entorno del equipo y en los recintos habitables y protegidos no se superen los objetivos de calidad acústica correspondientes.

4. Además, se tendrán en cuenta las especificaciones de los apartados 3.3, 3.1.4.1.2, 3.1.4.2.2 y 5.1.4.

[...]

3.1.4.1 Elementos de separación verticales

3.1.4.1.2 Encuentros con los conductos de instalaciones

Cuando un conducto de instalaciones colectivas se adose a un elemento de separación vertical, se revestirá de tal forma que no disminuya el aislamiento acústico del elemento de separación y se garantice la continuidad de la solución constructiva.

[...]

3.1.4.2 Elementos de separación horizontales

3.1.4.2.2 Encuentros con los conductos de instalaciones

1. En el caso de que un conducto de instalaciones, por ejemplo, de instalaciones hidráulicas o de ventilación, atraviese un elemento de separación horizontal, se recubrirá y se sellarán las holguras de los huecos efectuados en el forjado para el paso del conducto con un material elástico que garantice la estanquidad e impida el paso de vibraciones a la estructura del edificio

2. Deben eliminarse los contactos entre el suelo flotante y los conductos de instalaciones que discurran bajo él. Para ello, los conductos se revestirán de un material elástico.

[...]

3.3 Ruido y vibraciones de las instalaciones

3.3.1 Datos que deben aportar los suministradores

Los suministradores de los equipos y productos incluirán en la documentación de los mismos los valores de las magnitudes que caracterizan los ruidos y las vibraciones procedentes de las instalaciones de los edificios:

a) el nivel de potencia acústica, LW, de equipos que producen *ruidos estacionarios*;

b) la rigidez dinámica, s', y la carga máxima, m, de los lechos elásticos utilizados en las bancadas de inercia;

c) el amortiguamiento, C, la transmisibilidad, τ, y la carga máxima, m, de los sistemas antivibratorios puntuales utilizados en el aislamiento de maquinaria y conductos;

d) el coeficiente de absorción acústica, α, de los productos absorbentes utilizados en conductos de ventilación y aire acondicionado;

e) la atenuación de conductos prefabricados, expresada como pérdida por inserción, D, y la atenuación total de los silenciadores que estén interpuestos en conductos, o empotrados en *fachadas* o en otros elementos constructivos.

3.3.2 Condiciones de montaje de equipos generadores de ruido estacionario

1. Los equipos se instalarán sobre soportes antivibratorios elásticos cuando se trate de equipos pequeños y compactos o sobre una bancada de inercia cuando el equipo no posea una base propia suficientemente rígida para resistir los esfuerzos causados por su función o se necesite la alineación de sus componentes, como, por ejemplo, del motor y el ventilador o del motor y la bomba.

2. En el caso de equipos instalados sobre una bancada de inercia, tales como bombas de impulsión, la bancada será de hormigón o acero de tal forma que tenga la suficiente masa e inercia para evitar el paso de vibraciones al edificio. Entre la bancada y la estructura del edificio deben interponerse elementos antivibratorios.

3. Se consideran válidos los soportes antivibratorios y los conectores flexibles que cumplan la UNE 100153 IN.

4. Se instalarán conectores flexibles a la entrada y a la salida de las tuberías de los equipos.

5. En las chimeneas de las instalaciones térmicas que lleven incorporados dispositivos electromecánicos para la extracción de productos de combustión se utilizarán silenciadores.

3.3.3 Conducciones y equipamiento

3.3.3.1 Hidráulicas

1. Las conducciones colectivas del edificio deberán ir tratadas con el fin de no provocar molestias en los *recintos habitables* o *protegidos* adyacentes.

2. En el paso de las tuberías a través de los elementos constructivos se utilizarán sistemas antivibratorios tales como manguitos elásticos estancos, coquillas, pasamuros estancos y abrazaderas desolidarizadoras.

3. El anclaje de tuberías colectivas se realizará a elementos constructivos de masa por unidad de superficie mayor que 150 kg/m^2.

4. En los cuartos húmedos en los que la instalación de evacuación de aguas esté descolgada del forjado, debe instalarse un techo suspendido con un material absorbente acústico en la cámara.

5. La velocidad de circulación del agua se limitará a 1 m/s en las tuberías de calefacción y los radiadores de las viviendas.

6. La grifería situada dentro de los recintos habitables será de Grupo II como mínimo, según la clasificación de UNE - EN 200.

7. Se evitará el uso de cisternas elevadas de descarga a través de tuberías y de grifos de llenado de cisternas de descarga al aire.

8. Las bañeras y los platos de ducha deben montarse interponiendo elementos elásticos en todos sus apoyos en la estructura del edificio: suelos y paredes. Los sistemas de hidromasaje deberán montarse mediante elementos de suspensión elástica amortiguada.

9. No deben apoyarse los radiadores en el pavimento y fijarse a la pared simultáneamente, salvo que la pared esté apoyada en el suelo flotante.

3.3.3.2 Aire acondicionado

1. Los conductos de aire acondicionado deben ser absorbentes acústicos cuando la instalación lo requiera y deben utilizarse silenciadores específicos.

2. Se evitará el paso de las vibraciones de los conductos a los elementos constructivos mediante sistemas antivibratorios, tales como abrazaderas, manguitos y suspensiones elásticas.

[...]

IT 1.2. Exigencia de eficiencia energética, energías renovables y energías residuales

IT 1.2.1 Ámbito de aplicación

El ámbito de aplicación de esta sección es el que se establece con carácter general para el RITE, en su artículo 2, con las limitaciones que se fijan en este apartado.

IT 1.2.2 Procedimiento de verificación

Para la correcta aplicación de esta exigencia en el diseño y dimensionado de la instalación térmica se optará por uno de los dos procedimientos de verificación siguientes:

1. Procedimiento simplificado: consistirá en la adopción de soluciones basadas en la limitación indirecta del consumo de energía de la instalación térmica mediante el cumplimiento de los valores límite y soluciones especificadas en esta sección, para cada sistema o subsistema diseñado. Su cumplimiento asegura la superación de la exigencia de eficiencia energética.

   Para ello debe seguirse la secuencia de verificaciones siguiente:

   a. Cumplimiento de la exigencia de eficiencia energética en la generación de calor y frío de la IT 1.2.4.1.

   b. Cumplimiento de la exigencia de eficiencia energética en las redes de tuberías y conductos de calor y frío de la IT 1.2.4.2.

   c. Cumplimiento de la exigencia de eficiencia energética de control de las instalaciones térmicas de la IT 1.2.4.3.

   d. Cumplimiento de la exigencia de contabilización de consumos de la IT 1.2.4.4.

   e. Cumplimiento de la exigencia de recuperación de energía de la IT 1.2.4.5.

   f. Cumplimiento de la exigencia de utilización de energías renovables y aprovechamiento de energías residuales de la IT 1.2.4.6.

   g. Cumplimiento de la exigencia de limitación de la utilización de energía convencional de la IT 1.2.4.7.

   h. Cumplimiento de la exigencia de evaluación de la eficiencia energética general del sistema de climatización y agua caliente sanitaria de la IT 1.2.4.8

2. Procedimiento alternativo: consistirá en la adopción de soluciones alternativas, entendidas como aquellas que se apartan parcial o totalmente de las propuestas de esta sección, basadas en la limitación directa del consumo energético de la instalación térmica diseñada.

Se podrán adoptar soluciones alternativas, siempre que se justifique documentalmente que la instalación térmica proyectada satisface las exigencias técnicas de esta sección porque sus prestaciones son, al menos, equivalentes a las que se obtendrían por la aplicación directa del procedimiento simplificado.

Para ello se evaluará el consumo energético de la instalación térmica completa o del subsistema en cuestión, mediante la utilización de un método de cálculo y su comparación con el consumo energético de una instalación térmica que cumpla con las exigencias del procedimiento simplificado.

El cumplimiento de las exigencias mínimas se producirá cuando el consumo de energía primaria y las emisiones de dióxido de carbono de la instalación evaluada, considerando todos sus sistemas auxiliares, sea inferior o igual que la de la instalación que cumpla con las exigencias del procedimiento simplificado.

Los coeficientes de paso de la producción de emisiones de dióxido de carbono y de consumo de energía primaria que se utilicen en la elaboración de dichas comparativas serán los publicados como documento reconocido, en el registro general de documentos reconocidos del RITE, en la sede electrónica del Ministerio para la Transición Ecológica y el Reto Demográfico.

IT 1.2.3 Documentación justificativa

1. El proyecto o memoria técnica contendrá la siguiente documentación del cumplimiento de esta exigencia de eficiencia energética, de acuerdo con el procedimiento simplificado o alternativo elegido:

    a. Justificación del cumplimiento de la exigencia de eficiencia energética en la generación de calor y frío de la IT 1.2.4.1.

    b. Justificación del cumplimiento de la exigencia de eficiencia energética en las redes de tuberías y conductos de calor y frío de la IT 1.2.4.2.

    c. Justificación del cumplimiento de la exigencia eficiencia energética de control de las instalaciones térmicas de la IT 1.2.4.3.

    d. Justificación del cumplimiento de la exigencia de contabilización de consumos de la IT 1. 2.4.4.

    e. Justificación del cumplimiento de la exigencia de recuperación de energía de la IT 1.2.4.5.

    f. Justificación del cumplimiento de la exigencia de utilización de energías renovables y aprovechamiento de energías residuales de la IT 1.2.4.6., incluyendo, en su caso, justificación de que la incorporación del sistema de generación auxiliar convencional a los depósitos de acumulación de la instalación renovable no supone una disminución del aprovechamiento de los recursos renovables.

    g. Justificación del cumplimiento de la exigencia de limitación de la utilización de energía convencional de la IT 1.2.4.7.

    h. Justificación del cumplimiento de la exigencia de evaluación de la eficiencia energética general del sistema de climatización y agua caliente sanitaria de la IT 1.2.4.8

2. El proyecto de una instalación térmica deberá incluir una estimación del consumo de energía mensual y anual expresado en energía primaria y emisiones de dióxido de carbono. En el caso de una memoria técnica será suficiente con una estimación anual. La estimación deberá realizarse mediante un método que la buena práctica haya contrastado. Se indicará el método adoptado y las fuentes de energía convencional, renovable y residual utilizadas.

3. El proyecto o memoria técnica incluirá una lista de los equipos consumidores de energía y de sus potencias.

4. En el proyecto o memoria técnica se justificará el sistema de climatización y de producción de agua caliente sanitaria elegido desde el punto de vista de la eficiencia energética.

5. En el proyecto o memoria técnica, antes de que se inicie la construcción de edificios nuevos, se ha de tener en cuenta la viabilidad técnica, medioambiental y económica de las instalaciones alternativas de alta eficiencia, siempre que estén disponibles. Igualmente, se tendrá en cuenta el aprovechamiento de energía residual, así como, en su caso, la utilización de energías renovables.

En el caso de los edificios sujetos a reformas, se propondrán instalaciones alternativas de alta eficiencia, siempre que ello sea técnica, funcional y económicamente viable y siempre que se cumplan los requisitos de condiciones climáticas interiores saludables, la seguridad contra incendios y los riesgos relacionados con una intensa actividad sísmica. En su caso, se propondrá el remplazo de equipos alimentados por combustibles fósiles por otros que aprovechen la energía residual o que utilicen energías renovables.

6. En los edificios nuevos que dispongan de una instalación térmica de las incluidas en el artículo 15.1, apartado a), la justificación anterior incluirá la comparación del sistema de producción de energía elegido con otros alternativos.

En este análisis se deberán considerar y tener en cuenta aquellos sistemas que sean viables técnica, medioambiental y económicamente, en función del clima y de las características específicas del edificio y su entorno, como:

    a. Sistemas de producción de energía, basados en energías renovables.

    b. La cogeneración, en los edificios de servicios en los que se prevea una actividad ocupacional y funcional superior a las 4.000 horas al año, y cuya previsión de consumo energético tenga una relación estable entre la energía térmica (calor y frío) y la energía eléctrica consumida a lo largo de todo el periodo de ocupación.

c. La conexión a una red de calefacción o refrigeración urbana cuando esta exista previamente.

d. La calefacción y refrigeración centralizada.

e. Las bombas de calor.

f. Las instalaciones de climatización y agua caliente sanitaria pasivas.

7. Los resultados de la evaluación de la eficiencia energética general según la IT 1.2.4.8 se han de incluir en el proyecto o memoria técnica y se facilitarán al propietario del edificio.

8. Cuando se deban comparar sistemas alternativos de producción frigorífica, es aceptable el cálculo del impacto total de calentamiento equivalente (TEWI), de acuerdo al método propuesto en el anexo B de la parte 1 de la norma UNE - EN 378

UNE - EN 378-1 Sistemas de refrigeración y bombas de calor Requisitos de seguridad y medioambientales

[…]

Anexo B

Impacto total por efecto invernadero (Tewi, *Total equivalent warming impact*)

El TEWI es un procedimiento para evaluar el efecto invernadero producido durante la vida de funcionamiento de un sistema de refrigeración, englobando la contribución directa de las emisiones de refrigerante a la atmósfera con la contribución indirecta de las emisiones de dióxido de carbono resultantes del consumo energético del sistema de refrigeración durante su periodo de vida útil.

El TEWI ha sido concebido para determinar la contribución total al efecto invernadero del sistema de refrigeración utilizado. Cuantifica el efecto invernadero directo del refrigerante emitido, si es emitido, y la contribución indirecta de la energía requerida para que el equipo trabaje durante su vida útil normal. Es válido únicamente para comparar sistemas alternativos u opciones de refrigerantes para una aplicación concreta y en un lugar dado.

Para un sistema determinado, el TEWI incluye:

– el impacto directo sobre el efecto invernadero bajo ciertas condiciones de pérdida de refrigerante;

- el impacto directo sobre el efecto invernadero de los gases de efecto invernadero emitidos por el aislamiento u otros componentes, si procede;

- el impacto indirecto sobre el efecto invernadero por el CO_2 emitido durante la generación de la energía consumida para hacer funcional el sistema.

Figura B.1 *Sistema de refrigeración*

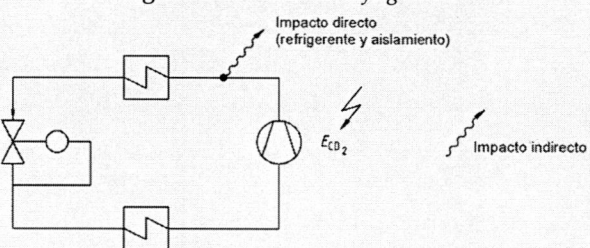

Es posible identificar el procedimiento más efectivo para reducir el impacto real del efecto invernadero de un sistema de refrigeración mediante la aplicación del TEWI. Las principales opciones son:

- diseño/elección del sistema de refrigeración y refrigerante más adecuados para hacer frente a la demanda de una aplicación frigorífica específica;

- optimización del sistema para obtener la mayor eficiencia energética (la mejor combinación y disposición de los componentes y sistemas utilizados para reducir el consumo de energía);

- mantenimiento apropiado para conseguir una eficiencia energética óptima evitando las fugas de refrigerante (por ejemplo, todos los sistemas se mejorarán con un mantenimiento y manejo correctos);

- recuperación y reciclaje/regeneración del refrigerante usado;

- recuperación y reciclaje/regeneración del aislamiento utilizado.

IT 1.2.4 Caracterización y cuantificación de la exigencia de eficiencia energética

IT 1.2.4.1 Generación de calor y frío

IT 1.2.4.1.1 Criterios generales

1. Los equipos de generación térmica cumplirán los requisitos establecidos en los reglamentos europeos de diseño ecológico vigentes que les sean de aplicación. Estos requisitos afectan a los siguientes equipos de generación de calor y frío:

a. Acondicionadores de aire.

b. Aparatos de calefacción, calefactores combinados, equipos combinados de aparato de calefacción, control de temperatura y dispositivo solar y equipos combinados de calefactor combinado, control de temperatura y dispositivo solar.

c. Calentadores de agua, depósitos de agua caliente y equipos combinados de calentador de agua y dispositivo solar.

d. Aparatos de calefacción local, aparatos de calefacción local de combustible sólido y calderas de combustible sólido.

e. Productos de calentamiento de aire, productos de refrigeración y las enfriadoras de procesos de alta temperatura.

Asimismo, cualquier equipo de generación y calor y frío no incluido entre los anteriores y cuyos reglamentos específicos de diseño ecológico se desarrollen con posterioridad a la entrada en vigor de este reglamento han de cumplir con los requisitos establecidos a nivel europeo.

Los equipos de potencias superiores a las máximas establecidas en cada reglamento cumplirán al menos los requisitos de eficiencia energética correspondientes a las máximas potencias reglamentadas.

En el proyecto o memoria técnica se indicarán las prestaciones energéticas de los equipos de generación de calor y frío seleccionados en el rango de potencias en las que van a trabajar en la instalación. En aquellos casos en que los equipos dispongan de etiquetado energético se indicará su clase.

2. La potencia que suministren las unidades de producción de calor o frío se ajustará a la demanda máxima simultánea de las instalaciones servidas, considerando las ganancias o pérdidas de calor a través de las redes de tuberías de los fluidos portadores, así como el equivalente térmico de la potencia absorbida por los equipos de transporte de los fluidos.

3. Con objeto de mejorar la eficiencia energética de los generadores, ajustar la potencia a la demanda térmica real y reducir la potencia de diseño en proyecto, para fijar la potencia que suministren las unidades de producción de calor o frío se ha de tener en cuenta:

a. Para el cálculo de las cargas térmicas máximas de invierno, las temperaturas secas a considerar son las correspondientes a un percentil del 99 % para todos los tipos de edificios y espacios acondicionados (TS 99 %).

b. Para el cálculo de las cargas térmicas máximas de verano, las temperaturas seca y húmeda coincidente a considerar son las correspondientes a un percentil del 1 % para todos los tipos de edificios y espacios acondicionados (TS 1 %).

Como excepción y siempre que se justifique en el proyecto o memoria técnica, para edificios con usos especiales, como hospitales, museos, etc., se ha de tener en cuenta:

a. Para el cálculo de las cargas térmicas máximas de invierno, las temperaturas secas a considerar son las correspondientes a un percentil del 99,6 % (TS 99,6 %).

b. Para el cálculo de las cargas térmicas máximas de verano, las temperaturas seca y húmeda coincidente a considerar son las correspondientes a un percentil del 0,4 % (TS 0,4 %).

4. En el procedimiento de análisis se estudiarán las distintas demandas al variar la hora del día y el mes del año, para hallar la demanda máxima simultánea, así como las demandas parciales y la mínima, con el fin de facilitar la selección del tipo y número de generadores.

5. Los generadores centrales se conectarán hidráulicamente en paralelo y se deben poder independizar entre sí. En casos excepcionales, que deben justificarse, los generadores de agua refrigerada podrán conectarse hidráulicamente en serie.

6. El caudal del fluido portador en los generadores podrá variar para adaptarse a la carga térmica instantánea, entre los límites mínimo y máximo establecidos por el fabricante.

7. Cuando se interrumpa el funcionamiento de un generador, deberá interrumpirse también el funcionamiento de los equipos accesorios directamente relacionados con el mismo, salvo aquellos que, por razones de seguridad o explotación, lo requiriesen.

8. Los equipos que formen parte de la interconexión del edificio con redes urbanas de calefacción o refrigeración tendrán la consideración de generadores de calor o frío según les corresponda. La potencia a considerar a tales efectos será la potencia del sistema de intercambio de calor y frío, respectivamente.

9. Las temperaturas de generación deberán aumentarse en refrigeración y disminuirse en calefacción, cuando las demandas sean inferiores a las de diseño (medidas por demanda o por temperatura exterior).

IT 1.2.4.1.2 Generación de calor

IT 1.2.4.1.2.1 Requisitos mínimos de rendimientos energéticos de los generadores de calor

1. Los requisitos mínimos serán los establecidos según el apartado 1 de la IT 1.2.4.1.1 Criterios generales.

En el proyecto o memoria técnica se indicarán las prestaciones energéticas de los generadores de calor. Además, deberá indicarse la información que aparece en la ficha de producto, exigida por los reglamentos de etiquetado energético que apliquen a cada tipo de generador de calor.

2. Quedan excluidos de cumplir con los requisitos mínimos del punto 1 las calderas y aparatos de calefacción local alimentadas por combustibles cuya naturaleza corresponda a recuperaciones de efluentes, subproductos o residuos, biomasa no leñosa, gases residuales, y siempre que las emisiones producidas por los gases de combustión cumplan la normativa ambiental aplicable.

   En el caso de que se utilice como combustible huesos de aceituna o cáscaras de frutos secos, el rendimiento mínimo exigido será del 80 % a plena carga, salvo para aparatos de calefacción local cerrados y cocinas, que será del 65 %. En estos casos, solo se deberá indicar el rendimiento instantáneo de la caldera o aparato de calefacción local para el 100 % de la potencia útil nominal, para uno de los biocombustibles sólidos anteriores que se prevé se utilizará en su alimentación o, en su caso, la mezcla de biocombustibles.

   Solo se podrán usar esos materiales (huesos de aceituna o cáscaras) u otros similares de la industria agroalimentaria si proceden de tratamientos mecánicos en dicha industria que no alteren su composición y si la combustión se lleva a cabo mediante métodos que no dañen la salud humana y el medio ambiente.

3. Queda prohibida la instalación de calderas y calentadores a gas, en ambós casos de hasta 70 kW y de tipo B de acuerdo con las definiciones dadas en la norma UNE-EN 1749:2021, salvo si se sitúan en locales que cumplen los requisitos establecidos para las salas de máquinas, o en el caso de calentadores si se sitúan en una zona exterior definida de acuerdo con la norma UNE 60670-6:2014. Esta prohibición no afecta a los aparatos tipo B3x.

4. El control del sistema se basará en la sonda exterior de compensación de temperatura o termostato modulante, de forma que modifique la temperatura de ida a emisores adaptándolos a la demanda.

5. Los emisores de calefacción deberán estar calculados para una temperatura máxima de entrada al emisor de 60 °C.

6. Las bombas de calor deberán cumplir, además, los siguientes requisitos:

   a. La temperatura del agua a la salida de las plantas deberá ser mantenida constante al variar la carga, salvo excepciones que se justificarán.

b. Se procurará que la potencia máxima en los equipos se obtenga con el salto máximo de temperaturas de entrada y salida establecido por el fabricante, de modo que el caudal del fluido caloportador sea mínimo para dicha potencia máxima. Esta situación se puede mantener en carga parcial si se disponen de bombas de caudal variable que permitan regular el caudal para el salto térmico.

IT 1.2.4.1.2.2 Fraccionamiento de potencia

1. Se dispondrán los generadores necesarios en número, potencia y tipos adecuados, según el perfil de la carga térmica prevista.

2. Las centrales de producción de calor equipadas con generadores que utilicen combustible líquido o gaseoso, cumplirán con estos requisitos:

    a. Si la potencia útil nominal a instalar es mayor que 400 kW se instalarán dos o más generadores.

    b. Si la potencia útil nominal a instalar es igual o menor que 400 kW y la instalación suministra servicio de calefacción y de agua caliente sanitaria, se podrá emplear un único generador siempre que la potencia demandada por el servicio de agua caliente sanitaria sea igual o mayor que la del escalón de potencia mínimo.

3. Se podrán adoptar soluciones distintas a las establecidas en el apartado 2 de esta IT, siempre que se justifique técnicamente que la solución propuesta es al menos equivalente desde el punto de vista de la eficiencia energética y de acuerdo con lo establecido en el apartado 2.b) del artículo 14 de este reglamento. En las reformas el número de calderas puede estar limitado por el espacio disponible en cuyo caso se seleccionarán los equipos que mejor se adecuen a las diferentes demandas, por ejemplo calderas de condensación con quemadores modulantes, etc.

4. Quedan excluidos de cumplir con los requisitos establecidos en el apartado 2 de esta IT, los generadores de calor alimentados por combustibles cuya naturaleza corresponda a recuperaciones de efluentes, subproductos o residuos, como biomasa, gases residuales y cuya combustión no se vea afectada por limitaciones relativas al impacto ambiental.

5. Los generadores a gas de tipo modular se considerarán como un único generador, salvo cuando dispongan de un sistema automático que independice el circuito hidráulico, de tal forma que se consiga la parcialización del conjunto.

6. Las bombas de calor reversibles de expansión directa se considerarán como un generador único cuando consten de una sola unidad exterior y una o varias unidades interiores.

7. En el caso de enfriadoras/bombas de calor reversibles para producción de agua fría/caliente, se considerará un generador único aquel

que cumpla los dos requisitos siguientes: que conste de una sola acometida eléctrica y disponga de un evaporador no conectado hidráulicamente con ningún otro equipo de producción.

IT 1.2.4.1.2.3 Regulación de quemadores

La regulación de los quemadores alimentados por combustible gaseoso
será siempre modulante.

Para el caso de quemadores alimentados por combustibles líquidos con
potencia igual o inferior a 70 kW, siempre que esté debidamente justificado en el proyecto o memoria técnica, la regulación podrá ser de una o dos
marchas, debiendo ser modulantes para potencias superiores.

IT 1.2.4.1.2.4 Preparación de agua caliente para usos sanitarios

1. Para el dimensionamiento de las instalaciones de agua caliente sanitaria, se tendrá en cuenta lo establecido en:

   a. La sección HE4, así como cualquier otra sección o anejo del Documento Básico HE Ahorro de Energía del Código Técnico de la Edificación donde se regule la demanda de agua caliente sanitaria.

   b. La sección HS 4, Suministro de Agua del Código Técnico de la
   Edificación.

   c. La norma UNE - EN 12831-3.

2. Los calentadores y depósitos de agua caliente sanitaria cumplirán
con los límites de eficiencia energética en % y de pérdidas máximas
de los depósitos en kWh/año, establecidas en el reglamento de diseño ecológico aplicable o la normativa que lo sustituya.

3. En el caso de incorporación de sistemas de generación auxiliar convencional a los depósitos de acumulación de la instalación renovable,
estos no deben suponer una disminución del aprovechamiento de los
recursos renovables, hecho que deberá quedar justificado en el proyecto o memoria técnica en su caso según el apartado f) de la IT 1.2.3.

IT 1.2.4.1.3 Generación de frío

IT 1.2.4.1.3.1 Requisitos mínimos de eficiencia energética de los generadores de frío

1. Los requisitos mínimos serán los establecidos según el apartado 1 de
la IT 1.2.4.1.1 Criterios generales.

   Se indicarán los coeficientes EER y COP individual de cada equipo al
   variar la demanda desde el máximo hasta el límite inferior de parcialización, en las condiciones previstas de diseño, así como el de la
   central con la estrategia de funcionamiento elegida. Además, deberá
   indicarse la información que aparece en la ficha de producto, exigida
   por los reglamentos de etiquetado energético que se apliquen a cada
   tipo de generador de frío.

2. La temperatura del agua refrigerada a la salida de las plantas deberá mantenerse constante al variar la demanda, salvo excepciones que se justificarán.

3. El salto de temperatura será una función creciente de la potencia del generador o generadores, hasta el límite establecido por el fabricante, con el fin de ahorrar potencia de bombeo, salvo excepciones que se justificarán.

IT 1.2.4.1.3.2 Escalonamiento de potencia en centrales de generación de frío

1. Las centrales de generación de frío deben diseñarse con un número de escalones tal que se cubra la variación de la demanda del sistema con una eficiencia próxima a la máxima que ofrecen los generadores elegidos.

2. La parcialización de la potencia suministrada deberá obtenerse preferiblemente con continuidad y para instalaciones de potencia útil nominal superior a 70 kW, como mínimo con 4 escalonamientos de la central siendo el mínimo como máximo del 25 %. Para instalaciones con potencias inferiores la parcialización de la potencia suministrada deberá obtenerse, como mínimo, escalonadamente. Quedan excluidas de estos requerimientos las centrales de generación con máquinas geotérmicas, salvo las que tengan una potencia útil nominal superior a 70 kW, que deberán tener al menos 2 escalones de potencia.

3. Para instalaciones de potencia útil nominal superior a 70 kW, si el límite inferior de la demanda pudiese ser menor que el límite inferior de parcialización de una máquina, se debe instalar un sistema diseñado para cubrir esa demanda durante su tiempo de duración a lo largo de un día. El mismo sistema se empleará para limitar la punta de la demanda máxima diaria.

4. A este requisito están sometidos también los equipos frigoríficos reversibles cuando funcionen en régimen de bomba de calor.

IT 1.2.4.1.3.3 Maquinaria frigorífica enfriada por aire

1. Los condensadores de la maquinaria frigorífica enfriada por aire se dimensionarán para una temperatura seca exterior igual a la del nivel percentil más exigente más 3 °C.

2. La maquinaria frigorífica enfriada por aire estará dotada de un sistema de control de la presión de condensación, salvo cuando se tenga la seguridad de que nunca funcionará con temperaturas exteriores menores que el límite mínimo que indique el fabricante.

3. Cuando las máquinas sean reversibles, la temperatura mínima de diseño será la húmeda del nivel percentil más exigente menos 2 °C.

IT 1.2.4.1.3.4 Maquinaria frigorífica enfriada por agua o condensador evaporativo

1. Las torres de refrigeración y los condensadores evaporativos se dimensionarán para el valor de la temperatura húmeda que corresponde al nivel percentil más exigente más 1 °C.

2. Se seleccionará el diferencial de acercamiento y el salto de temperatura del agua para optimizar el dimensionamiento de los equipos, considerando la incidencia de tales parámetros en el consumo energético del sistema.

3. Al disminuir la temperatura de bulbo húmedo y/o la carga térmica se hará disminuir el nivel térmico del agua de condensación hasta el valor mínimo recomendado por el fabricante del equipo frigorífico, variando la velocidad de rotación de los ventiladores, por escalones o con continuidad, o el número de los mismos en funcionamiento.

4. El agua del circuito de condensación se protegerá de manera adecuada contra las heladas.

5. Las torres de refrigeración y los condensadores evaporativos se seleccionarán con ventiladores de bajo consumo, preferentemente de tiro inducido.

6. Se recomienda diseñar un desacoplamiento hidráulico entre los equipos refrigeradores del agua de condensación y los condensadores de las máquinas frigoríficas.

7. Las torres de refrigeración y los condensadores evaporativos cumplirán con la legislación vigente higiénico-sanitaria para la prevención y control de la legionelosis. Complementariamente y siempre que no contradiga a la legislación vigente en la materia, cumplirán con lo dispuesto en el apartado 6.5.1 de la norma UNE 100030, en lo que se refiere a la distancia a tomas de aire y ventanas.

IT 1.2.4.2 Redes de tuberías y conductos

IT 1.2.4.2.1 Aislamiento térmico de redes de tuberías

IT 1.2.4.2.1.1 Generalidades

1. Todas las tuberías y accesorios, así como equipos, aparatos y depósitos de las instalaciones térmicas dispondrán de un aislamiento térmico cuando contengan:

   a) fluidos refrigerados con temperatura menor que la temperatura del ambiente del local por el que discurran;

   b) fluidos con temperatura mayor que 40 °C cuando estén instalados en locales no calefactados, entre los que se deben considerar pasillos, galerías, patinillos, aparcamientos, salas de máquinas, falsos techos y suelos técnicos, entendiendo excluidas las tuberías de torres de refrigeración y las tuberías de descarga de compresores frigoríficos, salvo cuando estén al alcance de las personas.

2. Cuando las tuberías o los equipos estén instalados en el exterior del edificio, la terminación final del aislamiento deberá poseer la protección suficiente contra la intemperie. En la realización de la estanquidad de las juntas se evitará el paso del agua de lluvia.

3. Los equipos y componentes y tuberías, que se suministren aislados de fábrica, deben cumplir con su normativa específica en materia de aislamiento o la que determine el fabricante. En particular, todas las superficies frías de los equipos frigoríficos estarán aisladas térmicamente con el espesor determinado por el fabricante.

4. Para evitar la congelación del agua en tuberías expuestas a temperaturas del aire menores que la de cambio de estado se podrá recurrir a estas técnicas: empleo de una mezcla de agua con anticongelante, circulación del fluido o aislamiento de la tubería calculado de acuerdo a la norma UNE - EN ISO 12241, apartado 6. También se podrá recurrir al calentamiento directo del fluido incluso mediante *traceado* de la tubería excepto en los subsistemas solares.

5. Para evitar condensaciones intersticiales se instalará una adecuada barrera al paso del vapor; la resistencia total será mayor que 50 MPa. m².s/g. Se considera válido el cálculo realizado siguiendo el procedimiento indicado en el apartado 4.3 de la norma UNE - EN ISO 12241.

6. En toda instalación térmica por la que circulen fluidos no sujetos a cambio de estado, en general las que el fluido caloportador es agua, las pérdidas térmicas globales por el conjunto de conducciones no superarán el 4 % de la potencia máxima que transporta.

7. Para el cálculo del espesor mínimo de aislamiento se podrá optar por el procedimiento simplificado o por el alternativo. Para instalaciones de más de 70 kW debe utilizarse el método alternativo. En ningún caso, el espesor mínimo debe ser menor al especificado en las tablas de la IT 1.2.4.2.1.2.

IT 1.2.4.2.1.2 Procedimiento simplificado

1. En el procedimiento simplificado los espesores mínimos de aislamientos térmicos, expresados en mm, en función del diámetro exterior de la tubería sin aislar y de la temperatura del fluido en la red y para un material con conductividad térmica de referencia a 10 °C de 0,040 W/ (m.K) deben ser los indicados en las siguientes tablas 1.2.4.2.1 a 1.2.4.2.5.

2. Los espesores mínimos de aislamiento de equipos, aparatos y depósitos deben ser iguales o mayores que los indicados en las tablas anteriores para las tuberías de diámetro exterior mayor que 140 mm.

3. Los espesores mínimos de aislamiento de las redes de tuberías que tengan un funcionamiento continuo, como redes de agua caliente sanitaria, deben ser los indicados en las tablas anteriores aumentados en 5 mm, tal y como se refleja en la tabla 1.2.4.2.

Tabla 1.2.4.2 *Espesores mínimos de aislamiento (mm) de tuberías y accesorios que transportan ACS que discurren por el interior y el exterior de los edificios*

Diámetro exterior (mm)	Aislamiento de tuberías para ACS	
	Interior	Exterior
D ≤ 35	30	40
35 < D ≤ 60	35	45
60 < D ≤ 90	35	45
90 < D ≤ 140	45	55
140 < D	45	55

4. Los espesores mínimos de aislamiento de las redes de tuberías que conduzcan, alternativamente, fluidos calientes y fríos serán los obtenidos para las condiciones de trabajo más exigentes.

5. Los espesores mínimos de aislamiento de las redes de tuberías de retorno de agua serán los mismos que los de las redes de tuberías de impulsión.

6. Los espesores mínimos de aislamiento de los accesorios de la red, como válvulas, filtros, etc., serán los mismos que los de la tubería en que estén instalados.

7. El espesor mínimo de aislamiento de las tuberías de diámetro exterior menor o igual que 25 mm y de longitud menor que 10 m, contada a partir de la conexión a la red general de tuberías hasta la unidad terminal, y que estén empotradas en tabiques y suelos o instaladas en canaletas interiores, será de 10 mm, evitando, en cualquier caso, la formación de condensaciones.

En las conexiones de equipos de refrigeración doméstico o equipos de energía solar, espacios reducidos de curvas y juntas se permitirá una reducción de 10 mm sobre los espesores mínimos.

8. Cuando se utilicen materiales de conductividad térmica distinta a λref = 0,04 W/(m.K) a 10 °C, se considera válida la determinación del espesor mínimo aplicando las siguientes ecuaciones:

para superficies planas:

$$d = d_{ref} \frac{\lambda}{\lambda_{ref}}$$

para superficies de sección circular:

$$d = \frac{D}{2}\left[EXP\left(\frac{\lambda}{\lambda_{ref}} 1n \frac{D + 2d_{ref}}{D}\right) - 1\right]$$

donde:

λ_{ref}: conductividad térmica de referencia, igual a 0,04 W/(m.K) a 10 °C.

λ: conductividad térmica del material empleado, en W/(m.K).

d_{ref}: espesor mínimo de referencia, en mm.

d: espesor mínimo del material empleado, en mm.

D: diámetro interior del material aislante, coincidente con el diámetro exterior de la tubería, en mm.

ln: logaritmo neperiano (base 2,7183...).

EXP: significa el número neperiano elevado a la expresión entre paréntesis.

Tabla 1.2.4.2.1 *Espesores mínimos de aislamiento (mm) de tuberías y accesorios que transportan fluidos calientes que discurren por el interior de edificios*

Diámetro exterior (mm)	Temperatura máxima del fluido (°C)		
	40...60	> 60...100	>100...180
D ≤ 35	25	25	30
35 < D ≤ 60	30	30	40
60 < D ≤ 90	30	30	40
90 < D ≤ 140	30	40	50
140 < D	35	40	50

Tabla 1.2.4.2.2 *Espesores mínimos de aislamiento (mm) de tuberías y accesorios que transportan fluidos calientes que discurren por el exterior de edificios*

Diámetro exterior (mm)	Temperatura máxima del fluido (°C)		
	40...60	> 60...100	>100...180
D ≤ 35	35	35	40
35 < D ≤ 60	40	40	50
60 < D ≤ 90	40	40	50
90 < D ≤ 140	40	50	60
140 < D	45	50	60

Tabla 1.2.4.2.3 *Espesores mínimos de aislamiento (mm) de tuberías y accesorios que transportan fluidos fríos que discurren por el interior de edificios*

Diámetro exterior (mm)	Temperatura mínima del fluido (°C)		
	> - 10 ... 0	> 0 ... 10	> 10
D ≤ 35	30	25	20
35 < D ≤ 60	40	30	20
60 < D ≤ 90	40	30	30
90 < D ≤ 140	50	40	30
140 < D	50	40	30

Tabla 1.2.4.2.4 *Espesores mínimos de aislamiento (mm) de tuberías y accesorios que transportan fluidos fríos que discurren por el exterior de edificios*

Diámetro exterior (mm)	Temperatura mínima del fluido (°C)		
	> - 10 ... 0	> 0 ... 10	> 10
D ≤ 35	50	45	40
35 < D≤ 60	60	50	40
60 < D≤ 90	60	50	50
90 < D ≤ 140	70	60	50
140 < D	70	60	50

Tabla 1.2.4.2.5 *Espesores mínimos de aislamiento (mm) de circuitos frigoríficos para climatización * en función del recorrido de las tuberías*

Diámetro exterior (mm)	Interior edificios (mm)	Exterior edificios (mm)
D ≤ 13	10	15
13 < D < 26	15	20
26 < D < 35	20	25
35 < D < 90	30	40
D>90	40	50

* Excluidos los procesos de frío industrial.

Si el recorrido exterior de la tubería es superior a 25 m, se deberá aumentar estos espesores al espesor comercial inmediatamente superior, con un aumento en ningún caso inferior a 5 mm.

9. En cualquier caso se evitará la formación de condensaciones superficiales e intersticiales en instalaciones de frío y redes de agua fría sanitaria.

IT 1.2.4.2.1.3 Procedimiento alternativo

1. El método de cálculo elegido para justificar el cumplimiento de esta opción tendrá en consideración los siguientes factores:

   a. El diámetro exterior de la tubería.

   b. La temperatura del fluido, máxima o mínima.

   c. Las condiciones del ambiente donde está instalada la tubería, como temperatura seca, mínima o máxima respectivamente, la velocidad media del aire y, en el caso de fluidos fríos, la temperatura de rocío y la radiación solar.

   d. La conductividad térmica del material aislante que se pretende emplear a la temperatura media de funcionamiento del fluido.

   e. El coeficiente superficial exterior, convectivo y radiante, de transmisión de calor, considerando la emitancia del acabado y la velocidad media del aire.

   f. La situación de las superficies, vertical u horizontal.

   g. La resistencia térmica del material de la tubería.

2. El método de cálculo se podrá formalizar a través de un programa informático siguiendo los criterios indicados en la norma UNE - EN ISO 12241.

3. El estudio justificará documentalmente, por cada diámetro de la tubería, el espesor empleado del material aislante elegido, las pérdidas o ganancias de calor, las pérdidas o ganancias de las tuberías sin aislar, la temperatura superficial, y las pérdidas totales de la red.

IT 1.2.4.2.2 Aislamiento térmico de redes de conductos

1. Los conductos y accesorios de la red de impulsión de aire dispondrán de un aislamiento térmico suficiente para que la pérdida de calor no sea mayor que el 4 % de la potencia que transportan y siempre que sea suficiente para evitar condensaciones.

2. Cuando la potencia útil nominal a instalar de generación de calor o frío sea menor o igual que 70 kW son válidos los espesores mínimos de aislamiento para conductos y accesorios de la red de impulsión de aire que se indican:

   a) Para un material con conductividad térmica de referencia a 10 °C de 0,040 W/(m.K), serán los siguientes:

      I. En interiores 30 mm.

      II. En exteriores 50 mm.

b) Para materiales de conductividad térmica distinta de la anterior, se considera válida la determinación del espesor mínimo aplicando las ecuaciones del apartado 1.2.4.2.1.2.

c) El espesor mínimo de aislamiento de ramales finales de conductos de longitud menor de 5 metros se podrá reducir a 13 mm si existe impedimento físico demostrable de espacio.

Para potencias mayores que 70 kW deberá justificarse documentalmente que las pérdidas no son mayores que las obtenidas con los espesores indicados anteriormente.

3. Las redes de retorno se aislarán cuando discurran por el exterior del edificio y, en interiores, cuando el aire esté a temperatura menor que la de rocío del ambiente o cuando el conducto pase a través de locales no acondicionados.

4. A efectos de aislamiento térmico, los aparcamientos se equipararán al ambiente exterior.

5. Los conductos de tomas de aire exterior se aislarán con el nivel necesario para evitar la formación de condensaciones.

6. Cuando los conductos estén instalados al exterior, la terminación final del aislamiento deberá poseer la protección suficiente contra la intemperie. Se prestará especial cuidado en la realización de la estanquidad de las juntas al paso del agua de lluvia.

7. Los componentes que vengan aislados de fábrica tendrán el nivel de aislamiento indicado por la respectiva normativa o determinado por el fabricante.

IT 1.2.4.2.3 Estanquidad de redes de conductos

1. La estanquidad de la red de conductos se determinará mediante la siguiente ecuación:

$$f = c \cdot p^{0,65}$$

en la que:

f representa las fugas de aire, en $dm^3/(s.m^2)$

p es la presión estática, en Pa

c es un coeficiente que define la clase de estanquidad

2. Se definen las siguientes cuatro clases de estanquidad:

Tabla 2.4.2.6 *Clases de estanquidad*

Clase	Coeficiente c
ATC 7	No clasificada
ATC 6	0,0675
ATC 5	0,027
ATC 4	0,009
ATC 3	0,003
ATC 2	0,001
ATC 1	0,00033

3. Las redes de conductos tendrán una estanquidad correspondiente a la clase ATC 4 o superior, según la aplicación.

IT 1.2.4.2.4 Caídas de presión en componentes

1. Las caídas de presión máximas admisibles serán las siguientes:

   Baterías de calentamiento: 40 Pa.

   Baterías de refrigeración en seco: 60 Pa.

   Baterías de refrigeración y deshumectación: 120 Pa.

   Atenuadores acústicos: 60 Pa.

   Unidades terminales de aire: 40 Pa.

   Rejillas de retorno de aire: 20 Pa.

   Al ser algunas de las caídas de presión función de las prestaciones del componente, se podrán superar esos valores.

2. Las baterías de refrigeración y deshumectación deben ser diseñadas con una velocidad frontal tal que no origine arrastre de gotas de agua. Se prohíbe el uso de separadores de gotas, salvo en casos especiales que deben justificarse.

IT 1.2.4.2.5 Eficiencia energética de los equipos para el transporte de fluidos

1. Los equipos para el transporte de fluidos cumplirán los requisitos establecidos en los reglamentos europeos de diseño ecológico vigentes que les sean de aplicación. Estos requisitos afectan a los siguientes equipos para el transporte de fluidos:

   a) Bombas hidráulicas.

   b) Circuladores sin prensaestopas independientes y circuladores sin prensaestopas integrados en productos.

c) Ventiladores de motor con una potencia eléctrica de entrada comprendida entre 125 W y 500 kW.

Asimismo, cualquier equipo para el transporte de fluidos no incluido entre los anteriores y cuyos reglamentos específicos de diseño ecológico se desarrollen con posterioridad a la entrada en vigor de este reglamento han de cumplir con los requisitos establecidos a nivel europeo.

Los equipos de potencias superiores a las máximas establecidas en cada reglamento cumplirán al menos los requisitos de eficiencia energética correspondientes a las máximas potencias reglamentadas.

En el proyecto o memoria técnica, para aquellos casos en que los equipos dispongan de etiquetado energético, se indicará su clase. Además, se indicará la información que aparece en la ficha de producto exigida por el reglamento de etiquetado energético que aplique.

2. La selección de los equipos de propulsión de los fluidos portadores se realizará de forma que su rendimiento sea máximo en las condiciones calculadas de funcionamiento.

3. Para sistemas de caudal variable, el requisito anterior deberá ser cumplido en las condiciones medias de funcionamiento a lo largo de una temporada.

4. Se justificará, para cada circuito, la potencia específica de los sistemas de bombeo, denominado SFP y definida como la potencia absorbida por el motor dividida por el caudal de fluido transportado, medida en $W/(m^3/s)$.

5. Se indicará la categoría a la que pertenece cada sistema, considerando el ventilador de impulsión y el de retorno, de acuerdo con la siguiente clasificación:

a) Ventilador de aire de impulsión:

Sistemas de acondicionamiento de aire SFP 4.

Sistemas de ventilación simple SFP 3.

b) Ventilador de aire de extracción:

Sistemas de acondicionamiento de aire SFP 3.

Sistemas de ventilación simple SFP 2.

6. Para los ventiladores, la potencia específica absorbida por cada ventilador de un sistema de climatización será la indicada en la tabla 2.4.2.7.

Tabla 2.4.2.7 *Potencia específica de ventiladores*

Categoría	Potencia específica W/(m³/s)
SFP 0	Wesp ≤ 300
SFP 1	300 < Wesp ≤ 500
SFP 2	500 < Wesp ≤ 750
SFP 3	750 < Wesp ≤ 1.250
SFP 4	1.250 < Wesp ≤ 2.000
SFP 5	2.000 < Wesp ≤ 3.000
SFP 6	3.000 < Wesp ≤ 4.500
SFP 7	Wesp > 4.500

7. Para las bombas de circulación de agua en redes de tuberías será suficiente equilibrar el circuito por diseño y, luego, emplear válvulas de equilibrado, si es necesario.

IT 1.2.4.2.6 Eficiencia energética de los motores eléctricos

1. La selección de los motores eléctricos se justificará basándose en criterios de eficiencia energética.

2. Los motores eléctricos cumplirán los requisitos establecidos en los reglamentos europeos de diseño ecológico vigentes que les sean de aplicación.

   En el proyecto o memoria técnica, para aquellos casos en que los equipos dispongan de etiquetado energético, se indicará su clase. Además, se indicará la información que aparece en la ficha de producto exigida por el reglamento de etiquetado energético que aplique.

3. Quedan excluidos los siguientes motores: para ambientes especiales, encapsulados, no ventilados, motores directamente acoplados a bombas, sumergibles, de compresores herméticos y otros.

4. La eficiencia deberá ser medida de acuerdo a la norma UNE - EN 60034 -2.

Reglamento (CE) n° 640/2009 de la Comisión de 22 de julio de 2009 por el que se aplica la Directiva 2005/32/CE del Parlamento Europeo y del Consejo en lo relativo a los requisitos de diseño ecológico para los motores eléctricos

[...]

(3) Los motores eléctricos son los elementos más importantes de consumo de electricidad en las industrias de la Comunidad que utilizan motores en los procesos de producción. Los sistemas en los que se utilizan estos motores representan aproximadamente el 70 % de la electricidad que consume la industria. Estos sistemas de motor eléctrico tienen un potencial total de mejora rentable del rendimiento energético de entre el 20 y el 30 %. Uno de los principales factores de dichas mejoras es el uso de motores de bajo consumo energético. Por consiguiente, los motores de los sistemas de motor eléctrico constituyen un elemento prioritario para los cuales conviene establecer requisitos de diseño ecológico.

(9) Es conveniente reducir el consumo de electricidad de los motores eléctricos aplicando soluciones tecnológicas existentes, rentables y no protegidas, que puedan reducir los gastos combinados totales de su adquisición y funcionamiento.

[...]

Artículo 1. Objeto y ámbito de aplicación.

1. El presente Reglamento establece los requisitos de diseño ecológico para la comercialización y la puesta en servicio de motores, incluidos los integrados en otros productos.

2. El presente Reglamento no se aplicará a:

   a) motores diseñados para funcionar totalmente sumergidos en un líquido;

   b) motores totalmente integrados en un producto (por ejemplo, mecanismos de transmisión, bombas, ventiladores o compresores) cuyo comportamiento energético no pueda someterse a ensayo independientemente del producto;

   c) motores diseñados específicamente para funcionar:

      I) en altitudes superiores a los 1 000 metros por encima del nivel del mar,

      II) en lugares donde la temperatura del aire ambiente supere los 40 °C,

      III) a una temperatura de funcionamiento superior a 400 °C,

IV) en lugares donde la temperatura del aire ambiente sea inferior a – 15 °C para cualquier motor o inferior a 0 °C para un motor con un sistema de refrigeración por aire,

V) en condiciones en las que la temperatura del agua del refrigerante en la entrada de un producto sea inferior a 5 °C o superior a 25 °C,

VI) en atmósferas potencialmente explosivas, tal como se definen en la Directiva 94/9/CE del Parlamento Europeo y del Consejo (3);

d) motores-freno,

[...]

Artículo 3. Requisitos de diseño ecológico.

Los requisitos de diseño ecológico para los motores son los que figuran en el anexo 1.

Cada requisito de diseño ecológico será aplicable de conformidad con el siguiente calendario:

1) a partir del 16 de junio de 2011, el nivel de rendimiento de los motores no podrá ser inferior al nivel de rendimiento IE2, conforme se define en el anexo I, punto 1;

2) a partir del 1 de enero de 2015:

I) los motores con una potencia nominal de 7,5 -375 kW no podrán tener un nivel de rendimiento inferior al nivel de rendimiento IE3, definido en el anexo I, punto 1, o al nivel IE2, definido en el anexo I, punto 1, y estar equipados de un mando de regulación de velocidad;

3) a partir del 1 de enero de 2017:

I) todos los motores con una potencia nominal de 0,75 - 375 kW no podrán tener un nivel de rendimiento inferior al nivel de rendimiento IE3, definido en el anexo I, punto 1, o al nivel IE2, definido en el anexo I, punto 1, y estar equipados de un mando de regulación de velocidad.

Los requisitos de información sobre el producto aplicables a los motores son los que figuran en el anexo I. El cumplimiento de los requisitos de diseño ecológico se medirá y calculará de conformidad con los requisitos que figuran en el anexo 2.

[...]

Artículo 8. Entrada en vigor.

El presente Reglamento entrará en vigor el vigésimo día siguiente al de su publicación en el Diario Oficial de la Unión Europea.

El presente Reglamento será obligatorio en todos sus elementos y directamente aplicable en cada Estado miembro.

Hecho en Bruselas, el 22 de julio de 2009.

Por la Comisión

Andris PIEBALGS

Miembro de la Comisión

Anexo I

Requisitos de diseño ecológico para motores

1) Requisitos de rendimiento de los motores

Los requisitos mínimos nominales de rendimiento energético para los motores son los que figuran en los cuadros 1 y 2.

Cuadro 1. *Rendimientos nominales mínimos (η) para el nivel de rendimiento IE2 (50 Hz)*

Potencia nominal (kW)	Número de pob		
	2	4	6
0,75	77,4	79,6	75,9
1,1	79,6	81,4	78,1
1,5	81,3	82,8	79,8
2,2	83,2	84,3	81,8
3	84,6	85,5	81,3
4	85,8	86,6	84,6
5,5	87,0	87,7	86,0
7,5	88,1	88,7	87,2
11	89,4	89,8	88,7
15	90,3	90,6	89,7
18,5	90,9	91,2	90,4
22	91,3	91,6	90,9
30	92,0	92,3	91,7

Cuadro 1. *Rendimientos nominales mínimos (η) para el nivel de rendimiento IE2 (50 Hz)*

Potencia nominal (kW)	Número de pob		
	2	4	6
37	92,5	92,7	92,2
45	92,9	93,1	92,7
55	93,2	93,5	93,1
75	93,8	94,0	93,7
90	94,1	94,2	94,0
110	94,3	94,5	94,3
132	94,6	94,7	94,6
160	94,8	94,9	94,5
200 hasta 375	95,0	95,1	95,0

Cuadro 2. *Rendimientos nominales mínimos (η) para el nivel de rendimiento IE3 (50 Hz)*

Potencia nominal (kW)	Número de pob		
	2	4	6
0,75	80,7	82,5	75,9
1,1	82,7	84,1	81,0
1,5	84,2	85,3	82,5
2,2	85,9	86,7	84,3
3	87,1	87,7	85,6
4	88,1	88,6	86,8
5,5	89,2	89,6	88,0
7,5	90,1	90,4	89,1
11	91,2	91,4	90,3
15	91,9	92,1	91,2
18,5	92,4	92,6	91,7
22	92,7	93,0	92,2
30	93,3	93,6	92,9
37	93,7	93,9	93,3
45	94,0	94,2	93,7

Cuadro 2. *Rendimientos nominales mínimos (η) para el nivel de rendimiento IE3 (50 Hz)*

Potencia nominal (kW)	Número de pob		
	2	4	6
55	94,3	94,6	94,1
75	94,7	95,0	94,6
90	95,0	95,2	94,9
110	95,2	95,4	95,1
132	95,4	95,6	95,4
160	95,6	95,8	95,6
200 hasta 375	95,8	96,0	95,8

[...]

IT 1.2.4.2.7 Redes de tuberías

1. Los trazados de los circuitos de tuberías de los fluidos portadores se diseñarán, en el número y forma que resulte necesario, teniendo en cuenta el horario de funcionamiento de cada subsistema, la longitud hidráulica del circuito y el tipo de unidades terminales servidas.

2. Se conseguirá el equilibrado hidráulico de los circuitos de tuberías durante la fase de diseño empleando válvulas de equilibrado, si fuera necesario.

IT 1.2.4.2.8 Unidades de ventilación

Las unidades de ventilación cumplirán con los límites de rendimiento para unidades residenciales y no residenciales establecidos en el reglamento de diseño ecológico aplicable o la normativa que lo sustituya.

En el proyecto o memoria técnica, para aquellos casos en que los equipos dispongan de etiquetado energético, se indicará su clase. Además, se indicará la información que aparece en la ficha de producto exigida por el reglamento de etiquetado energético que aplique.

IT.1.2.4.2.9 Emisores térmicos

Los emisores térmicos se dimensionarán para temperaturas de entrada en calefacción inferiores a 60 °C y de entrada en refrigeración superiores a 7 °C.

IT 1.2.4.3 Control

IT 1.2.4.3.1 Control de las instalaciones de climatización

1. Todas las instalaciones térmicas estarán dotadas de los sistemas de control automático necesarios para que se puedan mantener en los locales las condiciones de diseño previstas, ajustando los consumos de energía a las variaciones de la carga térmica.

   Así, en los edificios de nueva construcción, cuando sea técnica y económicamente viable, estarán equipados con dispositivos de autorregulación que regulen separadamente la temperatura ambiente en cada espacio interior o, en casos justificados, en una zona de calefacción o refrigeración seleccionada del conjunto del edificio.

   En los edificios existentes, se exigirá la instalación de este tipo de dispositivos en caso de que se sustituyan los generadores de calor, y solo para la autorregulación de las instalaciones de calefacción, cuando sea viable técnica y económicamente.

   En el caso de instalaciones dotadas con varios generadores de calor, si estos dan servicio al mismo espacio y se sustituye alguno de ellos, la obligación aplicará a estos espacios. Si los generadores son independientes y no dan servicio al mismo espacio, el requisito se aplicará únicamente a los espacios que reciban el servicio de los generadores de calor sustituidos.

   Los dispositivos instalados como resultado de la aplicación de estas disposiciones deben:

   a) permitir la adaptación automática de la potencia calorífica en función de la temperatura interior (y de parámetros adicionales opcionales);

   b) permitir la regulación de la potencia calorífica en cada espacio interior (o zona) con arreglo a los parámetros de calefacción del espacio interior (o zona) en cuestión.

   Las soluciones que permiten regular de forma automática la temperatura, pero no a escala de espacio interior (o de zona), por ejemplo, la regulación automática a escala de vivienda, no cumplirían los requisitos.

2. El empleo de controles de tipo todo-nada está limitado a las siguientes aplicaciones:

   a) Límites de seguridad de temperatura y presión.

   b) Regulación de velocidad de ventiladores de unidades terminales.

   c) Control de la emisión térmica de generadores de instalaciones individuales.

d) Control de la temperatura de ambientes servidos por aparatos unitarios, de potencia útil nominal menor o igual a 70 kW.

e) Control del funcionamiento de la ventilación de salas de máquinas.

3. El rearme automático de los dispositivos de seguridad solo se permitirá cuando se indique expresamente en estas Instrucciones técnicas.

4. Los sistemas formados por diferentes subsistemas deben disponer de los dispositivos necesarios para dejar fuera de servicio cada uno de estos en función del régimen de ocupación, sin que se vea afectado el resto de las instalaciones.

5. Las válvulas de control automático se seleccionarán de manera que, al caudal máximo de proyecto y con la válvula abierta, la pérdida de presión que se producirá en la válvula esté comprendida entre 0,6 y 1,3 veces la pérdida del elemento controlado.

En instalaciones de caudal variable con potencia de generación térmica total superior a 70 kW, será necesario estabilizar la presión diferencial sobre la válvula de control para garantizar una temperatura adecuada.

6. La variación de la temperatura del agua en función de las condiciones exteriores, o para adecuar la generación a las condiciones ambientales, se hará en los circuitos secundarios de los generadores de calor de tipo estándar y en el mismo generador en el caso de generadores de baja temperatura y de condensación, hasta el límite fijado por el fabricante.

7. La temperatura del fluido refrigerado a la salida de una central frigorífica de producción instantánea se mantendrá constante, cualquiera que sea la demanda e independientemente de las condiciones exteriores, salvo situaciones que deben estar justificadas.

8. El control de la secuencia de funcionamiento de los generadores de calor o frío se hará siguiendo estos criterios:

a. Cuando la eficiencia del generador disminuye al disminuir la demanda, los generadores trabajarán en secuencia.

Al disminuir la demanda se modulará la potencia entregada por cada generador (con continuidad o por escalones) hasta alcanzar el valor mínimo permitido y parar una máquina; a continuación, se actuará de la misma manera sobre los otros generadores.

Al aumentar la demanda se actuará de forma inversa.

b. Cuando la eficiencia del generador aumente al disminuir la demanda, los generadores se mantendrán funcionando en paralelo.

Al disminuir la demanda se modulará la potencia entregada por los generadores (con continuidad o por escalones) hasta alcanzar la eficiencia máxima; a continuación, se modulará la potencia de un generador hasta llegar a su parada y se actuará de la misma manera sobre los otros generadores.

Al aumentar la demanda se actuará de forma inversa.

9. Para el control de la temperatura de condensación de la máquina frigorífica se seguirán los criterios indicados en los apartados 1.2.4.1.3 para máquinas enfriadas por aire y para máquinas enfriadas por agua.

10. Los ventiladores de más de 5 m³/s llevarán incorporado un dispositivo indirecto para la medición y el control del caudal de aire.

11. Las válvulas termostáticas deberán cumplir con la norma UNE - EN 215.

IT 1.2.4.3.2 Control de las condiciones termo-higrométricas

1. Los sistemas de climatización, centralizados o individuales, se diseñarán para controlar el ambiente interior desde el punto de vista termohigrométrico.

2. De acuerdo con la capacidad del sistema de climatización para controlar la temperatura y la humedad relativa de los locales, los sistemas de control de las condiciones termohigrométricas se clasificarán, a efectos de aplicación de esta IT, en las categorías indicadas de la tabla 2.4.3.1

Tabla 2.4.3.1 *Control de las condiciones termohigrométricas*

Categoría	Venti-lación	Calenta-miento	Refrigeración	Humidi-ficación	Deshumidi-ficación
THM - C 0	x	-	-	-	-
THM - C 1	x	x	-	-	-
THM - C 2	x	x	-	x	-
THM - C 3	x	x	x	-	(x)
THM - C 4	x	x	x	x	(x)
THM - C 5	x	x	x	x	x

Notas: no influenciado por el sistema

x controlado por el sistema y garantizado en el local

(x) afectado por el sistema pero no controlado en el local

3. El equipamiento mínimo de aparatos de control de las condiciones de temperatura y humedad relativa de los locales, según las categorías de la tabla 2.4.3.1. es el siguiente:

   a. THM - C1

   Variación de la temperatura del fluido portador (agua o aire) en función de la temperatura exterior o control de la temperatura del ambiente por zona térmica.

   Además, en los sistemas de calefacción por agua en viviendas se instalará una válvula termostática en cada una de las unidades terminales de los locales principales de las mismas (sala de estar, comedor, dormitorios, etc.), siendo así necesario adaptar la instalación para mantener el caudal mínimo de la bomba.

   b. THM - C2

   Como THM - C1, más control de la humedad relativa media o la del local más representativo.

   c. THM - C3

   Como THM - C1, más variación de la temperatura del fluido portador frío en función de la temperatura exterior y/o control de la temperatura del ambiente por zona térmica.

   d. THM - C4

   Como THM - C3, más control de la humedad relativa media o la del local más representativo.

   e. THM - C5

   Como THM - C3, más control de la humedad relativa en los locales.

IT 1.2.4.3.3 Control de la calidad de aire interior en las instalaciones de climatización

1. Los sistemas de ventilación y climatización, centralizados o individuales, se diseñarán para controlar el ambiente interior, desde el punto de vista de la calidad de aire interior.

2. La calidad del aire interior será controlada por uno de los métodos enumerados en la tabla 2.4.3.2.

3. Los métodos IDA - C2, IDA - C3 e IDA - C4 se emplearán en locales no diseñados para ocupación humana permanente.

4. El método IDA - C6 se empleará para locales de ocupación variable, como teatros, cines, salones de actos, aulas, recintos para el deporte y similares.

Tabla 2.4.3.2 *Control de la calidad del aire interior*

Categoría	Tipo	Descripción
IDA - C1		El sistema funciona continuamente.
IDA - C2	Control manual.	El sistema funciona manualmente, controlado por un interruptor.
IDA - C3	Control por tiempo.	El sistema funciona de acuerdo a un determinado horario.
IDA - C4	Control por presencia.	El sistema funciona por una señal de presencia (encendido de luces, infrarrojos, etc.).
IDA - C5	Control por ocupación.	El sistema funciona dependiendo del número de personas presentes.
IDA - C6	Control directo.	El sistema está controlado por sensores que miden parámetros de calidad del aire interior (CO_2 o VOCs).

IT 1.2.4.3.4 Control de instalaciones centralizadas de preparación de agua caliente sanitaria

El equipamiento mínimo del control de las instalaciones centralizadas de preparación de agua caliente sanitaria será el siguiente:

a. Control de la temperatura de acumulación;

b. Control de la temperatura del agua de la red de tuberías en el punto hidráulicas más lejano del acumulador;

c. Control para efectuar el tratamiento de choque térmico;

d. Control de funcionamiento de tipo diferencial en la circulación forzada del primario, y, en su caso, secundario, de las instalaciones de energía solar térmica. Adicionalmente al control diferencial se podrán emplear sistemas de control accionados en función de la radiación solar, u otros sistemas similares que no reduzcan las posibilidades de aprovechamiento de la energía solar;

e. Control de seguridad para los usuarios.

IT 1.2.4.3.5 Sistemas de automatización y control de instalaciones

1. Cuando sea técnica y económicamente viable, los edificios no residenciales con una potencia nominal útil para instalaciones de calefacción,

refrigeración, instalaciones combinadas de calefacción y ventilación, o para instalaciones combinadas de refrigeración y ventilación de más de 290 kW deberán estar equipados con sistemas de automatización y control de edificios.

Dichos sistemas de automatización y control de edificios deberán ser capaces de:

a) monitorizar, registrar, analizar y permitir la adaptación del consumo de energía de forma continua;

b) efectuar una evaluación comparativa de la eficiencia energética del edificio, detectar las pérdidas de eficiencia de sus instalaciones técnicas e informar sobre las posibilidades de mejora de la eficiencia energética a la persona responsable de la instalación o de la gestión técnica del edificio;

c) permitir la comunicación con instalaciones técnicas conectadas y otros aparatos que estén dentro del edificio, así como garantizar la interoperabilidad con instalaciones técnicas del edificio de distintos tipos de tecnologías patentadas, dispositivos y fabricantes.

Será considerado, a efectos de esta exigencia, la automatización y el control que tienen un impacto en la eficiencia energética del edificio, como los recogidos en la norma UNE - EN 15232-1.

2. Los edificios residenciales podrán estar equipados con lo siguiente:

a) la funcionalidad de monitorización electrónica continua que mida la eficiencia de las instalaciones e informe a los propietarios o a los administradores del inmueble cuando esta disminuya significativamente y cuando sea necesario reparar la instalación, y

b) funcionalidades eficaces de control para optimizar la producción, la distribución, el almacenamiento y el consumo de energía.

3. Los sistemas de automatización y control que se instalen en los casos contemplados en los apartados 1 y 2 se adaptarán al tamaño o capacidad de la instalación, habida cuenta de las necesidades y de las características del edificio en las condiciones de uso previstas, determinando las capacidades de control óptimas en función del tipo de edificio, del uso previsto y de los posibles ahorros energéticos.

Una vez instalado el sistema de automatización y control, será necesario realizar acciones de comprobación de que el sistema funciona con arreglo a sus especificaciones y acciones de ajuste, en su caso, en la instalación en condiciones de uso real.

Los sistemas de automatización y control deberán configurarse para operar las instalaciones según regímenes de operación que permitan las condiciones de bienestar e higiene establecidas en el artículo 11 con el mínimo consumo de energía. Para ello se deberán tener en cuenta los periodos de inactividad del edificio, el uso de los espacios, los regímenes de operación en el punto de máximo rendimiento de los equipos y el máximo aprovechamiento de las energías renovables y residuales disponibles. Las indicaciones e instrucciones para la correcta operación del sistema de automatización y control deberán recogerse en el Manual de uso y mantenimiento.

IT 1.2.4.4 Contabilización de consumos

1. Toda instalación térmica que dé servicio a más de un usuario dispondrá de algún sistema que permita el reparto de los gastos correspondientes a cada servicio (calor, frío y agua caliente sanitaria) entre los diferentes usuarios; en el caso del agua caliente sanitaria deberá ser un contador individual. El sistema previsto, instalado en el tramo de acometida a cada unidad de consumo, permitirá regular y medir los consumos, así como interrumpir los servicios desde el exterior de los locales.

Las instalaciones térmicas que suministren calefacción o refrigeración a un edificio a partir de una instalación centralizada que abastezca a varios consumidores y a los titulares que reciben dicho suministro desde una red de calefacción o refrigeración urbana, definidas en el apéndice 1 de este Reglamento, cuando dichas instalaciones térmicas no dispongan de un sistema que permita el reparto de los gastos correspondientes a cada servicio (calor y frío) entre los diferentes consumidores, deberán cumplir con las obligaciones establecidas en la normativa que regule la contabilización de consumos individuales en instalaciones de edificios.

Los clientes finales de los edificios abastecidos a partir de una red urbana de calefacción, refrigeración o agua caliente sanitaria, recibirán, por parte del titular de la red, contadores individuales, de precio razonable y asequible de acuerdo con los estándares del mercado, que reflejen con precisión su consumo real de energía.

Cuando se suministren calefacción, refrigeración o agua caliente sanitaria a un edificio a partir de una fuente central que abastezca varios edificios o de una red urbana de calefacción o refrigeración, se instalará un contador en el intercambiador de calor o punto de entrega.

En las instalaciones todo aire, o de caudal de refrigerante variable, el sistema para el control de consumos por usuario será definido por el proyectista o el redactor de la memoria técnica en el propio proyecto, o en la memoria técnica de la instalación.

Las instalaciones solares de más de 14 kW de potencia nominal, destinadas a dar cumplimiento a lo establecido en la sección HE4 del Código Técnico de la Edificación dispondrán de un sistema de medida de la energía final suministrada, con objeto de poder verificar el programa de gestión energética y las inspecciones periódicas de eficiencia energética especificados en la IT 3.4.3 y en la IT 4.2.1.

En el caso de instalaciones solares con acumulación solar distribuida será suficiente la contabilización de la energía solar de forma centralizada en el circuito de distribución hacia los acumuladores individuales.

El diseño del sistema de contabilización de energía solar debe permitir al usuario de la instalación comprobar de forma directa, visual e inequívoca el correcto funcionamiento de la instalación, de manera que este pueda controlar periódicamente la producción de la instalación.

2. Las instalaciones térmicas de potencia útil nominal mayor que 70 kW, en régimen de refrigeración o calefacción, dispondrán de dispositivos que permitan efectuar la medición y registrar el consumo de combustible y energía eléctrica, de forma separada del consumo debido a otros usos del resto del edificio.

3. Se dispondrán dispositivos para la medición de la energía térmica generada o demandada en centrales de potencia útil nominal mayor que 70 kW, en refrigeración o calefacción. Este dispositivo se podrá emplear también para modular la producción de energía térmica en función de la demanda. Cuando se tenga servicio de agua caliente sanitaria se dispondrá de un dispositivo de medición de la energía en el primario de la producción y en la recirculación.

4. Las instalaciones térmicas de potencia útil nominal en refrigeración mayor que 70 kW dispondrán de un dispositivo que permita medir y registrar el consumo de energía eléctrica de la central frigorífica (maquinaria frigorífica, torres y bombas de agua refrigerada, esencialmente) de forma diferenciada de la medición del consumo de energía del resto de equipos del sistema de acondicionamiento.

5. Los generadores de calor y de frío de potencia útil nominal mayor que 70 kW dispondrán de un dispositivo que permita registrar el número de horas de funcionamiento del generador.

6. Las bombas y ventiladores de potencia eléctrica del motor mayor que 20 kW dispondrán de un dispositivo que permita registrar las horas de funcionamiento del equipo.

7. Los compresores frigoríficos de más de 70 kW de potencia útil nominal dispondrán de un dispositivo que permita registrar el número de arrancadas del mismo.

8. Los generadores de calor y de frío de potencia útil nominal mayor que 70 kW que dispongan de un suministro directo de energía renovable eléctrica dispondrán de un dispositivo que permita contabilizar dicha

contribución de forma diferenciada al resto de su consumo eléctrico y, si es técnicamente viable, se contabilizará la contribución de energía renovable eléctrica producida por instalaciones de autoconsumo. Dicho dispositivo podrá permitir que se maximice el aprovechamiento energético de la energía renovable eléctrica haciendo uso de las capacidades de comunicación e interoperabilidad de las instalaciones técnicas conectadas y los sistemas de almacenamiento que puedan existir.

IT 1.2.4.5 Recuperación de energía

IT 1.2.4.5.1 Enfriamiento gratuito por aire exterior

1. Los subsistemas de climatización del tipo todo aire, de potencia útil nominal mayor que 70 kW en régimen de refrigeración, dispondrán de un subsistema de enfriamiento gratuito por aire exterior.

2. En los sistemas de climatización del tipo todo aire es válido el diseño de las secciones de compuertas siguiendo los apartados 6.6 y 6.7 de la norma UNE - EN 13053 y UNE - EN 1751:

    a) Velocidad frontal máxima en las compuertas de toma y expulsión de aire: 6 m/s.

    b) Eficiencia de temperatura en la sección de mezcla: mayor que el 75 por ciento.

3. En los sistemas de climatización de tipo mixto agua-aire, el enfriamiento gratuito se obtendrá mediante agua procedente de torres de refrigeración, preferentemente de circuito cerrado, o, en caso de empleo de máquinas frigoríficas aire-agua, mediante el empleo de baterías puestas hidráulicamente en serie con el evaporador.

4. En ambos casos, se evaluará la necesidad de reducir la temperatura de congelación del agua mediante el uso de disoluciones de glicol en agua.

5. En cualquier caso y de acuerdo con lo establecido en el apartado 2 del artículo 14 de este real decreto podrá justificarse, por la dificultad de lograrlo, el incumplimiento de alguno de los aspectos establecido en esta instrucción técnica.

IT 1.2.4.5.2 Recuperación de calor del aire de extracción

1. En los sistemas de climatización de los edificios en los que el caudal de aire expulsado al exterior, por medios mecánicos, sea superior a 0,28 m³/s, de acuerdo con lo establecido en el reglamento de diseño ecológico para las unidades de ventilación, se recuperará la energía del aire expulsado.

2. Las unidades de ventilación bidireccionales, o los componentes para ventilación de las unidades de tratamiento de aire de los sistemas

todo aire, cumplirán los requisitos establecidos en los reglamentos europeos de diseño ecológico que les sean de aplicación.

En el proyecto o memoria técnica, para aquellos casos en que los equipos dispongan de etiquetado energético, se indicará su clase. Además, se notificará la información que aparece en la ficha de producto exigida por el reglamento de etiquetado energético que aplique.

3. En las piscinas climatizadas, la energía térmica contenida en el aire expulsado deberá ser recuperada, con una eficiencia mínima y unas pérdidas máximas de presión iguales a las indicadas en la tabla 2.4.5.1 para más de 6.000 horas anuales de funcionamiento, en función del caudal.

Tabla 2.4.5.1 *Eficiencia de la recuperación*

Horas anuales de funcionamiento	Caudal de aire exterior (m³/s)									
	>0,5...1,5		>1,5...3,0		3,0...6,0		>6,0...12		>12	
	%	Pa	%	Pa	%	Pa	%	Pa	%	Pa
≤ 2.000	40	100	44	120	47	140	55	160	60	180
> 2.000 ... 4.000	44	140	47	160	52	180	58	200	64	220
> 4.000 ... 6.000	47	160	50	180	55	200	64	220	70	240
> 6.000	50	180	55	200	60	220	70	240	75	260

4. Alternativamente al uso del aire exterior, el mantenimiento de la humedad relativa del ambiente puede lograrse por medio de una bomba de calor, dimensionada específicamente para esta función, que enfríe, deshumedezca y recaliente el mismo aire del ambiente en ciclo cerrado.

IT 1.2.4.5.3 Estratificación

En los locales de gran altura, la estratificación térmica del aire interior se debe estudiar y favorecer durante los periodos de demanda térmica de refrigeración y combatir durante los periodos de demanda térmica de calefacción.

IT 1.2.4.5.4 Zonificación

1. La zonificación de un sistema de climatización será adoptada a efectos de obtener un elevado bienestar y ahorro de energía.

2. Cada sistema se dividirá en subsistemas, teniendo en cuenta la compartimentación de los espacios interiores, orientación, así como su uso, ocupación y horario de funcionamiento.

IT 1.2.4.5.5 Ahorro de energía en piscinas

1. La lámina de agua de las piscinas climatizadas deberá estar protegida con barreras térmicas contra las pérdidas de calor del agua por evaporación durante el tiempo en que estén fuera de servicio.

2. La distribución de calor para el calentamiento del agua y la climatización del ambiente de piscinas será independiente de otras instalaciones térmicas.

IT 1.2.4.6 Aprovechamiento de energías renovables y residuales

IT 1.2.4.6.1 Contribución de energía renovable o residual para la producción térmica del edificio

1. En los edificios nuevos o sometidos a reforma, con previsión de demanda térmica, una parte de las necesidades energéticas térmicas derivadas de esa demanda se cubrirán mediante la incorporación de sistemas de aprovechamiento de energía renovable, residual o procedente de procesos de cogeneración renovables.

2. Estos sistemas se diseñarán para alcanzar, al menos, la contribución renovable mínima para agua caliente sanitaria y para climatización de piscinas cubiertas establecida en la sección HE4 del Código Técnico de la Edificación, y los valores límite de consumo de energía primaria no renovable de acuerdo con lo establecido en la sección HE0, del Código Técnico de la Edificación. En la selección y diseño de la solución se tendrán en consideración los criterios de balance de energía y rentabilidad económica.

3. La aplicación de los coeficientes de paso de la producción de CO2 y de energía primaria se realizará de acuerdo con lo establecido en el apartado 2 de la IT1.2.2.

4. En el supuesto de utilizar bombas de calor para cubrir las demandas de climatización, producción de agua caliente sanitaria o calentamiento de piscinas, para poder considerar parte de su aporte energético como energía renovable, deberán alcanzar un valor de rendimiento medio estacional (SPF) superior al indicado en la Decisión de la Comisión de 1 de marzo de 2013 por la que se establecen las directrices para el cálculo por los Estados miembros de la energía renovable procedente de las bombas de calor de diferentes tecnologías, conforme a lo dispuesto en el artículo 5 de la Directiva 2009/28/CE del Parlamento Europeo y del Consejo de 23 de abril de 2009 relativa al fomento del uso de energía procedente de fuentes renovables y por la que se modifican y se derogan las Directivas 2001/77/CE y 2003/30/CE. Este valor de rendimiento medio estacional (SPF) podrá ser modificado por actos delegados de la Comisión según se establece en el artículo 7 de la Directiva 2018/2001, de 11 de diciembre de 2018, incluyendo una metodología para calcular

la cantidad de energías renovables utilizada en la refrigeración, la refrigeración urbana y para modificar el anexo VII de dicha directiva.

5. Los rendimientos medios estacionales a los que hace referencia el punto anterior se determinarán siempre que sea posible mediante la norma correspondiente al tipo de máquina y perfil de uso y aplicados a la zona climática donde se ubique la instalación.

CTE Sección HE 4 - Contribución solar mínima de agua caliente sanitaria

1 Ámbito de aplicación

1. Las condiciones establecidas en este apartado son de aplicación a:

   a) edificios de nueva construcción con una demanda de agua caliente sanitaria (ACS) superior a 100 l/día, calculada de acuerdo al anexo F;

   b) edificios existentes con una demanda de agua caliente sanitaria (ACS) superior a 100 l/día, calculada de acuerdo al anexo F, en los que se reforme íntegramente, bien el edificio en sí, o bien la instalación de generación térmica, o en los que se produzca un cambio de uso característico del mismo;

   c) ampliaciones o intervenciones, no cubiertas en el punto anterior, en edificios existentes con una demanda inicial de ACS superior a 5.000 l/día, que supongan un incremento superior al 50 % de la demanda inicial.

   d) climatizaciones de: piscinas cubiertas nuevas, piscinas cubiertas existentes en las que se renueve la instalación de generación térmica o piscinas descubiertas existentes que pasen a ser cubiertas.

2 Caracterización de la exigencia

1. Los edificios satisfarán sus necesidades de ACS y de climatización de piscina cubierta empleando en gran medida energía procedente de fuentes renovables o procesos de cogeneración renovables; bien generada en el propio edificio o bien a través de la conexión a un sistema urbano de calefacción.

3 Cuantificación de la exigencia

3.1 Contribución renovable mínima para ACS y/o climatización de piscina

1. La contribución mínima de energía procedente de fuentes renovables cubrirá al menos el 70 % de la demanda energética anual para ACS y

para climatización de piscina, obtenida a partir de los valores mensuales, e incluyendo las pérdidas térmicas por distribución, acumulación y recirculación. Esta contribución mínima podrá reducirse al 60 % cuando la demanda de ACS sea inferior a 5000 l/día. Se considerará únicamente la aportación renovable de la energía con origen in situ o en las proximidades del edificio, o procedente de biomasa sólida.

2. En el caso de ampliaciones e intervenciones en edificios existentes, contemplados en el punto 1 c) del ámbito de aplicación, la contribución renovable mínima se establece sobre el incremento de la demanda de ACS respecto a la demanda inicial.

3. Las fuentes renovables que satisfagan la contribución renovable mínima de ACS y/o climatización de piscina pueden estar integradas en la propia generación térmica del edificio o ser accesibles a través de la conexión a un sistema urbano de calefacción.

4. Las bombas de calor destinadas a la producción de ACS y/o climatización de piscina, para poder considerar su contribución renovable a efectos de esta sección, deberán disponer de un valor de rendimiento medio estacional (SCOPdhw) superior a 2,5 cuando sean accionadas eléctricamente y superior a 1,15 cuando sean accionadas mediante energía térmica. El valor de SCOPdhw se determinará para la temperatura de preparación del ACS, que no será inferior a 45 °C

Es necesario resaltar que en el caso particular de las bombas de calor, conforme es establece la Directiva de Energías REnovables (2009/28/CE), no toda la energía generada por ellas puede considerarse como energía renovable. Conforme a lo establecido en el Anejo VII de dicha Directiva, la energía procedente de fuentes renovables (E_{RES}) se calculará de acuerdo con la fórmula siguiente:

$$E_{RES} = Q_{usable} * (1 - 1/SCOP)$$

siendo:

Q_{usable} el calor útil estimado proporcionado por la bomba de calor;

SCOP el rendimiento medio estacional.

Por ejemplo, si disponemos de una demanda energética total de ACS correspondiente a 1.000 kWh, una bomba de calor que disponga de un valor de SCOP de 2,5, que produzca el 100 % de la demanda de ACS proporcionaría la siguiente energía Renovable:

$$E_{RES} = Q_{usable} * (1 - 1/SCOP) = 1.000 \text{ kWh} * (1 - 1/2,5) = 600 \text{ kWh}$$

Es decir, que la bomba de calor daría una contribución renovable de un 60 % sobre la demanda total de ACS.

Si la bomba de calor solo produjera el 50 % de la demanda de ACS, es decir, 500 kWh, la E_{RES} sería:

$$E_{RES} = Q_{usable} * (1 - 1/SCOP) = 500 \text{ kWh} * (1 - 1/2,5) = 300 \text{ kWh}$$

Es decir, que la bomba de calor daría una contribución renovable de solo un 30 % sobre la demanda total de ACS.

El 100 % de la energía generada por instalaciones como las de energía solar térmica o biomasa, por ejemplo, debe considerarse como energía renovable.

5. La contribución renovable mínima para ACS y/o climatización de piscinas cubiertas podrá sustituirse parcial o totalmente por energía residual procedente equipos de refrigeración, de deshumectadoras y del calor residual de combustión del motor de bombas de calor accionadas térmicamente, siempre y cuando el aprovechamiento de esta energía residual sea efectiva y útil para el ACS. Únicamente se tomará en consideración la energía obtenida por la instalación de recuperadores de calor ajenos a la propia instalación térmica del edificio. En el caso de recuperación de energía residual procedente de equipos de refrigeración en edificios residenciales, no se podrá contabilizar un aprovechamiento de energía superior al 20 % de la extraída.

3.2 Sistema de medida de energía suministrada

1. Los sistemas de medida de la energía suministrada procedente de fuentes renovables se adecuarán al vigente Reglamento de Instalaciones Térmicas en los Edificios (RITE).

4 Justificación de la exigencia

1. Para justificar que un edificio cumple las exigencias de este DB, los documentos de proyecto incluirán la siguiente información sobre el edificio o parte del edificio evaluada:

   a) la demanda mensual de agua caliente sanitaria (ACS) y de climatización de piscina, incluyendo las pérdidas térmicas por distribución, acumulación y recirculación;

   b) la contribución renovable aportada para satisfacer las necesidades de energía para ACS y climatización de piscina;

   c) la contribución de la energía residual aportada, en su caso, para el ACS;

   d) comprobación de que la contribución renovable para las necesidades de ACS utilizada cubre la contribución obligatoria.

[...]

5.4 Mantenimiento y conservación del edificio

1. El plan de mantenimiento incluido en el Libro del Edificio, contemplará las operaciones y periodicidad necesarias para el mantenimiento, en el transcurso del tiempo, de los parámetros de diseño y prestaciones de las instalaciones de aprovechamiento de energía procedente de fuentes renovables.

2 Asimismo, en el Libro del Edificio se documentará todas las intervenciones, ya sean de reparación, reforma o rehabilitación realizadas a lo largo de la vida útil del edificio.

[...]

Anexo F
Demanda de referencia de ACS

1. La demanda de referencia de ACS para edificios de uso residencial privado se obtendrá considerando unas necesidades de 28 litros/día persona (a 60 °C), una ocupación al menos igual a la mínima establecida en la tabla a-anexo F y, en el caso de viviendas multifamiliares, un factor de centralización de acuerdo a la tabla b-anexo F, incrementadas de acuerdo con las pérdidas térmicas por distribución, acumulación y recirculación.

Tabla a-anexo F *Valores mínimos de ocupación de cálculo en uso residencial privado*

Número de dormitorios	1	2	3	4	5	6	> 6
Número de Personas	1,5	3	4	5	6	6	7

Tabla b-anexo F *Valor del factor de centralización en viviendas multifamiliares*

Nº de viviendas	N≤3	4≤N≤10	11≤N≤20	21≤N≤50	51≤N≤75	76≤N≤100	N≥101
Factor de centralización	1	0,95	0,90	0,85	0,80	0,75	0,70

2. Para el cálculo de la demanda de referencia de ACS para edificios de uso distinto al residencial privado se consideran como aceptables los valores de la tabla c-Anejo F que recoge valores orientativos de la demanda de ACS para usos distintos del residencial privado, a la temperatura de referencia de 60°C, que serán incrementados de acuerdo con las pérdidas térmicas por distribución, acumulación y recirculación. La demanda de referencia de ACS para casos no incluidos en la tabla c-Anejo F se obtendrá a partir de necesidades de ACS contrastadas por la experiencia o recogidas por fuentes de reconocida solvencia.

Tabla c-anexo F *Demanda orientativa de ACS para usos distintos del residencial privado*

Criterio de demanda	Litros/día persona
Hospitales y clínicas	55
Ambulatorio y centro de salud	41
Hotel *****	69
Hotel ****	55
Hotel ***	41
Hotel /hostal **	34
Camping	21
Hostal/pensión *	28
Residencia	41
Centro penitenciario	28
Albergue	24
Vestuarios/duchas colectivas	21
Escuela sin ducha	4
Escuela con ducha	21
Cuarteles	28
Fábricas y talleres	21
Oficinas	2
Gimnasios	21
Restaurantes	8
Cafeterías	1

3. El consumo de ACS a una temperatura (T) de preparación, distribución o uso, distinta de la de referencia (60 °C), se puede obtener a partir del consumo de ACS a la temperatura de referencia usando las siguientes expresiones:

$$D(T) = \sum_{i=1}^{12} D_i(T)$$

$$D_i(T) = D_i(60°C) \ \frac{60 - T_i}{T - T_i}$$

donde:

D(T) es la demanda de ACS anual a la temperatura T elegida;

$D_i(T)$ es la demanda de ACS para el mes i, a la temperatura T elegida;

$D_i(60 °C)$ es la demanda de agua caliente sanitaria para el mes i, a la temperatura de 60 °C;

T es la temperatura del acumulador final;

Ti es la temperatura media del agua fría en el mes i (según anexo G).

[...]

Anexo G

Temperatura del agua de red

1 Temperatura media mensual del agua de red

1. La tabla a-anexo G contiene la temperatura diaria media mensual (°C) del agua fría de red para las capitales de provincia, para su uso en el cálculo del consumo de ACS:

Tabla a-anexo G *Temperatura diaria media mensual de agua fría (°C)*

Capital de provincia	Altitud	EN	FE	MA	AB	MY	JN	JL	AG	SE	OC	NO	DI
A Coruña	26	10	10	11	12	13	14	16	16	15	14	12	11
Albacete	686	7	8	9	11	14	17	19	19	17	13	9	7
Alicante/Alacant	8	11	12	13	14	16	18	20	20	19	16	13	12
Almería	16	12	12	13	14	16	18	20	21	19	17	14	12
Avila	1131	6	6	7	9	11	14	17	16	14	11	8	6
Badajoz	186	9	10	11	13	15	18	20	20	18	15	12	9
Barcelona	12	9	10	11	12	14	17	19	19	17	15	12	10
Bilbao/Bilbo	6	9	10	10	11	13	15	17	17	16	14	11	10
Burgos	929	5	6	7	9	11	13	16	16	14	11	7	6
Cáceres	459	9	10	11	12	14	18	21	20	19	15	11	9
Cádiz	14	12	12	13	14	16	18	19	20	19	17	14	12
Castellón/Castelló	27	10	11	12	13	15	18	19	20	18	16	12	11
Ceuta	40	11	11	12	13	14	16	18	18	17	15	13	12
Ciudad Real	628	7	8	10	11	14	17	20	20	17	13	10	7
Córdoba	106	10	11	12	14	16	19	21	21	19	16	12	10
Cuenca	999	6	7	8	10	13	16	18	18	16	12	9	7
Girona	70	8	9	10	11	14	16	19	18	17	14	10	9
Granada	683	8	9	10	12	14	17	20	19	17	14	11	8
Guadalajara	685	7	8	9	11	14	17	19	19	16	13	9	7
Huelva	30	12	12	13	14	16	18	20	20	19	17	14	12
Huesca	488	7	8	10	11	14	16	19	18	17	13	9	7
Jaén	568	9	10	11	13	16	19	21	21	19	15	12	9
Las Palmas de Gran Canaria	13	15	15	16	16	17	18	19	19	19	18	17	16
León	838	6	6	8	9	12	14	16	16	15	11	8	6
Lleida	182	7	9	10	12	15	17	20	19	17	14	10	7
Logroño	385	7	8	10	11	13	16	18	18	16	13	10	8
Lugo	454	7	8	9	10	11	13	15	15	14	12	9	8
Madrid	655	8	8	10	12	14	17	20	19	17	13	10	8
Málaga	11	12	12	13	14	16	18	20	20	19	16	14	12
Melilla	15	12	13	13	14	16	18	20	20	19	17	14	13
Murcia	39	11	11	12	13	15	17	19	20	18	16	13	11
Ourense	139	8	10	11	12	14	16	18	18	17	13	11	9
Oviedo	232	9	9	10	10	12	14	15	16	15	13	10	9
Palencia	734	6	7	8	10	12	15	17	17	15	12	9	6
Palma de Mallorca	15	11	11	12	13	15	18	20	20	19	17	14	12
Pamplona/Iruña	490	7	8	9	10	12	15	17	17	16	13	9	7
Pontevedra	27	10	11	11	13	14	16	17	17	16	14	12	10
Salamanca	800	6	7	8	10	12	15	17	17	15	12	8	6
San Sebastián	12	9	9	10	11	12	14	16	16	15	14	11	9
Santa Cruz de Tenerife	5	15	15	16	16	17	18	20	20	18	17	17	16
Santander	11	10	10	11	11	13	15	16	16	16	14	12	10
Segovia	1002	6	7	8	10	12	15	18	18	15	12	8	6
Sevilla	11	11	11	13	14	16	19	21	21	20	16	13	11
Soria	1063	5	6	7	9	11	14	17	16	14	11	8	6
Tarragona	69	10	11	12	14	16	18	20	20	19	16	12	11
Teruel	912	6	7	8	10	12	15	18	17	15	12	8	6

213

Toledo	629	8	9	11	12	15	18	21	20	18	14	11	8
Valencia	13	10	11	12	13	15	17	19	20	18	16	13	11
Valladolid	698	6	8	9	10	12	15	18	18	16	12	9	7
Vitoria-Gasteiz	540	7	7	8	10	12	14	16	16	14	12	8	7
Zamora	649	6	8	9	10	13	16	18	18	16	12	9	7
Zaragoza	199	8	9	10	12	15	17	20	19	17	14	10	8

IT 1.2.4.6.2 Contribución de calor renovable o residual para el calentamiento de piscinas al aire libre

Para el calentamiento del agua de piscinas al aire libre solo podrán utilizarse fuentes de energía renovable o residual; para este último caso se tendrá en cuenta que el diseño no haya sido realizado exclusivamente para este fin.

IT 1.2.4.6.3 Climatización de espacios abiertos

La climatización de espacios abiertos solo podrá realizarse mediante la utilización de energías renovables o residuales. No podrá utilizarse energía convencional para la generación de calor y frío destinado a la climatización de estos espacios.

IT 1.2.4.7 Limitación de la utilización de energía convencional

IT 1.2.4.7.1. Limitación de la utilización de energía convencional para la producción de calefacción centralizada

La utilización de energía eléctrica directa por *efecto Joule* para la producción de calefacción, en instalaciones centralizadas solo estará permitida en:

a. Las instalaciones con bomba de calor, cuando la relación entre la potencia eléctrica en resistencias de apoyo y la potencia eléctrica en bornes del motor del compresor, sea igual o inferior a 1,2.

b. Los locales servidos por instalaciones que, usando fuentes de energía renovable o energía residual, empleen la energía eléctrica como fuente auxiliar de apoyo, siempre que el grado de cobertura de las necesidades energéticas anuales por parte de la fuente de energía renovable o energía residual sea mayor que dos tercios.

c. Los locales servidos con instalaciones de generación de calor mediante sistemas de acumulación térmica, siempre que la capacidad de acumulación sea suficiente para captar y retener durante las horas de suministro eléctrico tipo *valle* definidas para la tarifa eléctrica regulada, la demanda térmica total diaria prevista en proyecto, debiéndose justificar en su memoria el número de horas al día de cobertura de dicha demanda por el sistema de acumulación sin necesidad de acoplar su generador de calor a la red de suministro eléctrico.

IT 1.2.4.7.2 Locales sin climatización

Los locales no habitables no deben climatizarse, salvo cuando se empleen fuentes de energía renovables o energía residual.

IT 1.2.4.7.3 Acción simultánea de fluidos con temperatura opuesta

1. No se permite el mantenimiento de las condiciones termohigrométricas de una zona térmica mediante:

   a) procesos sucesivos de enfriamiento y calentamiento; o

   b) la acción simultánea de dos fluidos con temperatura de efectos opuestos.

2. Se exceptúa de la prohibición anterior, siempre que se justifique la solución adoptada, en los siguientes casos, cuando:

   a) se realice por una fuente de energía gratuita o sea recuperado del condensador de un equipo frigorífico;

   b) sea imperativo para el mantenimiento de la humedad relativa dentro de los márgenes requeridos;

   c) se necesite mantener los locales acondicionados con presión positiva con respecto a los locales adyacentes;

   d) se necesite simultanear las entradas de caudales de aire de temperaturas antagonistas para mantener el caudal mínimo de aire de ventilación;

   e) la mezcla de aire tenga lugar en dos zonas diferentes del mismo ambiente.

IT 1.2.4.7.4 Limitación del consumo de combustibles sólidos de origen fósil

Queda prohibida la utilización de combustibles sólidos de origen fósil en las instalaciones térmicas de los edificios de nueva construcción y en las instalaciones térmicas que se reformen en los edificios existentes.

IT 1.2.4.8 Eficiencia energética general de la instalación térmica

La aplicación de las anteriores medidas de eficiencia energética, aprovechamiento de energías residuales y utilización de energías renovables deben evaluarse de forma global mediante la eficiencia energética general.

Cuando se instale una instalación térmica de un edificio, se deberá evaluar la eficiencia energética general de toda la instalación. Cuando se sustituya o se mejore una instalación térmica de un edificio, se deberá evaluar la eficiencia energética general de la parte sustituida o modificada y, en su caso, de toda la instalación sustituida o modificada. Dicha evaluación deberá quedar documentada e incluida en el proyecto o memoria técnica presentado ante el órgano competente de la comunidad autónoma. Asimismo, podrá ser objeto de inspección y, en caso de incumplimiento, de posible sanción.

Los resultados de dicha evaluación se documentarán y se facilitarán al propietario del edificio.

Se entenderá por eficiencia energética general de la instalación térmica la relación entre la demanda energética (para el mantenimiento de rangos de temperatura adecuados y de suministro adecuado de ACS, de acuerdo con las dimensiones y uso del edificio), y el consumo de energía necesario para cubrir los servicios de climatización, agua caliente sanitaria, ventilación, o una combinación de los mismos, considerando también los sistemas de automatización y control.

Para la realización de dicha evaluación se podrán tener en cuenta los aspectos desarrollados mediante documento reconocido del RITE.

IT 1.3. Exigencia de seguridad

IT 1.3.1 Ámbito de aplicación

El ámbito de aplicación de esta sección es el que se establece con carácter general para el RITE, en su artículo 2, con las limitaciones que se fijan en este apartado.

IT 1.3.2 Procedimiento de verificación

Para la correcta aplicación de esta exigencia en el diseño y dimensionado de la instalación térmica debe seguirse la secuencia de verificaciones siguiente:

a. Cumplimiento de la exigencia de seguridad en generación de calor y frío del apartado 3.4.1.

b. Cumplimiento de la exigencia de seguridad en las redes de tuberías y conductos de calor y frío del apartado 3.4.2.

c. Cumplimiento de la exigencia de protección contra incendios del apartado 3.4.3.

d. Cumplimiento de la exigencia de seguridad de utilización del apartado 3.4.4.

IT 1.3.3 Documentación justificativa

El proyecto o memoria técnica contendrá la siguiente documentación justificativa del cumplimiento de esta exigencia de seguridad:

a. Justificación del cumplimiento de la exigencia de seguridad en generación de calor y frío del apartado 3.4.1.

b. Justificación del cumplimiento de la exigencia de seguridad en las redes de tuberías y conductos de calor y frío del apartado 3.4.2.

c. Justificación del cumplimiento de la exigencia de protección contra incendios del apartado 3.4.3.

d. Justificación del cumplimiento de la exigencia de seguridad de utilización del apartado 3.4.4.

IT 1.3.4 Caracterización y cuantificación de la exigencia de seguridad

IT 1.3.4.1 Generación de calor y frío

IT 1.3.4.1.1 Condiciones generales

1. Los generadores de calor que utilizan combustibles gaseosos, incluidos en el ámbito de aplicación del Reglamento (UE) 2016/426 del Parlamento Europeo y del Consejo, de 9 de marzo de 2016, sobre los aparatos que queman combustibles gaseosos y por el que se deroga

la Directiva 2009/142/CE tendrán la certificación de conformidad según lo establecido en dicho reglamento.

2. Los generadores de calor estarán equipados con un sistema de detección de flujo que impida el funcionamiento del mismo si no circula por él el caudal mínimo, salvo que el fabricante especifique que no requieren circulación mínima.

3. Los generadores de calor con combustibles que no sean gases dispondrán de:

   a) un dispositivo de interrupción de funcionamiento del quemador en caso de retroceso de los productos de la combustión;

   b) un dispositivo de interrupción de funcionamiento del quemador que impida que se alcancen temperaturas mayores que las de diseño, que será de rearme manual.

4. Los generadores de calor que utilicen biocombustible sólido tendrán:

   a) un dispositivo de interrupción de funcionamiento del sistema de combustión en caso de retroceso de los productos de la combustión o de llama. Deberá incluirse un sistema que evite la propagación del retroceso de la llama hasta el silo de almacenamiento que puede ser de inundación del alimentador de la caldera o dispositivo similar, o garantice la depresión en la zona de combustión;

   b) un dispositivo de interrupción de funcionamiento del sistema de combustión que impida que se alcancen temperaturas mayores que las de diseño, que será de rearme manual;

   c) un sistema de eliminación del calor residual producido en la caldera como consecuencia del biocombustible ya introducido en la misma cuando se interrumpa el funcionamiento del sistema de combustión. Son válidos a estos efectos un recipiente de expansión abierto que pueda liberar el vapor si la temperatura del agua en la caldera alcanza los 100 °C o un intercambiador de calor de seguridad;

   d) una válvula de seguridad tarada a 1 bar por encima de la presión de trabajo del generador. Esta válvula en su zona de descarga deberá estar conducida hasta sumidero.

5. Los generadores de calor por radiación, aparatos de generación de aire caliente y equipos de absorción de llama directa, así como cualquier otro generador que utilice combustibles gaseosos y esté incluido en el Reglamento (UE) 2016/426 del Parlamento Europeo y del Consejo, de 9 de marzo de 2016, deben cumplir con la reglamentación prevista en dicho reglamento. La evacuación de los productos de la combustión y la ventilación de los locales donde se instalen

estos equipos cumplirán con los requisitos de la reglamentación de seguridad industrial vigente.

6. La instalación en espacios habitables de generadores de calor de hogar abierto para calefacción o preparación de agua caliente sanitaria, solo podrá realizarse si se cumple la reglamentación de seguridad industrial vigente y, además, aquellos cuyo combustible sea el gas, lo establecido en el Reglamento (UE) 2016/426 del Parlamento Europeo y del Consejo, de 9 de marzo de 2016.

7. En espacios destinados a almacenes, talleres, naves industriales u otros recintos especiales, podrán utilizarse equipos de generación de calor de hogar abierto, o que viertan los productos de la combustión al local a calentar, siempre que se justifique que la calidad del aire del recinto no se vea afectada negativamente, indicándose las medidas de seguridad adoptadas para tal fin.

8. Los generadores de agua refrigerada tendrán, a la salida de cada evaporador, un presostato diferencial o un interruptor de flujo enclavado eléctricamente con el arrancador del compresor.

9. En las instalaciones solares térmicas, el diseño de la instalación se realizará de manera que se asegure que no se produzcan daños en la instalación. Para evitarlo se deberán adoptar medidas de seguridad intrínseca, tales como un dimensionado suficiente del vaso de expansión que permita albergar todo el volumen del medio de transferencia contenido en los captadores, sistemas de vaciado y llenado automático, etc., sin perjuicio de que existan otros sistemas de protección.

10. Las calderas incluidas en el ámbito de aplicación del reglamento de equipos a presión deberán cumplir los requisitos de seguridad establecidos en el citado reglamento.

IT 1.3.4.1.2 Salas de máquinas

IT 1.3.4.1.2.1 Ámbito de aplicación

1. Se considera sala de máquinas al local técnico donde se alojan los equipos de producción de frío o calor y otros equipos auxiliares y accesorios de la instalación térmica, con potencia superior a 70 kW. Los locales anexos a la sala de máquinas que comuniquen con el resto del edificio o con el exterior a través de la misma sala se consideran parte de la misma.

2. No tienen consideración de sala de máquinas los locales en los que se sitúen generadores de calor con potencia térmica nominal menor o igual que 70 kW o los equipos autónomos de climatización de cualquier potencia, tanto en generación de calor como de frío, para tratamiento de aire o agua, preparados en fábrica para instalar en exteriores. Tampoco

tendrán la consideración de sala de máquinas los locales con calefacción mediante generadores de aire caliente, tubos radiantes a gas, o sistemas similares; si bien en los mismos se deberán tener en consideración los requisitos de ventilación fijados en la norma UNE - EN 13.410.

3. Las salas de máquinas para centrales de producción de frío cumplirán con lo dispuesto en la reglamentación vigente que les sea de aplicación.

4. Las exigencias de este apartado deberán considerarse como mínimas, debiendo cumplirse, además, con la legislación de seguridad vigente que les afecte.

IT 1.3.4.1.2.2 Características comunes de los locales destinados a sala de máquinas

Los locales que tengan la consideración de salas de máquinas deben cumplir las siguientes prescripciones, además de las establecidas en la sección SI-1 del Código Técnico de la Edificación:

a. no se debe practicar el acceso normal a la sala de máquinas a través de una abertura en el suelo o techo;

b. las puertas tendrán una permeabilidad no mayor a 1 l/(s.m²) bajo una presión diferencial de 100 Pa, salvo cuando estén en contacto directo con el exterior;

c. las dimensiones de la puerta de acceso serán las suficientes para permitir el movimiento sin riesgo o daño de aquellos equipos que deban ser reparados fuera de la sala de máquinas;

d. las puertas deben estar provistas de cerradura con fácil apertura desde el interior, aunque hayan sido cerradas con llave desde el exterior;

e. en el exterior de la puerta se colocará un cartel con la inscripción: *Sala de Máquinas. Prohibida la entrada a toda persona ajena al servicio*

f. no se permitirá ninguna toma de ventilación que comunique con otros locales cerrados;

g. los elementos de cerramiento de la sala no permitirán filtraciones de humedad;

h. la sala dispondrá de un eficaz sistema de desagüe por gravedad o, en caso necesario, por bombeo;

i. el cuadro eléctrico de protección y mando de los equipos instalados en la sala o, por lo menos, el interruptor general estará situado en las proximidades de la puerta principal de acceso. Este interruptor no podrá cortar la alimentación al sistema de ventilación de la sala;

j. el interruptor del sistema de ventilación forzada de la sala, si existe, también se situará en las proximidades de la puerta principal de acceso;

k. el nivel de iluminación medio en servicio de la sala de máquinas será suficiente para realizar los trabajos de conducción e inspección, como mínimo, de 200 lux, con una uniformidad media de 0,5;

l. no podrán ser utilizados para otros fines, ni podrán realizarse en ellas trabajos ajenos a los propios de la instalación;

m. los motores y sus transmisiones deberán estar suficientemente protegidos contra accidentes fortuitos del personal;

n. entre la maquinaria y los elementos que delimitan la sala de máquinas deben dejarse los pasos y accesos libres para permitir el movimiento de equipos, o de partes de ellos, desde la sala hacia el exterior y viceversa;

o. la conexión entre generadores de calor y chimeneas debe ser perfectamente accesible.

p. en el interior de la sala de máquinas figurarán, visibles y debidamente protegidas, las indicaciones siguientes:

    I. instrucciones para efectuar la parada de la instalación en caso necesario, con señal de alarma de urgencia y dispositivo de corte rápido;

    II. el nombre, dirección y número de teléfono de la persona o entidad encargada del mantenimiento de la instalación;

    III. la dirección y número de teléfono del servicio de bomberos más próximo, y del responsable del edificio;

    IV. indicación de los puestos de extinción y extintores cercanos;

    V. plano con esquema de principio de la instalación.

**CTE Documento Básico SI - Seguridad en caso de incendio
Sección SI 1.Propagación interior**

[…]

2. Locales y zonas de riesgo especial

1. Los locales y zonas de riesgo especial integrados en los edificios se clasifican conforme los grados de riesgo alto, medio y bajo según los criterios que se establecen en la tabla 2.1. Los locales y las zonas así clasificados deben cumplir las condiciones que se establecen en la tabla 2.2.

2. Los locales destinados a albergar instalaciones y equipos regulados por reglamentos específicos, tales como transformadores, maquinaria

de aparatos elevadores, calderas, depósitos de combustible, contadores de gas o electricidad, etc. se rigen, además, por las condiciones que se establecen en dichos reglamentos. Las condiciones de ventilación de los locales y de los equipos exigidas por dicha reglamentación deberán solucionarse de forma compatible con las de compartimentación establecidas en este Documento Básico.

A los efectos de este Documento Básico se excluyen los equipos situados en las cubiertas de los edificios, aunque estén protegidos mediante elementos de cobertura.

Tabla 2.1 *Clasificación de los locales y zonas de riesgo especial integrados en edificios*

Uso previsto del edificio o *establecimiento* - Uso del local o zona	Tamaño del local o zona S = superficie construida V = volumen construido		
	Riesgo bajo	Riesgo medio	Riesgo alto
En cualquier edificio o *establecimiento*:			
- Salas de calderas con potencia útil nominal P	70<P≤200 kW	200<P≤600 kW	P>600 kW
- Salas de máquinas de instalaciones de climatización (según Reglamento de Instalaciones Térmicas en los edificios, RITE, aprobado por RD 1027/2007, de 20 de julio, BOE 2007/08/29)	En todo caso		
- Salas de maquinaria frigorífica: refrigerante amoniaco		En todo caso	
refrigerante halogenado	P≤400 kW	P>400 kW	
- Almacén de combustible sólido para calefacción	S≤3 m²	S>3 m²	

Tabla 2.2 *Clasificación de los locales y zonas de riesgo especial integrados en edificios*

Característica	Riesgo bajo	Riesgo medio	Riesgo alto
Resistencia al fuego de la estructura portante [2]	R 90	R 120	R 180
Resistencia al fuego de las paredes y techos [3] que separan la zona del resto del edificio [2][4]	EI 90	EI 120	EI 180
Vestíbulo de independencia en cada comunicación de la zona con el resto del edificio	-	Sí	Sí
Puertas de comunicación con el resto del edificio	EI₂ 45-C5	2 x EI₂ 30 -C5	2 x EI₂ 45-C5
Máximo recorrido hasta alguna salida del local [5]	≤ 25 m [6]	≤ 25 m [6]	≤ 25 m [6]

[1] Las condiciones de *reacción al fuego* de los elementos constructivos se regulan en la tabla 4.1 del capítulo 4 de esta sección.

[2] El tiempo de *resistencia al fuego* no debe ser menor que el establecido para los sectores de incendio del uso al que sirve el local de riesgo especial, conforme a la tabla 1.2, excepto cuando se encuentre bajo una cubierta no prevista para evacuación y cuyo fallo no suponga riesgo para la estabilidad de otras plantas ni para la compartimentación contra incendios, en cuyo caso puede ser R 30.

Excepto en los locales destinados a albergar instalaciones y equipos, puede adoptarse como alternativa *el tiempo equivalente de exposición al fuego* determinado conforme a lo establecido en el apartado 2 del Anejo SI B.

[3] Cuando el techo separe de una planta superior debe tener al menos la misma *resistencia al fuego* que se exige a las paredes, pero con la característica REI en lugar

de EI , al tratarse de un elemento portante y compartimentador de incendios. En cambio, cuando sea una cubierta no destinada a actividad alguna, ni prevista para ser utilizada en la evacuación, no precisa tener una función de compartimentación de incendios, por lo que solo debe aportar la *resistencia al fuego* R que le corresponda como elemento estructural, excepto en las franjas a las que hace referencia el capítulo 2 de la Sección SI 2, en las que dicha resistencia debe ser REI.

[4] Considerando la acción del fuego en el interior del *recinto*.

La *resistencia al fuego* del suelo es función del uso al que esté destinada la zona existente en la planta inferior. Véase apartado 3 de la Sección SI 6 de este DB.

[5] El recorrido por el interior de la zona de riesgo especial debe ser tenido en cuenta en el cómputo de la longitud de los *recorridos de evacuación* hasta las *salidas de planta*. Lo anterior no es aplicable al recorrido total desde un garaje de una vivienda unifamiliar hasta una salida de dicha vivienda, el cual no está limitado.

[6] Podrá aumentarse un 25 % cuando la zona esté protegida con una Instalación automática de extinción.

[…]

Sección SI 4 - Instalaciones de protección contra incendios

1. Dotación de instalaciones de protección contra incendios

1. Los edificios deben disponer de los equipos e instalaciones de protección contra incendios que se indican en la tabla 1.1. El diseño, la ejecución, la puesta en funcionamiento y el mantenimiento de dichas instalaciones, así como sus materiales, componentes y equipos, deben cumplir lo establecido en el «Reglamento de Instalaciones de Protección contra Incendios», en sus disposiciones complementarias y en cualquier otra reglamentación específica que le sea de aplicación. La puesta en funcionamiento de las instalaciones requiere la presentación, ante el órgano competente de la comunidad autónoma, del certificado de la empresa instaladora al que se refiere el artículo 18 del citado reglamento.

Los locales de riesgo especial, así como aquellas zonas cuyo uso previsto sea diferente y subsidiario del principal del edificio o del establecimiento en el que estén integradas y que, conforme a la tabla 1.1 del Capítulo 1 de la Sección 1 de este DB, deban constituir un sector de incendio diferente, deben disponer de la dotación de instalaciones que se indica para cada local de riesgo especial, así como para cada zona, en función de su uso previsto, pero en ningún caso será inferior a la exigida con carácter general para el uso principal del edificio o del establecimiento.

Tabla 1.1 *Dotación de instalaciones de protección contra incendios*

Uso previsto del edificio o establecimiento	Condiciones
Instalación	
En general	
Extintores portátiles	Uno de eficacia 21A -113B:
	– A 15 m de recorrido en cada planta, como máximo, desde todo *origen de evacuación*.
	– En las zonas de riesfo especial conforme al capítulo 2 de la Sección 1[(1)] de este DA

[…]

[(1)] Un extintor en el exterior del local o de la zona y próximo a la puerta de acceso, el cual podrá servir simultáneamente a varios locales o zonas. En el interior del local o de la zona se instalarán además los extintores necesarios para que el recorrido real hasta alguno de ellos, incluido el situado en el exterior, no sea mayor que 15 m en locales y zonas de riesgo especial medio o bajo, o que 10 m en locales o zonas de riesgo especial alto.

[…]

IT 1.3.4.1.2.3 Salas de máquinas con generadores de calor a gas

1. Las salas de máquinas con generadores de calor a gas se situarán en un nivel igual o superior al semisótano o primer sótano; para gases más ligeros que el aire, se ubicarán preferentemente en cubierta.

2. Los cerramientos (paredes y techos exteriores) del recinto deben tener un elemento o disposición constructiva de superficie mínima que, en metros cuadrados, sea la centésima parte del volumen del local expresado en metros cúbicos, con un mínimo de un metro cuadrado, de baja resistencia mecánica, en comunicación directa a una zona exterior o patio descubierto de dimensiones mínimas 2 × 2 m.

3. La sección de ventilación o la puerta directa al exterior pueden ser una parte de esta superficie. Si la superficie de baja resistencia mecánica se fragmenta en varias, se debe aumentar un 10 % la superficie exigible en la norma con un mínimo de 250 cm² por división. Las salas de máquinas que no comuniquen directamente con el exterior, o con un patio de ventilación de dimensiones mínimas, lo pueden

realizar a través de un conducto de sección mínima equivalente a la del elemento o disposición constructiva anteriormente definido y cuya relación entre lado mayor y lado menor sea menor que 3. Dicho conducto discurrirá en sentido ascendente sin aberturas en su recorrido y con desembocadura libre de obstáculos.

Las superficies de baja resistencia mecánica no deben practicarse a patios que contengan escaleras o ascensores (no se considerarán como patio con ascensor los que tengan exclusivamente el contrapeso del ascensor).

4. El sistema de corte de suministro de gas consistirá en una válvula de corte automática del tipo todo-nada instalada en la línea de alimentación de gas a la sala de máquinas y ubicada en el exterior de la sala. Será de tipo cerrada, es decir, cortará el paso de gas en caso de fallo del suministro de su energía de accionamiento.

5. En caso de que el sistema de detección haya sido activado por cualquier causa, la reposición del suministro de gas será siempre manual.

6. En los demás requisitos exigibles a las salas de máquinas con generadores de calor a gas, se acatará lo dispuesto en la ITC - ICG 07. Instalaciones receptoras de combustibles gaseosos del Reglamento técnico de distribución y utilización de combustibles gaseosos, aprobado por el Real Decreto 919/2006, de 28 de julio, o la normativa que la sustituya.

7. Los equipos de llama directa para refrigeración por absorción, así como los equipos de cogeneración, que utilicen combustibles gaseosos, siempre que su potencia útil nominal conjunta sea superior a 70 kW, deberán instalarse en salas de máquinas o integrarse como equipos autónomos de conformidad con los requisitos recogidos en la norma UNE 60601.

IT 1.3.4.1.2.4 Sala de máquinas de riesgo alto

Las instalaciones que requieren sala de máquinas de riesgo alto son aquellas que cumplen una cualquiera de las siguientes condiciones:

a. las realizadas en edificios institucionales o de pública concurrencia;

b. las que trabajen con agua a temperatura superior a 110 °C.

Además de los requisitos generales exigidos en los apartados anteriores para cualquier sala de máquinas, en una sala de máquinas de riesgo alto el cuadro eléctrico de protección y mando de los equipos instalados en la sala o, por lo menos, el interruptor general y el interruptor del sistema de ventilación deben situarse fuera de la misma y en la proximidad de uno de los accesos.

IT 1.3.4.1.2.5 Equipos autónomos de generación de calor

1. Los equipos autónomos de generación de calor se deben instalar en el exterior de los edificios, a la intemperie, en zonas no transitadas por el uso habitual del edificio, salvo por personal especializado de mantenimiento de estos u otros equipos, en plantas al nivel de calle o en terreno colindante, en azoteas o terrazas.

2. En el caso de que se sitúe en zonas de tránsito se debe dejar una franja libre alrededor del equipo que garantice el mantenimiento del mismo, con un mínimo de 1 metro, delimitada por medio de elementos que impidan el acceso a la misma a personal no autorizado. Aquellos equipos autónomos de generación de calor que no tengan ningún tipo de registro en su parte posterior y el fabricante autorice su instalación adosada a un muro, deben respetar la franja mínima de 1 m exclusivamente en sus partes frontal y lateral.

3. Cuando el equipo autónomo se alimente de gases más densos que el aire, no debe existir comunicación con niveles inferiores (desagües, sumideros, conductos de ventilación a ras del suelo, etc.), en la zona de influencia del equipo (1 m alrededor del mismo).

4. En el caso de instalación sobre forjado, se debe verificar que las cargas de peso no excedan los valores soportados por el forjado, emplazando el equipo sobre viguetas apoyadas sobre muros o pilares de carga cuando sea necesario.

IT 1.3.4.1.2.6 Dimensiones de las salas de máquinas

1. Las instalaciones térmicas deberán ser perfectamente accesibles en todas sus partes de forma que puedan realizarse adecuadamente y sin peligro todas las operaciones de mantenimiento, vigilancia y conducción.

2. La altura mínima de la sala será de 2,50 m; respetándose una altura libre de tuberías y obstáculos sobre la caldera de 0,5 m.

3. Los espacios mínimos libres que deben dejarse alrededor de los generadores de calor, según el tipo de caldera, serán los que se señalan a continuación, o los que indique el fabricante, cuando sus exigencias superen las mínimas anteriores:

   a. Calderas con quemador de combustión forzada.

   Para estas calderas el espacio mínimo será de 0,5 m entre uno de los laterales de la caldera y la pared permitiendo la apertura total de la puerta sin necesidad de desmontar el quemador, y de 0,7 m entre el fondo de la caja de humos y la pared de la sala.

   Cuando existan varias calderas, la distancia mínima entre ellas será de 0,5 m, siempre permitiendo la apertura de las puertas de las calderas sin necesidad de desmontar los quemadores.

El espacio libre en la parte frontal será igual a la profundidad de la caldera, con un mínimo de un metro; en esta zona se respetará una altura mínima libre de obstáculos de 2 m.

b. Calderas de cámara de combustión abierta y tiro natural.

El espacio libre en el frente de la caldera será como mínimo de 1 m, con una altura mínima de 2 m libre de obstáculos.

Entre calderas, así como las calderas extremas y los muros laterales y de fondo, debe existir un espacio libre de al menos 0,5 m que podrá disminuirse en los modelos en que el mantenimiento de las calderas y su aislamiento térmico lo permita. Deben tenerse en cuenta las recomendaciones del fabricante.

En el caso de que las calderas a instalar sean del tipo mural y/o modular formando una batería de calderas o cuando las paredes laterales de las calderas a instalar no precisen acceso, puede reducirse la distancia entre ellas, teniendo en cuenta el espacio preciso para poder efectuar las operaciones de desmontaje de la envolvente y del mantenimiento de las mismas.

Con calderas de combustibles sólidos, la distancia entre estas y la chimenea será igual, al menos, al tamaño de la caldera.

Las calderas de combustibles sólidos en las que sea necesaria la accesibilidad al hogar, para carga o reparto del combustible, tendrán un espacio libre frontal igual, por lo menos, a una vez y media la profundidad de la caldera.

Las calderas de biocombustibles sólidos en las que la retirada de cenizas sea manual, tendrán un espacio libre frontal igual, por lo menos, a vez y media la profundidad de la caldera.

IT 1.3.4.1.2.7 Ventilación de salas de máquinas

1. Generalidades

1.1 Toda sala de máquinas cerrada debe disponer de medios suficientes de ventilación.

1.2 El sistema de ventilación podrá ser del tipo: natural directa por orificios o conductos, o forzada.

1.3 Se recomienda adoptar, para mayor garantía de funcionamiento, el sistema de ventilación directa por orificios.

1.4 En cualquier caso, se intentará lograr, siempre que sea posible, una ventilación cruzada, colocando las aberturas sobre paredes opuestas de la sala y en las cercanías del techo y del suelo.

1.5 Los orificios de ventilación, tanto directa como forzada, distarán al menos 50 cm de cualquier hueco practicable o rejillas de ventilación de otros locales distintos de la sala de máquinas. Las aberturas estarán protegidas para evitar la entrada de cuerpos extraños y que no puedan ser obstruidos o inundados.

2. Ventilación natural directa por orificios

2.1 La ventilación natural directa al exterior puede realizarse, para las salas contiguas a zonas al aire libre, mediante aberturas de área libre mínima de 5 cm²/kW de potencia térmica nominal.

2.2 Se recomienda practicar más de una abertura y colocarlas en diferentes fachadas y a distintas alturas, de manera que se creen corrientes de aire que favorezcan el barrido de la sala.

2.3 Para combustibles gaseosos el orificio para entrada de aire se situará obligatoriamente con su parte superior a menos de 50 cm del suelo; la ventilación se complementará con un orificio, con su lado inferior a menos de 30 cm del techo, este último de superficie 10 . A (cm²), siendo A la superficie de la sala de máquinas en m²

3. Ventilación natural directa por conducto

3.1 Cuando la sala no sea contigua a zona al aire libre, pero pueda comunicarse con esta por medio de conductos de menos de 10 m de recorrido horizontal, la sección libre mínima de estos, referida a la potencia térmica nominal instalada, será:

conductos verticales:	7,5 cm²/kW
conductos horizontales:	10 cm²/kW

3.2 Las secciones indicadas se dividirán en dos aberturas, por lo menos, una situada cerca del techo y otra cerca del suelo y, a ser posible, sobre paredes opuestas.

3.3 Para combustibles gaseosos el conducto de ventilación inferior desembocará a menos de 50 cm del suelo; en el caso de gases más pesados que el aire el conducto será obligatoriamente ascendente; el conducto de ventilación superior será siempre ascendente.

4. Ventilación forzada

4.1 En la ventilación, se dispondrá de un ventilador de impulsión, soplando en la parte inferior de la sala, que asegure un caudal mínimo, en m³/h de 1,8 . PN + 10. A, siendo PN la potencia térmica nominal instalada, en kW y A la superficie de la sala en m²

4.2 Para disminuir la presurización de la sala con respecto a los locales contiguos, se dispondrá de un conducto de evacuación del aire de exceso, situado a menos de 30 cm del techo y en lado opuesto de la ventilación inferior de manera que se garantice una ventilación cruzada, construido con material incombustible y dimensionado de manera que la sobrepresión no sea mayor que 20 Pa; las dimensiones mínimas de dicho conducto serán 10 . A (cm²), siendo A la superficie en m² de la sala de máquinas, con un mínimo de 250 cm²

4.3 Las pautas del funcionamiento del sistema de ventilación forzada serán las siguientes:

- Encendido:

 a. Arrancar el ventilador.

 b. Mediante un detector de flujo o un presostato debe activarse un relé temporizado que garantice el funcionamiento del sistema de ventilación antes de dar la señal de encendido a la caldera.

 c. Arrancar el generador de calor.

- Apagado:

 a. Parar el generador de calor.

 b. Solo cuando todas las calderas de la sala estén paradas debe desactivarse el relé mencionado anteriormente y parar el ventilador.

5. Sistema de extracción para gases más pesados que el aire

5.1 En las salas de máquinas con calderas que utilicen gases más pesados que el aire, en las que no se pueda lograr un conducto inferior para evacuación de fugas de gas al exterior, se instalará un sistema de extracción de aire activado por el sistema de detección de fugas.

5.2 El equipo de extracción debe estar compuesto de un extractor de aire de tipo centrífugo instalado en el exterior del recinto, en el caso de que no pueda instalarse en el exterior del local, puede ser ubicado en el interior lo más próximo al punto de penetración del conducto de extracción en la sala de máquinas. El conjunto carcasa-rodete debe estar fabricado con materiales que no produzcan chispas mecánicas y debe estar accionado por un motor eléctrico externo al conjunto, con envolvente IP-33.

5.3 Conductos de extracción: el extractor debe ser conectado a una red de conductos con bocas de aspiración dispuestas en las proximidades de los posibles puntos de fuga de gas coincidiendo, por lo general, con la situación de los detectores. La altura de las mencionadas bocas debe ser la misma que la indicada para los detectores en el apartado cuatro de la IT 1.3.4.1.2.3. El número mínimo de bocas de aspiración debe ser igual al número de detectores.

5.4 Caudal de extracción: el caudal de extracción mínimo, expresado en m³/h, se calcula mediante la expresión: $Q = 10 . A$, donde A es la superficie en planta de la sala de máquinas, expresada en m². En todos los casos debe garantizarse un caudal mínimo de 100 m³/h.

5.5 Funcionamiento del sistema: el conjunto de extracción debe funcionar cuando el equipo de detección esté activado y permanecerá en funcionamiento hasta que se restablezcan las condiciones normales de operación.

IT 1.3.4.1.2.8 Medidas específicas para edificación existente

Para las salas de máquinas en edificios existentes se consideran válidos los mismos criterios detallados en los apartados anteriores, si bien cuando ello no sea posible se admiten las siguientes excepciones:

1. Dimensiones

Las dimensiones indicadas en la IT 1.3.4.1.2.2 y en la IT 1.3.4.1.2.3 podrán modificarse de manera justificada, siempre que se garantice el mantenimiento de los equipos instalados; en el caso concreto de las calderas se deberá incluir la documentación aportada por el fabricante de las mismas, en la cual se detalle el mencionado aspecto.

2. Patio de ventilación

En edificios ya construidos, dicho patio podrá tener una superficie mínima en planta de 3 m² y la dimensión del lado menor será como mínimo de 1 m.

3. Salas de máquinas con calderas a gas en las que no se logre la superficie no resistente

En las reformas de las salas de máquinas en edificios existentes con calderas de gas, en las que no sea posible lograr la superficie no resistente al exterior, o a patio de ventilación, se realizará una ventilación forzada y se instalará un sistema de detección y corte de fugas de gas.

4. Emplazamiento

No está permitida la ubicación de salas máquinas con calderas a gas en niveles inferiores a semisótano o primer sótano; en las reformas de salas por debajo de ese nivel se deberá habilitar un nuevo local para las calderas.

5. Ventilación superior

En las reformas de las salas de máquinas en edificios existentes con calderas de gas, si existiera una viga o cualquier otro obstáculo constructivo que impidiera la colocación de la rejilla superior de ventilación según lo descrito en el apartado 2.3 de la IT 1.3.4.1.2.7, se podrá colocar esta más baja siempre que su parte superior se encuentre a menos de 30 cm del techo y su parte inferior se encuentre a menos de 50 cm del mismo techo.

IT 1.3.4.1.3 Chimeneas

IT 1.3.4.1.3.1 Evacuación de los productos de la combustión

La evacuación de los productos de la combustión en las instalaciones térmicas se realizará de acuerdo con las siguientes normas generales:

a. Los edificios de viviendas de nueva construcción en los que no se prevea una instalación térmica central ni individual, dispondrán de una preinstalación para la evacuación individualizada de los productos de la combustión, mediante un conducto conforme con la normativa europea, que desemboque por cubierta y que permita conectar en su caso calderas de cámara de combustión estanca tipo C, según la norma UNE - CEN/TR 1749 IN.

b. En los edificios de nueva construcción en los que se prevea una instalación térmica, la evacuación de los productos de la combustión del generador se realizará por un conducto por la cubierta del edificio, en el caso de instalación centralizada, o mediante un conducto igual al previsto en el apartado anterior, en el caso de instalación individualizada.

c. En las instalaciones térmicas que se reformen cambiándose sus generadores y que ya dispongan de un conducto de evacuación a cubierta, este será el empleado para la evacuación, siempre que sea adecuado al nuevo generador objeto de la reforma y de conformidad con las condiciones establecidas en la reglamentación vigente.

d. En las instalaciones térmicas existentes que se reformen cambiándose sus generadores que no dispongan de conducto de evacuación a cubierta o este no sea adecuado al nuevo generador objeto de la reforma, la evacuación se realizará por la cubierta del edificio mediante un nuevo conducto adecuado.

Como excepción a los anteriores casos generales anteriores se permitirá siempre que los generadores utilicen combustibles gaseosos, la salida directa de estos productos al exterior con conductos por fachada o patio de ventilación, únicamente, cuando se trate de aparatos estancos de potencia útil nominal igual o inferior a 70 kW o de aparatos de tiro natural para la producción de agua caliente sanitaria de potencia útil igual o inferior a 24,4 kW, en los siguientes casos:

1. En las instalaciones térmicas de viviendas unifamiliares.

2. En las instalaciones térmicas de edificios existentes que se reformen, con las circunstancias mencionadas en el apartado d, cuando se instalen calderas individuales con emisiones de NOx de clase 5.

IT 1.3.4.1.3.2 Diseño y dimensionado de chimeneas

1. Queda prohibida la unificación del uso de los conductos de evacuación de los productos de la combustión con otras instalaciones de evacuación.

2. Cada generador de calor de potencia térmica nominal mayor que 400 kW tendrá su propio conducto de evacuación de los productos de la combustión.

3. Los generadores de calor de potencia térmica nominal igual o menor que 400 kW, que tengan la misma configuración para la evacuación de los productos de la combustión, podrán tener el conducto de evacuación común a varios generadores, siempre y cuando la suma de la potencia sea igual o menor a 400 kW. Para generadores de cámara de combustión abierta y tiro natural, instalados en cascada, el ramal auxiliar, antes de su conexión al conducto común, tendrá un tramo vertical ascendente de altura igual o mayor que 0,2 m.

4. En ningún caso se podrán conectar a un mismo conducto de humos generadores que empleen combustibles diferentes.

5. Las chimeneas se diseñarán y calcularán según los procedimientos descritos en las normas UNE 123001, UNE - EN 13384 -1 y UNE - EN 13384 -2 cuando sean modulares y UNE 123003 cuando sean autoportantes. No obstante se considerarán válidas las chimeneas que se diseñen utilizando otros métodos, siempre que se justifique su idoneidad en el proyecto de la instalación.

6. En el dimensionado se analizará el comportamiento de la chimenea en las diferentes condiciones de carga; además, si el generador de calor funciona a lo largo de todo el año, se comprobará su funcionamiento en las condiciones extremas de invierno y verano.

7. El tramo horizontal del sistema de evacuación, con pendiente hacia el generador de calor, será lo más corto posible.

8. Se dispondrá un registro en la parte inferior del conducto de evacuación que permita la eliminación de residuos sólidos y líquidos.

9. La chimenea será de material resistente a la acción agresiva de los productos de la combustión y a la temperatura, con la estanquidad adecuada al tipo de generador empleado. En el caso de chimeneas metálicas la designación según la norma UNE - EN 1856-1 o UNE - EN 1856-2 de la chimenea elegida en cada caso y para cada aplicación será de acuerdo a lo establecido en la norma UNE 123001.

10. Para la evacuación de los productos de la combustión de calderas que incorporan extractor, la sección de la chimenea, su material y longitud serán los certificados por el fabricante de la caldera. El sistema de evacuación de estas calderas tendrá el certificado CE conjuntamente con la caldera y podrá ser de pared simple, siempre que quede fuera del

alcance de las personas, y podrá estar construido con tubos de materiales plásticos, rígidos o flexibles, que sean resistentes a la temperatura de los productos de la combustión y a la acción agresiva del condensado. Se cuidarán con particular esmero las juntas de estanquidad del sistema, por quedar en sobrepresión con respecto al ambiente.

11. En ningún caso el diseño de la terminación de la chimenea obstaculizará la libre difusión en la atmósfera de los productos de la combustión.

IT 1.3.4.1.3.3 Evacuación por conducto con salida directa al exterior o a patio de ventilación

1. Condiciones de aplicación

Los sistemas de evacuación recogidos en esta IT serán exclusivamente utilizados para los casos excepcionales indicados en el apartado d de la IT 1.3.4.1.3.1. Evacuación de productos de combustión.

2. Características de los patios de ventilación

1. Los patios de ventilación para la evacuación de productos de combustión de aparatos conducidos en edificios existentes, deben tener como mínimo una superficie en planta, medida en m², igual a 0,5 x NT, con un mínimo de 4 m², siendo NT el número total de locales que puedan contener aparatos conducidos que desemboquen en el patio.

2. Además, si el patio está cubierto en su parte superior con un techado, este debe dejar libre una superficie permanente de comunicación con el exterior del 25 % de su sección en planta, con un mínimo de 4 m².

3. Aparatos de tipo estanco

1. Características de los tubos de evacuación. En el caso de aparatos de tipo estanco, el sistema de evacuación de los productos de combustión y admisión del aire debe ser el diseñado por el fabricante para el aparato. Con carácter general, el extremo final del tubo debe estar diseñado de manera que se favorezca la salida frontal (tipo cañón) a la mayor distancia horizontal posible de los productos de combustión. Cuando no se puedan cumplir las distancias mínimas a una pared frontal, se pueden utilizar en el extremo deflectores desviadores del flujo de los productos de la combustión.

2. Características de la instalación. La proyección perpendicular del conducto de salida de los productos de la combustión sobre los planos en que se encuentran los orificios de ventilación y la parte practicable de los marcos de ventanas debe distar 40 cm como mínimo de estos, salvo cuando dicha salida se efectúe por encima, en que no es necesario guardar tal distancia mínima. Se pueden utilizar desviadores laterales de los productos de la combustión cuando no pueda respetarse la distancia mínima de 40 cm.

Dependiendo del tipo de fachada y del tipo de salida (concéntrica o de conductos independientes) se distinguen los siguientes casos:

a. A través de fachada, celosía o similar.

    a1. Tubo concéntrico (interior salida productos de la combustión, exterior toma de aire para combustión). El tubo debe sobresalir ligeramente del muro en la zona exterior hasta un máximo de 3 cm para el tubo exterior.

    a2. Tubo de conductos independientes (un tubo para entrada de aire y otro para salida de los productos de la combustión). Tanto el tubo para salida de los productos de la combustión como el tubo para entrada de aire puede sobresalir como máximo 3 cm de la superficie de la fachada.

    En ambos casos, se pueden colocar rejillas en los extremos diseñadas por el fabricante.

b. A través de la superficie de fachada perteneciente al ámbito de una terraza, balcón o galería techados y abiertos al exterior. En este caso, caben dos posibilidades:

    b1. El eje del tubo de salida de los productos de la combustión se encuentra a una distancia igual o inferior a 30 cm respecto del techo de la terraza, balcón o galería, medidos perpendicularmente.

    En esta situación, dicho tubo se debe prolongar hacia el límite del techo de la terraza, balcón o galería de forma que entre el mismo y el extremo del tubo se guarde una distancia máxima de 10 cm, prevaleciendo las indicaciones que el fabricante facilite al respecto.

    b2. El eje del tubo de salida de los productos de la combustión se encuentra a una distancia superior a 30 cm respecto del techo de la terraza, balcón o galería, medidos perpendicularmente. En esta situación, el extremo de dicho tubo no debe sobresalir de la pared que atraviesa más de 10 cm, prevaleciendo las indicaciones que el fabricante facilite al respecto.

c. A través de fachada, celosía o similar, existiendo una cornisa o balcón en cota superior a la de salida de los productos de la combustión. Se debe seguir el mismo criterio que en el caso *b*, siendo el límite a considerar el de la cornisa o balcón.

d. Aparato situado en el exterior, en una terraza, balcón o galería abiertos y techados. De forma general se debe seguir el mismo criterio que en los casos b y c, con la salvedad de que cuando el eje del tubo de salida de los productos de la combustión se encuentre a una distancia superior a 30 cm respecto del techo de la terraza, balcón o galería, la longitud del tubo de salida de los productos de la combustión debe ser la mínima indicada por el fabricante.

Si en los casos *b* o *d* la terraza, balcón o galería fuese cerrada con sistema permanente, con posterioridad a la instalación del aparato, los tubos de salida de los productos de la combustión se deben prolongar para atravesar el cerramiento siguiendo los mismos criterios que a través de muro o celosía indicados en el caso *a*.

En cualquiera de los casos anteriores, y de forma general, cuando la salida de los productos de la combustión se realice directamente al exterior a través de una pared, el eje del conducto de evacuación de los productos de la combustión se debe situar, como mínimo, a 2,20 m del nivel del suelo más próximo con tránsito o permanencia de personas, medidos en sentido vertical. Se exceptúan de este requisito, las salidas de productos de la combustión de los radiadores murales de tipo ventosa de potencia inferior a 4,2 kW, siempre y cuando estén protegidas adecuadamente para evitar el contacto directo.

Entre dos salidas de productos de la combustión situadas al mismo nivel, se debe mantener una distancia mínima de 60 cm. La distancia mínima se puede reducir a 30 cm si se emplean deflectores divergentes indicados por el fabricante o cualquier otro método que utilizando los medios suministrados por el fabricante garantice que las dos salidas sean divergentes.

La salida de productos de la combustión debe distar al menos 1 m de pared lateral con ventanas o huecos de ventilación, o 30 cm de pared lateral sin ventanas o huecos de ventilación.

La salida de productos de la combustión debe distar al menos 3 m de pared frontal con ventana o huecos de ventilación, o de 2 m de pared frontal sin ventanas o huecos de ventilación.

Además se tendrá en cuenta lo indicado en el apartado 8.5 de la Norma UNE 60670-6 referente a requisitos adicionales de los conductos de evacuación.

IT 1.3.4.1.4 Almacenamiento de biocombustibles sólidos

1. Las instalaciones con potencia útil nominal inferior o igual a 70 kW o con una capacidad de almacenamiento inferior o igual a 5 toneladas deberán contar, al menos, con envases o depósitos para el almacenamiento. El resto de las instalaciones alimentadas con biocombustibles sólidos deben incluir un lugar de almacenamiento dentro o fuera del edificio, destinado exclusivamente para este uso.

2. Cuando el lugar de almacenamiento esté situado fuera del edificio podrá construirse en superficie o subterráneo, pudiendo utilizarse también contenedores específicos de biocombustible, debiendo prever un sistema adecuado para la extracción y transporte.

3. En edificios nuevos la capacidad mínima de almacenamiento de biocombustibles será la suficiente para cubrir el consumo de 15 días.

4. Se debe prever un procedimiento de vaciado del almacenamiento de biocombustibles para el caso de que sea necesario, para la realización de trabajos de mantenimiento o reparación o en situaciones de riesgo de incendio.

5. En edificios nuevos el lugar de almacenamiento de biocombustible sólido y la sala de máquinas deben encontrarse situados en locales distintos y con las aperturas para el transporte desde el almacenamiento a los generadores de calor dotadas con los elementos adecuados para evitar la propagación de incendios de una a otra.

6. En instalaciones térmicas existentes que se reformen, en donde no pueda realizarse una división en dos locales distintos, el depósito de almacenamiento estará situado a una distancia de la caldera superior a 0,7 m y deberá existir entre el generador de calor y el almacenamiento una pared con resistencia ante el fuego de acuerdo con la reglamentación vigente de protección contra incendios.

7. Las paredes, suelo y techo del lugar de almacenamiento no permitirán filtraciones de humedad, impermeabilizándolas en caso necesario.

8. Las paredes y puertas del almacén deben ser capaces de soportar la presión del biocombustible. Asimismo, la resistencia al fuego de los elementos delimitadores y estructurales del almacenamiento de biocombustibles será la que determine la reglamentación de protección contra incendios vigente. Los almacenes deberán disponer de sistemas de detección y extinción de incendios.

9. No están permitidas las instalaciones eléctricas dentro del almacén.

10. Cuando se utilice un sistema neumático para el transporte de la biomasa, este deberá contar con una toma de tierra.

11. Cuando se utilicen sistemas neumáticos de llenado del almacenamiento debe:

   a) Instalarse en la zona de impacto un sistema de protección de la pared contra la abrasión derivada del golpeteo de los biocombustibles y para evitar su desintegración por impacto.

   b) Diseñarse dos aberturas, una de conexión a la manguera de llenado y otra de salida de aire para evitar sobrepresiones y para permitir la aspiración del polvo impulsado durante la operación de llenado. Podrán utilizarse soluciones distintas a la expuesta de acuerdo con las circunstancias específicas y con lo establecido en el apartado 2.b) del artículo 14 de este reglamento.

12. Cuando se utilicen sistemas de llenado del almacenamiento mediante descarga directa a través de compuertas a nivel del suelo, estas deben constar de los elementos necesarios de seguridad para evitar caídas dentro del almacenamiento.

IT 1.3.4.2 Redes de tuberías y conductos

IT 1.3.4.2.1 Generalidades

1. Para el diseño y colocación de los soportes de las tuberías, se emplearán las instrucciones del fabricante considerando el material empleado, su diámetro y la colocación (enterrada o al aire, horizontal o vertical).

2. Las conexiones entre tuberías y equipos accionados por motor de potencia mayor que 3 kW se efectuarán mediante elementos flexibles.

3. Los circuitos hidráulicos de diferentes edificios conectados a una misma central térmica estarán hidráulicamente separados del circuito principal mediante intercambiadores de calor.

IT 1.3.4.2.2 Alimentación

1. La alimentación de los circuitos se realizará mediante un dispositivo que servirá para reponer las pérdidas de agua. El dispositivo, denominado desconector, será capaz de evitar el reflujo del agua de forma segura en caso de caída de presión en la red pública, creando una discontinuidad entre el circuito y la misma red pública.

   Antes de este dispositivo se dispondrá una válvula de cierre, un filtro y un contador, en el orden indicado. El llenado será manual, y se instalará también un presostato que actúe una alarma y pare los equipos.

   En el tramo que conecta los circuitos cerrados al dispositivo de alimentación se instalará una válvula automática de alivio que tendrá un diámetro mínimo DN 20 y estará tarada a una presión igual a la máxima de servicio en el punto de conexión más 0,2 a 0,3 bar, siempre menor que la presión de prueba.

   Se exceptúan de estas exigencias las calderas mixtas individuales hasta 70 kW, las cuales dispondrán, del correspondiente marcado CE.

2. El diámetro mínimo de las conexiones en función de la potencia útil nominal de la instalación se elegirá de acuerdo a lo indicado en la tabla 3.4.2.2.

Tabla 3.4.2.2 *Diámetro de la conexión de alimentación*

Potencia útil nominal kW	Calor DN (mm)	Frío DN (mm)
P ≤ 70	15	20
70 < P ≤ 150	20	25
150 < P ≤ 400	25	32
400 < P	32	40

3. Si el agua estuviera mezclada con un aditivo, la solución se preparará en un depósito y se introducirá en el circuito por medio de una bomba, de forma manual o automática.

IT 1.3.4.2.3 Vaciado y purga

1. Todas las redes de tuberías deben diseñarse de tal manera que puedan vaciarse de forma parcial y total.

2. Los vaciados parciales se harán en puntos adecuados del circuito, a través de un elemento que tendrá un diámetro mínimo nominal de 20 mm.

3. El vaciado total se hará por el punto accesible más bajo de la instalación a través de una válvula cuyo diámetro mínimo, en función de la potencia térmica del circuito, se indica en la tabla 3.4.2.3.

Tabla 3.4.2.3 *Diámetro de la conexión de vaciado*

Potencia térmica kW	Calor DN (mm)	Frío DN (mm)
P ≤ 70	20	25
70 < P ≤ 150	25	32
150 < P ≤ 400	32	40
400 < P	40	50

4. La conexión entre la válvula de vaciado y el desagüe se hará de forma que el paso de agua resulte visible. Las válvulas se protegerán contra maniobras accidentales.

5. El vaciado de agua con aditivos peligrosos para la salud se hará en un depósito de recogida para permitir su posterior tratamiento antes del vertido a la red de alcantarillado público.

6. Los puntos altos de los circuitos deben estar provistos de un dispositivo de purga de aire, manual o automático. El diámetro nominal del purgador no será menor que 15 mm.

IT 1.3.4.2.4 Expansión

1. Los circuitos cerrados de agua o soluciones acuosas estarán equipados con un dispositivo de expansión de tipo cerrado, que permita absorber, sin dar lugar a esfuerzos mecánicos, el volumen de dilatación del fluido.

2. Es válido el diseño y dimensionado de los sistemas de expansión siguiendo los criterios indicados en el capítulo 9 de la norma UNE 100155.

IT 1.3.4.2.5 Circuitos cerrados

1. Los circuitos cerrados con fluidos calientes dispondrán, además de la válvula de alivio, de una o más válvulas de seguridad. El valor de la presión de tarado, mayor que la presión máxima de ejercicio en el punto de instalación y menor que la de prueba, vendrá determinado por la norma específica del producto. Su descarga se conducirá a un lugar seguro y será visible. En el caso de circuitos cerrados de generación solar térmica, la descarga se conducirá al depósito de llenado de la instalación para garantizar la recuperación del fluido caloportador, en caso de ser técnicamente viable.

2. En el caso de generadores de calor, la válvula de seguridad estará dimensionada por el fabricante del generador.

3. Las válvulas de seguridad deben tener un dispositivo de accionamiento manual para pruebas que, cuando sea accionado, no modifique el tarado de las mismas.

4. Son válidos los criterios de diseño de los dispositivos de seguridad indicados en el apartado 7 de la norma UNE 100155.

5. Se dispondrá un dispositivo de seguridad que impidan la puesta en marcha de la instalación si el sistema no tiene la presión de ejercicio de proyecto o memoria técnica

IT 1.3.4.2.6 Dilatación

1. Las variaciones de longitud a las que están sometidas las tuberías debido a la variación de la temperatura del fluido que contiene se deben compensar con el fin de evitar roturas en los puntos más débiles.

2. En las salas de máquinas se pueden aprovechar los frecuentes cambios de dirección, con curvas de radio largo, para que la red de tuberías tenga la suficiente flexibilidad y pueda soportar los esfuerzos a los que está sometida.

3. En los tendidos de gran longitud, tanto horizontales como verticales, los esfuerzos sobre las tuberías se absorberán por medio de compensadores de dilatación y cambios de dirección.

4. Los elementos de dilatación se pueden diseñar y calcular según la norma UNE 100156.

5. Para las tuberías de materiales plásticos son válidos los criterios indicados en los códigos de buena práctica emitidos por el CTN 53 del AENOR.

IT 1.3.4.2.7 Golpe de ariete

1. Para evitar los golpes de ariete producidos por el cierre brusco de una válvula, a partir de DN100 las válvulas de mariposa llevarán desmultiplicador.

2. En diámetros mayores que DN32 se prohíbe el empleo de válvulas de retención de simple clapeta.

3. En diámetros mayores que DN32 y hasta DN150 se podrán utilizar válvulas de retención de disco o de disco partido, con muelle de retorno.

4. En diámetros mayores que DN150 las válvulas de retención serán de disco, o motorizadas con tiempo de actuación ajustable.

IT 1.3.4.2.8 Filtración

1. Cada circuito hidráulico se protegerá mediante un filtro con una luz de 1 mm, como máximo, y se dimensionarán con una velocidad de paso, a filtro limpio, menor o igual que la velocidad del fluido en las tuberías contiguas.

2. Las válvulas automáticas de diámetro nominal mayor que DN 15, contadores y aparatos similares se protegerán con filtros de 0,25 mm de luz, como máximo.

3. Los elementos filtrantes se dejarán permanentemente en su sitio.

IT 1.3.4.2.9 Tuberías de circuitos frigoríficos

1. Para el diseño y dimensionado de las tuberías de los circuitos frigoríficos se cumplirá con la normativa vigente.

2. Además, para los sistemas de tipo partido se tendrá en cuenta lo siguiente:

    a. las tuberías deberán soportar la presión máxima específica del refrigerante seleccionado;

    b. los tubos serán nuevos, con extremidades debidamente tapadas, con espesores adecuados a la presión de trabajo;

    c. el dimensionado de las tuberías se hará de acuerdo a las indicaciones del fabricante;

    d. las tuberías se dejarán instaladas con los extremos tapados y soldados hasta el momento de la conexión.

IT 1.3.4.2.10 Conductos de aire

IT 1.3.4.2.10.1 Generalidades

1. Los conductos deben cumplir en materiales y fabricación, las normas UNE - EN 12237 para conductos metálicos, y UNE - EN 13403 para conductos no metálicos.

2. El revestimiento interior de los conductos resistirá la acción agresiva de los productos de desinfección, y su superficie interior tendrá una resistencia mecánica que permita soportar los esfuerzos a los que estará sometida durante las operaciones de limpieza mecánica que establece la norma UNE 100012 sobre higienización de sistemas de climatización.

3. La velocidad y la presión máximas admitidas en los conductos serán las que vengan determinadas por el tipo de construcción, según las normas UNE - EN 12237 para conductos metálicos y UNE - EN 13403 para conductos de materiales aislantes.

4. Para el diseño de los soportes de los conductos se seguirán las instrucciones que dicte el fabricante, en función del material empleado, sus dimensiones y colocación.

IT 1.3.4.2.10.2 Plenums

1. El espacio situado entre un forjado y un techo suspendido o un suelo elevado puede ser utilizado como plenum de retorno o de impulsión de aire siempre que cumpla las siguientes condiciones:

    a. que esté delimitado por materiales que cumplan con las condiciones requeridas a los conductos.

    b. que se garantice su accesibilidad para efectuar intervenciones de limpieza y desinfección.

2. Los plenums podrán ser atravesados por conducciones de electricidad, agua, etc., siempre que se ejecuten de acuerdo a la reglamentación específica que les afecta.

3. Los plenums podrán ser atravesados por conducciones de saneamiento siempre que las uniones no sean del tipo *enchufe y cordón*.

IT 1.3.4.2.10.3 Conexión de unidades terminales

Los conductos flexibles que se utilicen para la conexión de la red a las unidades terminales se instalarán totalmente desplegados y con curvas de radio igual o mayor que el diámetro nominal y cumplirán en cuanto a materiales y fabricación la norma UNE EN 13180. La longitud de cada conexión flexible no será mayor de 1,5 m.

IT 1.3.4.2.10.4 Pasillos

1. Los pasillos y los vestíbulos pueden utilizarse como elementos de distribución solamente cuando sirvan de paso del aire desde las zonas acondicionadas hacia los locales de servicio y no se empleen como lugares de almacenamiento.

2. Los pasillos y los vestíbulos pueden utilizarse como plenums de retorno solamente en viviendas.

IT 1.3.4.2.11 Tratamiento del agua

Al fin de prevenir los fenómenos de corrosión e incrustación calcárea en las instalaciones, son válidos los criterios indicados en las normas UNE - EN 12502, parte 3, y UNE 112076 IN, así como los indicados por los fabricantes de los equipos.

Asimismo, aquellas calderas afectadas por el Real Decreto 2060/2008, de 12 de diciembre, por el que se aprueba el reglamento de equipos a presión y sus instrucciones técnicas complementarias deberán cumplir lo dispuesto en la ITC - EP 1 o normativa que la sustituya.

IT 1.3.4.2.12 Unidades terminales

Todas las unidades terminales por agua tendrán válvulas de cierre en la entrada y en la salida del fluido portador, así como un dispositivo manual o automático, para poder modificar las aportaciones térmicas, una de las válvulas será específicamente destinada para el equilibrado del sistema.

IT 1.3.4.3 Protección contra incendios

Se cumplirá la reglamentación vigente sobre condiciones de protección contra incendios que sea de aplicación a la instalación térmica.

IT 1.3.4.4 Seguridad de utilización

IT 1.3.4.4.1 Superficies calientes

1. Ninguna superficie con la que exista posibilidad de contacto accidental, salvo las superficies de los emisores de calor, podrá tener una temperatura mayor que 60 °C.

2. Las superficies calientes de las unidades terminales que sean accesibles al usuario tendrán una temperatura menor que 80 °C o estarán adecuadamente protegidas contra contactos accidentales.

IT 1.3.4.4.2 Partes móviles

El material aislante en tuberías, conductos o equipos nunca podrá interferir con partes móviles de sus componentes.

IT 1.3.4.4.3 Accesibilidad

1. Los equipos y aparatos deben estar situados de forma tal que se facilite su limpieza, mantenimiento y reparación.

2. Los elementos de medida, control, protección y maniobra se deben instalar en lugares visibles y fácilmente accesibles.

3. Para aquellos equipos o aparatos que deban quedar ocultos se preverá un acceso fácil. En los falsos techos se deben prever accesos adecuados cerca de cada aparato que pueden ser abiertos sin necesidad de recurrir a herramientas. La situación exacta de estos elementos de acceso y de los mismos aparatos deberá quedar reflejada en los planos finales de la instalación.

4. Los edificios multiusuarios con instalaciones térmicas ubicadas en el interior de sus locales, deben disponer de patinillos verticales accesibles, desde los locales de cada usuario hasta la cubierta, de dimensiones suficientes para alojar las conducciones correspondientes (chimeneas, tuberías de refrigerante, conductos de ventilación, etc.).

5. En edificios de nueva construcción las unidades exteriores de los equipos autónomos de refrigeración situadas en fachada deben integrarse en la misma, quedando ocultas a la vista exterior.

6. Las tuberías se instalarán en lugares que permitan la accesibilidad de las mismas y de sus accesorios, además de facilitar el montaje del aislamiento térmico, en su recorrido, salvo cuando vayan empotradas.

7. Para locales destinadas al emplazamiento de unidades de tratamiento de aire son válidos los requisitos de espacio indicados de la EN 13779, Anexo A, capítulo A 13, apartado A 13.2.

IT 1.3.4.4.4 Señalización

1. En la sala de máquinas se dispondrá un plano con el esquema de principio de la instalación, enmarcado en un cuadro de protección.

2. Todas las instrucciones de seguridad, de manejo y maniobra y de funcionamiento, según lo que figure en el *Manual de uso y mantenimiento* deben estar situadas en lugar visible, en sala de máquinas y locales técnicos.

3. Las conducciones de las instalaciones deben estar señalizadas de acuerdo con la norma UNE 100100.

IT 1.3.4.4.5 Medición

1. Todas las instalaciones térmicas deben disponer de la instrumentación de medida suficiente para la supervisión de todas las magnitudes y valores de los parámetros que intervienen de forma fundamental en el funcionamiento de los mismos.

2. Los aparatos de medida se situarán en lugares visibles y fácilmente accesibles para su lectura y mantenimiento. El tamaño de las escalas será suficiente para que la lectura pueda efectuarse sin esfuerzo.

3. Antes y después de cada proceso que lleve implícita la variación de una magnitud física debe haber la posibilidad de efectuar su medición, situando instrumentos permanentes, de lectura continua, o mediante instrumentos portátiles. La lectura podrá efectuarse también aprovechando las señales de los instrumentos de control.

4. En el caso de medida de temperatura en circuitos de agua, el sensor penetrará en el interior de la tubería o equipo a través de una vaina, que estará rellena de una sustancia conductora de calor. No se permite el uso permanente de termómetros o sondas de contacto.

5. Las medidas de presión en circuitos de agua se harán con manómetros equipados de dispositivos de amortiguación de las oscilaciones de la aguja indicadora.

6. En instalaciones de potencia térmica nominal mayor que 70 kW, el equipamiento mínimo de aparatos de medición será el siguiente:

   a. Colectores de impulsión y retorno de un fluido portador: un termómetro.

   b. Vasos de expansión: un manómetro.

   c. Circuitos secundarios de tuberías de un fluido portador: un termómetro en el retorno, uno por cada circuito.

   d. Bombas: un manómetro para lectura de la diferencia de presión entre aspiración y descarga, uno por cada bomba.

   e. Chimeneas: un pirómetro o un pirostato con escala indicadora.

   f. Intercambiadores de calor: termómetros y manómetros a la entrada y salida de los fluidos, salvo cuando se trate de agentes frigorígenos.

   g. Baterías agua-aire: un termómetro a la entrada y otro a la salida del circuito del fluido primario y tomas para la lectura de las magnitudes relativas al aire, antes y después de la batería.

   h. Recuperadores de calor aire-aire: tomas para la lectura de las magnitudes físicas de las dos corrientes de aire.

   i. Unidades de tratamiento de aire: medida permanente de las temperaturas del aire en impulsión, retorno y toma de aire exterior.

Instrucción técnica IT 2. Montaje

IT 2.1. Generalidades

Esta instrucción tiene por objeto establecer el procedimiento a seguir para efectuar las pruebas de puesta en servicio de una instalación térmica.

IT 2.2. Pruebas

IT 2.2.1 Equipos

1. Se tomará nota de los datos de funcionamiento de los equipos y aparatos, que pasarán a formar parte de la documentación final de la instalación. Se registrarán los datos nominales de funcionamiento que figuren en el proyecto o memoria técnica y los datos reales de funcionamiento.

2. Los quemadores se ajustarán a las potencias de los generadores, verificando, al mismo tiempo los parámetros de la combustión; se medirán los rendimientos de los conjuntos caldera-quemador.

3. Se ajustarán las temperaturas de funcionamiento del agua de las plantas enfriadoras y se medirá la potencia absorbida en cada una de ellas.

IT 2.2.2 Pruebas de estanquidad de redes de tuberías de agua

IT 2.2.2.1 Generalidades

1. Todas las redes de circulación de fluidos portadores deben ser probadas hidrostáticamente, a fin de asegurar su estanquidad, antes de quedar ocultas por obras de albañilería, material de relleno o por el material aislante.

2. Son válidas las pruebas realizadas de acuerdo a la norma UNE - EN 14.336, para tuberías metálicas o la UNE - ENV 12.108, para tuberías plásticas.

   El procedimiento a seguir para las pruebas de estanquidad hidráulica, en función del tipo de tubería y con el fin de detectar fallos de continuidad en las tuberías de circulación de fluidos portadores, comprenderá las fases que se relacionan a continuación.

IT 2.2.2.2 Preparación y limpieza de redes de tuberías

1. Antes de realizar la prueba de estanquidad y de efectuar el llenado definitivo, las redes de tuberías de agua deben ser limpiadas internamente para eliminar los residuos procedentes del montaje.

2. Las pruebas de estanquidad requerirán el cierre de los terminales abiertos. Deberá comprobarse que los aparatos y accesorios que queden incluidos en la sección de la red que se pretende probar puedan soportar la presión a la que se les va a someter. De no ser así, tales aparatos y accesorios deben quedar excluidos, cerrando válvulas o sustituyéndolos por tapones.

3. Para ello, una vez completada la instalación, la limpieza podrá efectuarse llenándola y vaciándola el número de veces que sea necesario, con agua o con una solución acuosa de un producto detergente, con dispersantes compatibles con los materiales empleados en el circuito, cuya concentración será establecida por el fabricante.

4. El uso de productos detergentes no está permitido para redes de tuberías destinadas a la distribución de agua para usos sanitarios.

5. Tras el llenado, se pondrán en funcionamiento las bombas y se dejará circular el agua durante el tiempo que indique el fabricante del compuesto dispersante. Posteriormente, se vaciará totalmente la red y se enjuagará con agua procedente del dispositivo de alimentación.

6. En el caso de redes cerradas, destinadas a la circulación de fluidos con temperatura de funcionamiento menor que 100 °C, se medirá el pH del agua del circuito. Si el pH resultará menor que 7,5 se repetirá la operación de limpieza y enjuague tantas veces como sea necesario. A continuación se pondrá en funcionamiento la instalación con sus aparatos de tratamiento.

IT 2.2.2.3 Prueba preliminar de estanquidad

1. Esta prueba se efectuará a baja presión, para detectar fallos de continuidad de la red y evitar los daños que podría provocar la prueba de resistencia mecánica; se empleará el mismo fluido transportado o, generalmente, agua a la presión de llenado.

2. La prueba preliminar tendrá la duración suficiente para verificar la estanquidad de todas las uniones.

IT 2.2.2.4 Prueba de resistencia mecánica

1. Esta prueba se efectuará a continuación de la prueba preliminar: una vez llenada la red con el fluido de prueba, se someterá a las uniones a un esfuerzo por la aplicación de la presión de prueba. En el caso de circuitos cerrados de agua refrigerada o de agua caliente hasta una

temperatura máxima de servicio de 100 °C, la presión de prueba será equivalente a una vez y media la presión máxima efectiva de trabajo a la temperatura de servicio, con un mínimo de 6 bar; para circuitos de agua caliente sanitaria, la presión de prueba será equivalente a dos veces la presión máxima efectiva de trabajo a la temperatura de servicio, con un mínimo de 6 bar.

2. Para los circuitos primarios de las instalaciones de energía solar, la presión de la prueba será de una vez y media la presión máxima de trabajo del circuito primario, con un mínimo de 3 bar, comprobándose el funcionamiento de las líneas de seguridad.

3. Los equipos, aparatos y accesorios que no soporten dichas presiones quedarán excluidos de la prueba.

4. La prueba hidráulica de resistencia mecánica tendrá la duración suficiente para verificar visualmente la resistencia estructural de los equipos y tuberías sometidos a la misma.

IT 2.2.2.5 Reparación de fugas

1. La reparación de las fugas detectadas se realizará desmontando la junta, accesorio o sección donde se haya originado la fuga y sustituyendo la parte defectuosa o averiada con material nuevo.

2. Una vez reparadas las anomalías, se volverá a comenzar desde la prueba preliminar. El proceso se repetirá tantas veces como sea necesario, hasta que la red sea estanca.

IT 2.2.3 Pruebas de estanquidad de los circuitos frigoríficos

1. Los circuitos frigoríficos de las instalaciones realizadas en obra serán sometidos a las pruebas especificadas en la normativa vigente.

2. No es necesario someter a una prueba de estanquidad la instalación de unidades por elementos, cuando se realice con líneas precargadas suministradas por el fabricante del equipo, que entregará el correspondiente certificado de pruebas.

IT 2.2.4 Pruebas de libre dilatación

1. Una vez que las pruebas anteriores de las redes de tuberías hayan resultado satisfactorias y se haya comprobado hidrostáticamente el ajuste de los elementos de seguridad, las instalaciones equipadas con generadores de calor se llevarán hasta la temperatura de tarado de los elementos de seguridad, habiendo anulado previamente la actuación de los aparatos de regulación automática. En el caso de instalaciones con captadores solares se llevará a la temperatura de estancamiento.

2. Durante el enfriamiento de la instalación y al finalizar el mismo, se comprobará visualmente que no hayan tenido lugar deformaciones apreciables en ningún elemento o tramo de tubería y que el sistema de expansión haya funcionado correctamente.

IT 2.2.5 Pruebas de recepción de redes de conductos de aire

IT 2.2.5.1 Preparación y limpieza de redes de conductos

1. La limpieza interior de las redes de conductos de aire se efectuará una vez se haya completado el montaje de la red y de la unidad de tratamiento de aire, pero antes de conectar las unidades terminales y de montar los elementos de acabado y los muebles.

2. En las redes de conductos se cumplirá con las condiciones que prescribe la norma UNE 100012.

3. Antes de que una red de conductos se haga inaccesible por la instalación de aislamiento térmico o el cierre de obras de albañilería y de falsos techos, se realizarán pruebas de resistencia mecánica y de estanquidad para establecer si se ajustan al servicio requerido, de acuerdo con lo establecido en el proyecto o memoria técnica.

4. Para la realización de las pruebas las aperturas de los conductos, donde irán conectados los elementos de difusión de aire o las unidades terminales, deben cerrarse rígidamente y quedar perfectamente selladas.

IT 2.2.5.2 Pruebas de resistencia estructural y estanquidad

1. Las redes de conductos deben someterse a pruebas de resistencia estructural y estanquidad.

2. El caudal de fuga admitido se ajustará a lo indicado en el proyecto o memoria técnica, de acuerdo con la clase de estanquidad elegida.

IT 2.2.6 Pruebas de estanquidad de chimeneas

La estanquidad de los conductos de evacuación de humos se ensayará según las instrucciones de su fabricante.

IT 2.2.7 Pruebas finales

1. Se consideran válidas las pruebas finales que se realicen siguiendo las instrucciones indicadas en la norma UNE - EN 12599 en lo que respecta a los controles y mediciones funcionales, indicados en los capítulos 5 y 6.

2. Las pruebas de libre dilatación y las pruebas finales del subsistema solar se realizarán en un día soleado y sin demanda.

3. En el subsistema solar se llevará a cabo una prueba de seguridad en condiciones de estancamiento del circuito primario, a realizar con este lleno y la bomba de circulación parada, cuando el nivel de radiación sobre la apertura del captador sea superior al 80 % del valor de irradiancia fijada como máxima, durante al menos una hora.

IT 2.3. Ajuste y equilibrado

IT 2.3.1 Generalidades

1. Las instalaciones térmicas deben ser ajustadas a los valores de las prestaciones que figuren en el proyecto o memoria técnica, dentro de los márgenes admisibles de tolerancia.

2. La empresa instaladora deberá presentar un informe final de las pruebas efectuadas que contenga las condiciones de funcionamiento de los equipos y aparatos.

IT 2.3.2 Sistemas de distribución y difusión de aire

La empresa instaladora realizará y documentará el procedimiento de ajuste y equilibrado de los sistemas de distribución y difusión de aire, de acuerdo con lo siguiente:

1. De cada circuito se deben conocer el caudal nominal y la presión, así como los caudales nominales en ramales y unidades terminales.

2. El punto de trabajo de cada ventilador, del que se debe conocer la curva característica, deberá ser ajustado al caudal y la presión correspondiente de diseño.

3. Las unidades terminales de impulsión y retorno serán ajustadas al caudal de diseño mediante sus dispositivos de regulación.

4. Para cada local se debe conocer el caudal nominal del aire impulsado y extraído previsto en el proyecto o memoria técnica, así como el número, tipo y ubicación de las unidades terminales de impulsión y retorno.

5. El caudal de las unidades terminales deberá quedar ajustado al valor especificado en el proyecto o memoria técnica.

6. En unidades terminales con flujo direccional, se deben ajustar las lamas para minimizar las corrientes de aire y establecer una distribución adecuada del mismo.

7. En locales donde la presión diferencial del aire respecto a los locales de su entorno o el exterior sea un condicionante del proyecto o memoria técnica, se deberá ajustar la presión diferencial de diseño mediante actuaciones sobre los elementos de regulación de los caudales de impulsión y extracción de aire, en función de la diferencia de presión a mantener en el local, manteniendo a la vez constante la presión en el conducto. El ventilador adaptará, en cada caso, su punto de trabajo a las variaciones de la presión diferencial mediante un dispositivo adecuado.

IT 2.3.3 Sistemas de distribución de agua

La empresa instaladora realizará y documentará el procedimiento de ajuste y equilibrado de los sistemas de distribución de agua, de acuerdo con lo siguiente:

1. De cada circuito hidráulico se deben conocer el caudal nominal y la presión, así como los caudales nominales en ramales y unidades terminales.

2. Se comprobará que el fluido anticongelante contenido en los circuitos expuestos a heladas cumple con los requisitos especificados en el proyecto o memoria técnica.

3. Cada bomba, de la que se debe conocer la curva característica, deberá ser ajustada al caudal de diseño, como paso previo al ajuste de los generadores de calor y frío a los caudales y temperaturas de diseño.

4. Las unidades terminales, o los dispositivos de equilibrado de los ramales, serán equilibradas al caudal de diseño.

5. En circuitos hidráulicos equipados con válvulas de control de presión diferencial, se deberá ajustar el valor del punto de control del mecanismo al rango de variación de la caída de presión del circuito controlado.

6. Cuando exista más de una unidad terminal de cualquier tipo, se deberá comprobar el correcto equilibrado hidráulico de los diferentes ramales, mediante el procedimiento previsto en el proyecto o memoria técnica.

7. De cada intercambiador de calor se deben conocer la potencia, temperatura y caudales de diseño, debiéndose ajustar los caudales de diseño que lo atraviesan.

8. Cuando exista más de un grupo de captadores solares en el circuito primario del subsistema de energía solar, se deberá probar el correcto equilibrado hidráulico de los diferentes ramales de la instalación mediante el procedimiento previsto en el proyecto o memoria técnica.

9. Cuando exista riesgo de heladas se comprobará que el fluido de llenado del circuito primario del subsistema de energía solar cumple con los requisitos especificados en el proyecto o memoria técnica.

10. Se comprobará el mecanismo del subsistema de energía solar en condiciones de estancamiento así como el retorno a las condiciones de operación nominal sin intervención del usuario con los requisitos especificados en el proyecto o memoria técnica.

IT 2.3.4 Control automático

A efectos del control automático:

1. Se ajustarán los parámetros del sistema de control automático a los valores de diseño especificados en el proyecto o memoria técnica y se comprobará el funcionamiento de los componentes que configuran el sistema de control.

2. Para ello, se establecerán los criterios de seguimiento basados en la propia estructura del sistema, en base a los niveles del proceso siguientes: nivel de unidades de campo, nivel de proceso, nivel de comunicaciones, nivel de gestión y telegestión.

3. Los niveles de proceso serán verificados para constatar su adaptación a la aplicación, de acuerdo con la base de datos especificados en el proyecto o memoria técnica. Son válidos a estos efectos los protocolos establecidos en la norma UNE - EN - ISO 16484-3.

4. Cuando la instalación disponga de un sistema de control, mando y gestión o telegestión basado en la tecnología de la información, su mantenimiento y la actualización de las versiones de los programas deberá ser realizado por personal cualificado o por el mismo suministrador de los programas.

IT 2.4. Eficiencia energética

La empresa instaladora realizará y documentará las siguientes pruebas de eficiencia energética de la instalación:

a. Comprobación del funcionamiento de la instalación en las condiciones de régimen.

b. Comprobación de la eficiencia energética de los equipos de generación de calor y frío en las condiciones de trabajo. El rendimiento del generador de calor no debe ser inferior en más de 5 unidades del límite inferior del rango marcado para la categoría indicada en el etiquetado energético del equipo de acuerdo con la normativa vigente.

c. Comprobación de los intercambiadores de calor, climatizadores y demás equipos en los que se efectúe una transferencia de energía térmica.

d. Comprobación de la eficiencia y la aportación energética de la producción de los sistemas de generación de energía de origen renovable.

e. Comprobación del funcionamiento de los elementos de regulación y control.

f. Comprobación de las temperaturas y los saltos térmicos de todos los circuitos de generación, distribución y las unidades terminales en las condiciones de régimen.

g. Comprobación que los consumos energéticos se hallan dentro de los márgenes previstos en el proyecto o memoria técnica.

h. Comprobación del funcionamiento y de la potencia absorbida por los motores eléctricos en las condiciones reales de trabajo.

i. Comprobación de las pérdidas térmicas de distribución de la instalación hidráulica.

Instrucción técnica IT 3. Mantenimiento y uso

IT 3.1. Generalidades

Esta instrucción técnica contiene las exigencias que deben cumplir las instalaciones térmicas con el fin de asegurar que su funcionamiento, a lo largo de su vida útil, se realice con la máxima eficiencia energética, garantizando la seguridad, la durabilidad y la protección del medio ambiente y evitando las emisiones a la atmósfera, así como las exigencias establecidas en el proyecto o memoria técnica de la instalación final realizada.

IT 3.2. Mantenimiento y uso de las instalaciones térmicas

Las instalaciones térmicas se utilizarán y mantendrán de conformidad con los procedimientos que se establecen a continuación y de acuerdo con su potencia térmica nominal y sus características técnicas:

a. La instalación térmica se mantendrá de acuerdo con un programa de mantenimiento preventivo que cumpla con lo establecido en el apartado IT 3.3.

b. La instalación térmica dispondrá de un programa de gestión energética, que cumplirá con el apartado IT. 3.4.

c. La instalación térmica dispondrá de instrucciones de seguridad actualizadas de acuerdo con el apartado IT. 3.5.

d. La instalación térmica se utilizará de acuerdo con las instrucciones de manejo y maniobra, según el apartado IT. 3.6.

e. La instalación térmica se utilizará de acuerdo con un programa de funcionamiento, según el apartado IT. 3.7.

IT 3.3. Programa de mantenimiento preventivo

1. Las instalaciones térmicas se mantendrán de acuerdo con las operaciones y periodicidades contenidas en el programa de mantenimiento preventivo establecido en el *Manual de uso y mantenimiento*, cuando este exista. Las periodicidades serán, al menos, las indicadas en la tabla 3.1, según el uso del edificio, el tipo de aparatos y la potencia nominal:

Tabla 3.1 *Operaciones de mantenimiento preventivo y su periodicidad*

Equipos y potencias útiles nominales (Pn)	Usos	
	Viviendas	Restantes usos
Calentadores de agua caliente sanitaria a gas Pn ≤ 24,4 kW.	5 años.	2 años.
Calentadores de agua caliente sanitaria a gas 24,4 kW < Pn ≤ 70 kW.	2 años.	Anual.
Calderas murales a gas Pn ≤ 70 kW.	2 años.	Anual.
Resto instalaciones calefacción Pn ≥70 kW.	Anual.	Anual.
Aire acondicionado Pn ≤ 12 kW.	4 años.	2 años.
Aire acondicionado 12 kW < Pn ≤ 70 kW.	2 años.	Anual.
Bomba de calor para agua caliente sanitaria Pn ≤ 12 kW.	4 años.	2 años.
Bomba de calor para agua caliente sanitaria 12 kW < Pn ≤ 70 kW.	2 años.	Anual.
Instalaciones de potencia superior a 70 kW.	Mensual.	Mensual.
Instalaciones solares térmicas Pn≤14 kW.	Anual.	Anual.
Instalaciones solares térmicas Pn>14 kW.	Semestral.	Semestral.

En instalaciones de potencia útil nominal hasta 70 kW, con supervisión remota en continuo, la periodicidad se puede incrementar hasta 2 años, siempre que estén garantizadas las condiciones de seguridad y eficiencia energética.

En todos los casos se tendrán en cuenta las especificaciones de los fabricantes de los equipos.

Para instalaciones de potencia útil nominal menor o igual a 70 kW, cuando no exista Manual de uso y mantenimiento, las instalaciones se mantendrán de acuerdo con el criterio profesional de la empresa mantenedora. A título orientativo, en la tabla 3.2 se indican las operaciones de mantenimiento preventivo; las periodicidades corresponden a las indicadas en la tabla 3.1; las instalaciones de biomasa se adecuarán a las operaciones y periodicidades de la tabla 3.3.

Tabla 3.2 *Operaciones de mantenimiento preventivo y su periodicidad*

Instalación de calefacción y agua caliente sanitaria	Instalación de climatización
1. Revisión de aparatos exclusivos para la producción de ACS: Pn ≤ 24,4 kW	1. Limpieza de los evaporadores
2. Revisión de aparatos exclusivos para la producción de ACS: 24,4 kW < Pn ≤ 70 kW	2. Limpieza de los condensadores
	3. Drenaje, limpieza y tratamiento del circuito de torres de refrigeración
3. Comprobación y limpieza, si procede, de circuito de humos de calderas	4. Comprobación de la estanquidad y niveles de refrigerante y aceite en equipos frigoríficos
4. Comprobación y limpieza, si procede, de conductos de humos y chimenea	5. Revisión y limpieza de filtros de aire
5. Limpieza, si procede, del quemador de la caldera	6. Revisión de aparatos de humectación y enfriamiento evaporativo
6. Revisión del vaso de expansión	7. Revisión y limpieza de aparatos de recuperación de calor

Instalación de calefacción y agua caliente sanitaria	Instalación de climatización
7. Revisión de los sistemas de tratamiento de agua	8. Revisión de unidades terminales agua-aire
8. Comprobación de estanquidad de cierre entre quemador y caldera	9. Revisión de unidades terminales de distribución de aire
9. Comprobación de niveles de agua en circuitos	10. Revisión y limpieza de unidades de impulsión y retorno de aire
10. Comprobación de tarado de elementos de seguridad	11. Revisión de equipos autónomos
11. Revisión y limpieza de filtros de agua	
12. Revisión del sistema de preparación de agua caliente sanitaria	
13. Revisión del estado del aislamiento térmico	
14. Revisión del sistema de control automático	
15. Revisión del estado de los captadores solares (limpieza, estado de cristales, juntas, absorbedor, carcasa y conexiones) y estructura y apoyos	
16. Adopción de medidas contra sobrecalentamiento (tapado, vaciado de captadores, etc.)	
17. Purgado del campo de captación	
18. Verificación del estado de la mezcla anticongelante (pH, grado de protección antihelada, etc.) y actuación del sistema de llenado	
19. Revisión del estado del sistema de intercambio (limpieza, etc.)	
20. En caso de tratarse de un calentador atmosférico, comprobar que se cumplen los requisitos de ventilación exigidos en la norma UNE 60670-6:2014	

Para instalaciones de potencia útil nominal mayor de 70 kW, cuando no exista Manual de uso y mantenimiento la empresa mantenedora contratada elaborará un *Manual de uso y mantenimiento* que entregará al titular de la instalación. Las operaciones en los diferentes componentes de las instalaciones serán para instalaciones de potencia útil mayor de 70 kW como las indicadas en la tabla 3.3.

2. Es responsabilidad de la empresa mantenedora o del director de mantenimiento, cuando la participación de este último sea preceptiva, la actualización y adecuación permanente de las mismas a las características técnicas de la instalación, además de las obligaciones establecidas en la normativa que regula la contabilización de consumos individuales en instalaciones térmicas de edificios.

Tabla 3.3 *Operaciones de mantenimiento preventivo y su periodicidad*

---

1. Limpieza de los evaporadores: t

2. Limpieza de los condensadores: t

3. Drenaje, limpieza y tratamiento del circuito de torres de refrigeración: 2 t

4. Comprobación de la estanquidad y niveles de refrigerante y aceite en equipos frigoríficos: m

5. Comprobación y limpieza, si procede, de circuito de humos de calderas: 2 t

6. Comprobación y limpieza, si procede, de conductos de humos y chimenea: 2 t

7. Limpieza del quemador de la caldera: m

8. Revisión del vaso de expansión: m

9. Revisión de los sistemas de tratamiento de agua: m

10. Comprobación de material refractario: 2 t

11. Comprobación de estanquidad de cierre entre quemador y caldera: m

12. Revisión general de calderas de gas: t

13. Revisión general de calderas de gasóleo: t

14. Comprobación de niveles de agua en circuitos: m

15. Comprobación de estanquidad de circuitos de tuberías: t

16. Comprobación de estanquidad de válvulas de interceptación: 2 t

17. Comprobación de tarado de elementos de seguridad: m

18. Revisión y limpieza de filtros de agua: 2 t

19. Revisión y limpieza de filtros de aire: m

20. Revisión de baterías de intercambio térmico: t

21. Revisión de aparatos de humectación y enfriamiento evaporativo: m

22. Revisión y limpieza de aparatos de recuperación de calor: 2 t

23. Revisión de unidades terminales agua-aire: 2 t

24. Revisión de unidades terminales de distribución de aire: 2 t

25. Revisión y limpieza de unidades de impulsión y retorno de aire: t

26. Revisión de equipos autónomos: 2 t

27. Revisión de bombas y ventiladores: m

28. Revisión del sistema de preparación de agua caliente sanitaria: m

29. Revisión del estado del aislamiento térmico, especialmente en las instalaciones ubicadas a la intemperie: t

30. Revisión del sistema de control automático: 2 t

31. Comprobación del estado de almacenamiento del biocombustible sólido: S*

32. Apertura y cierre del contenedor plegable en instalaciones de biocombustible sólido: 2 t

33. Limpieza y retirada de cenizas en instalaciones de biocombustible sólido: m

34. Control visual de la caldera de biomasa: S*

35. Comprobación y limpieza, si procede, de circuito de humos de calderas y conductos de humos y chimeneas en calderas de biomasa: m

36. Revisión de los elementos de seguridad en instalaciones de biomasa: m

37. Revisión de la red de conductos según criterio de la norma UNE 100012: t

38. Revisión de la calidad ambiental según criterios de la norma UNE 171330: t

39. Revisión del estado de los captadores solares (limpieza, estado de cristales, juntas, absorbedor, carcasa y conexiones) y estructura y apoyos: 2 t y S*

40. Adopción de medidas contra sobrecalentamiento (tapado, vaciado de captadores, etc.): 2 t

41. Purgado del campo de captación: 2 t

42. Verificación del estado de la mezcla anticongelante (pH, grado de protección antihelada, etc.). y actuación del sistema de llenado: t

43. Revisión del estado del sistema de intercambio (limpieza, etc.): t

---

S: una vez cada semana.

S *: Estas operaciones podrán realizarse por el propio usuario, con el asesoramiento previo del mantenedor.

m: una vez al mes; la primera al inicio de la temporada.

t: una vez por temporada (año).

2 t: dos veces por temporada (año); una al inicio de la misma y otra a la mitad del periodo de uso, siempre que haya una diferencia mínima de dos meses entre ambas.

* El mantenimiento de estas instalaciones se realizará de acuerdo con lo establecido en la Sección HE4 Contribución solar mínima de agua caliente sanitaria del Código Técnico de la Edificación.

IT 3.4. Programa de gestión energética

IT 3.4.1 Evaluación periódica del rendimiento de los equipos generadores de calor

La empresa mantenedora realizará un análisis y evaluación periódica del rendimiento de los equipos generadores de calor en función de su potencia térmica nominal instalada, midiendo y registrando los valores, de acuerdo con las operaciones y periodicidades indicadas en la tabla 3.2 que se deberán mantener dentro de los límites de la IT 4.2.1.2 a.

Tabla 3.2 *Medidas de generadores de calor y su periodicidad*

Medidas de generadores de calor	Periodicidad		
	20 kW < P ≤ 70 kW	70 kW < P ≤ 1000 kW	P > 1000 kW
1. Temperatura o presión del fluido portador en entrada y salida del generador de calor	2a	3m	m
2. Temperatura ambiente del local o sala de máquinas	2a	3m	m
3. Temperatura de los gases de combustión	2a	3m	m
4. Contenido de CO y CO^2 en los productos de combustión	2a	3m	m
5. Índice de opacidad de los humos en combustibles sólidos o líquidos y de contenido de partículas sólidas en combustibles sólidos	2a	3m	m
6. Tiro en la caja de humos de la caldera	2a	3m	m

m: una vez al mes; *3m:* cada tres meses, la primera al inicio de la temporada; *2a:* cada dos años.

IT 3.4.2 Evaluación periódica del rendimiento de los equipos generadores de frío

La empresa mantenedora realizará un análisis y evaluación periódica del rendimiento de los equipos generadores de frío en función de su potencia térmica nominal, midiendo y registrando los valores, de acuerdo con las operaciones y periodicidades de la tabla 3.3.

Tabla 3.3 *Medidas de generadores de frío y su periodicidad*

Medidas de generadores de frío	Periodicidad	
	70 kW < P ≤ 1.000 kW	P > 1.000 kW
1. Temperatura del fluido exterior en entrada y salida del evaporador	3m	m
2. Temperatura del fluido exterior en entrada y salida del condensador	3m	m
3. Pérdida de presión en el evaporador en plantas enfriadas por agua	3m	m
4. Pérdida de presión en el condensador en plantas enfriadas por agua	3m	m
5. Temperatura y presión de evaporación	3m	m
6. Temperatura y presión de condensación	3m	m
7. Potencia eléctrica absorbida	3m	m
8. Potencia térmica instantánea del generador, como porcentaje de la carga máxima	3m	m
9. EER instantáneo	3m	m
10. Caudal de agua en el evaporador	3m	m
11. Caudal de agua en el condensador	3m	m

m: una vez al mes; la primera al inicio de la temporada;
3m: cada tres meses; la primera al inicio de la temporada

IT 3.4.3 Instalaciones de energía renovable

En las instalaciones de energía renovable destinadas a dar cumplimiento con lo establecido en la sección HE4 del Código Técnico de la Edificación que dispongan de los sistemas de medición de la energía suministrada establecidos en la IT 1.2.4.4, se realizará un seguimiento periódico del consumo de agua caliente sanitaria y de las necesidades energéticas para climatizar las piscinas cubiertas y de la contribución renovable, midiendo y registrando los valores. Una vez al año se realizará una verificación del cumplimiento de la exigencia que figura en la sección HE 4 del Código Técnico de la Edificación.

IT 3.4.4 Asesoramiento energético

1. La empresa mantenedora asesorará al titular, recomendando mejoras o modificaciones de la instalación, así como en su uso y funcionamiento que redunden en una mayor eficiencia energética, y sobre el remplazo de las calderas de combustibles fósiles existentes en su caso por alternativas como la utilización de energías renovables y el aprovechamiento de energías residuales.

2. Además, en instalaciones de potencia térmica nominal mayor que 70 kW, la empresa mantenedora realizará un seguimiento de la evolución del consumo y de la energía aportada por la instalación térmica con el mayor nivel de desagregación posible por uso (calefacción, refrigeración y agua caliente sanitaria), así como del consumo de agua en función de los dispositivos de medida disponibles, con el fin de poder detectar posibles desviaciones y tomar las medidas correctoras oportunas. Esta información se conservará por un plazo de, al menos, cinco años y deberá entregarse al propietario del edificio e incorporarse al Libro del Edificio.

   Dicha información dispondrá del contenido mínimo necesario que permita a terceros un análisis de la aplicación de sistemas alternativos más sostenibles que sean viables técnica, medioambiental y económicamente, en función del clima y de las características específicas del edificio y su entorno incluidos aquellos enumerados en el apartado 6 de la IT 1.2.3. Además, esta información deberá entregarse al propietario del edificio e incorporarse al Libro del Edificio

IT 3.4.5 Información sobre el consumo

La evolución del consumo de energía registrada según el apartado 2 de la IT 3.4.4, será puesta a disposición de los usuarios y titulares del edificio con una periodicidad anual e incluirá el consumo de la energía registrada en los últimos 5 años. Dicha información estará disponible en un sitio visible y frecuentado por las personas que utilizan el recinto, prioritariamente en los vestíbulos de acceso. La publicidad de esta información será obligatoria en los recintos destinados a los usos indicados en el apartado 2 de la I.T. 3.8.1.2, cuya superficie sea superior a 1.000 m^2.

IT 3.5. Instrucciones de seguridad

1. Las instrucciones de seguridad serán adecuadas a las características técnicas de la instalación concreta y su objetivo será reducir a límites aceptables el riesgo de que los usuarios u operarios sufran daños inmediatos durante el uso de la instalación.

2. En el caso de instalaciones de potencia térmica nominal mayor que 70 kW estas instrucciones deben estar claramente visibles antes del acceso y en el interior de salas de máquinas, locales técnicos y junto a aparatos

y equipos, con absoluta prioridad sobre el resto de instrucciones y deben hacer referencia, entre otros, a los siguientes aspectos de la instalación: parada de los equipos antes de una intervención; desconexión de la corriente eléctrica antes de intervenir en un equipo; colocación de advertencias antes de intervenir en un equipo, indicaciones de seguridad para distintas presiones, temperaturas, intensidades eléctricas, etc.; cierre de válvulas antes de abrir un circuito hidráulico; etc.

3. Queda prohibido el acceso al interior de los silos de biomasa sólida a personal no formado adecuadamente en prevención de riesgos laborales para realizar trabajos en espacios confinados y no autorizado por el titular de la instalación y así se señalizará de forma claramente visible en los accesos.

Se aplicará el procedimiento de trabajo, determinado conforme al resultado de la evaluación de riesgos laborales. Este incluirá, como mínimo, los siguientes aspectos: acceso al interior del silo; ventilación requerida; verificación de la calidad del aire (detector CO y analizador de O2) antes y durante las operaciones en su interior; vigilancia y control de las operaciones que deberá prever la presencia de recursos preventivos en el exterior; los equipos de protección individual (EPI) requeridos y el sistema de comunicación permanente con el exterior. Asimismo, se establecerán las medidas de emergencia que incluyan los medios materiales y humanos necesarios para el rescate y evacuación del personal que realice los trabajos en el interior de los silos.

IT 3.6. Instrucciones de manejo y maniobra

1. Las instrucciones de manejo y maniobra serán adecuadas a las características técnicas de la instalación concreta y deben servir para efectuar la puesta en marcha y parada de la instalación, de forma total o parcial, y para conseguir cualquier programa de funcionamiento y servicio previsto.

2. En el caso de instalaciones de potencia térmica nominal mayor que 70 kW estas instrucciones deben estar situadas en lugar visible de la sala de máquinas y locales técnicos y deben hacer referencia, entre otros, a los siguientes aspectos de la instalación: secuencia de arranque de bombas de circulación; limitación de puntas de potencia eléctrica, evitando poner en marcha simultáneamente varios motores a plena carga; utilización del sistema de enfriamiento gratuito en régimen de verano y de invierno.

IT 3.7. Instrucciones de funcionamiento

El programa de funcionamiento, será adecuado a las características técnicas de la instalación concreta con el fin de dar el servicio demandado con el mínimo consumo energético.

En el caso de instalaciones de potencia térmica nominal mayor que 70 kW comprenderá los siguientes aspectos:

a. horario de puesta en marcha y parada de la instalación;

b. orden de puesta en marcha y parada de los equipos;

c. programa de modificación del régimen de funcionamiento;

d. programa de paradas intermedias del conjunto o de parte de equipos;

e. programa y régimen especial para los fines de semana y para condiciones especiales de uso del edificio o de condiciones exteriores excepcionales.

IT 3.8. Limitación de temperaturas

I.T. 3.8.1 Ámbito de aplicación

1. Esta Instrucción Técnica 3.8 será de aplicación a todos los edificios y locales incluidos en el apartado dos, tanto a los nuevos como a los existentes, independientemente de la reglamentación que sobre instalaciones térmicas de los edificios le hubiera sido de aplicación para su ejecución.

2. Por razones de ahorro energético se limitarán las condiciones de temperatura en el interior de los establecimientos habitables que estén acondicionados situados en los edificios y locales destinados a los siguientes usos:

a. Administrativo.

b. Comercial: tiendas, supermercados, grandes almacenes, centros comerciales y similares.

c. Pública concurrencia:

• Culturales: teatros, cines, auditorios, centros de congresos, salas de exposiciones y similares.

• Establecimientos de espectáculos públicos y actividades recreativas.

• Restauración: bares, restaurantes y cafeterías.

• Transporte de personas: estaciones y aeropuertos.

A los efectos de definir los usos anteriores se utilizarán las definiciones recogidas en el Código Técnico de la Edificación, documento básico SI Seguridad en caso de incendio. Se considera recinto al espacio del edificio limitado por cerramientos, particiones o cualquier otro elemento separador.

I.T. 3.8.2 Valores límite de las temperaturas del aire

1. La temperatura del aire en los recintos habitables acondicionados que se indican en la I.T. 3.8.1 apartado 2 se limitará a los siguientes valores:

   a. La temperatura del aire en los recintos calefactados no será superior a 21 °C, cuando para ello se requiera consumo de energía convencional para la generación de calor por parte del sistema de calefacción.

   b. La temperatura del aire en los recintos refrigerados no será inferior a 26 °C, cuando para ello se requiera consumo de energía convencional para la generación de frío por parte del sistema de refrigeración.

   c. Las condiciones de temperatura anteriores estarán referidas al mantenimiento de una humedad relativa comprendida entre el 30 % y el 70 %.

2. Cuando no sea preciso aportar energía para el calentamiento o enfriamiento del aire los valores se regirán exclusivamente por criterios de confort según los requisitos de la IT 1.1.4.1.2.

3. Las limitaciones de temperatura de los apartados 1 y 2, se entenderán sin perjuicio de lo establecido en el anexo III del Real Decreto 486/1997 de 14 de abril, por el que se establecen las disposiciones mínimas de seguridad y salud en los lugares de trabajo.

No tendrán que cumplir dichas limitaciones de temperatura aquellos recintos que justifiquen la necesidad de mantener condiciones ambientales especiales o dispongan de una normativa específica que así lo establezca. En este caso debe existir una separación física entre este recinto con los locales contiguos que vengan obligados a mantener las condiciones indicadas en el apartado 1 y 2.

Real Decreto 486/1997, de 14 de abril, por el que se establecen las disposiciones mínimas de seguridad y salud en los lugares de trabajo. BOE n° 97 23/04/1997

Anexo 3

Condiciones ambientales en los lugares de trabajo

1. La exposición a las condiciones ambientales de los lugares de trabajo no debe suponer un riesgo para la seguridad y la salud de los trabajadores.

2. Asimismo, y en la medida de lo posible, las condiciones ambientales de los lugares de trabajo no deben constituir una fuente de incomodidad o molestia para los trabajadores. A tal efecto, deberán evitarse las temperaturas y las humedades extremas, los cambios bruscos de temperatura, las corrientes de aire molestas, los olores desagradables, la irradiación excesiva y, en particular, la radiación solar a través de ventanas, luces o tabiques acristalados.

3. En los locales de trabajo cerrados deberán cumplirse, en particular, las siguientes condiciones:

   a. La temperatura de los locales donde se realicen trabajos sedentarios propios de oficinas o similares estará comprendida entre 17 y 27 °C.

   b. La temperatura de los locales donde se realicen trabajos ligeros estará comprendida entre 14 y 25 °C.

   c. La humedad relativa estará comprendida entre el 30 y el 70 %, excepto en los locales donde existan riesgos por electricidad estática en los que el límite inferior será el 50 %.

   d. Los trabajadores no deberán estar expuestos de forma frecuente o continuada a corrientes de aire cuya velocidad exceda los siguientes límites:

      1. Trabajos en ambientes no calurosos: 0,25 m/s.

      2. Trabajos sedentarios en ambientes calurosos: 0,5 m/s.

      3. Trabajos no sedentarios en ambientes calurosos: 0,75 m/s.

      Estos límites no se aplicarán a las corrientes de aire expresamente utilizadas para evitar el estrés en exposiciones intensas al calor, ni a las corrientes de aire acondicionado, para las que el límite será de 0,25 m/s en el caso de trabajos sedentarios y 0,35 m/s en los demás casos.

   e. Sin perjuicio de lo dispuesto en relación a la ventilación de determinados locales en el Real Decreto 1618/1980, de 4 de julio, por el que se aprueba el Reglamento de Calefacción, Climatización y Agua Caliente Sanitaria, la renovación mínima del aire de los locales de trabajo, será de 30 metros cúbicos de aire limpio por hora y trabajador, en el caso de trabajos sedentarios en ambientes no calurosos ni contaminados por humo de tabaco y de 50 metros cúbicos, en los casos restantes, a fin de evitar el ambiente viciado y los olores desagradables.

   f. El sistema de ventilación empleado y, en particular, la distribución de las entradas de aire limpio y salidas de aire viciado, deberán asegurar una efectiva renovación del aire del local de trabajo.

4. A efectos de la aplicación de lo establecido en el apartado anterior deberán tenerse en cuenta las limitaciones o condicionantes que puedan imponer, en cada caso, las características particulares del propio lugar de trabajo, de los procesos u operaciones que se desarrollen en él y del clima de la zona en la que esté ubicado. En cualquier caso, el aislamiento térmico de los locales cerrados debe adecuarse a las condiciones climáticas propias del lugar.

5. En los lugares de trabajo al aire libre y en los locales de trabajo que, por la actividad desarrollada, no puedan quedar cerrados, deberán tomarse medidas para que los trabajadores puedan protegerse, en la medida de lo posible, de las inclemencias del tiempo.

6. Las condiciones ambientales de los locales de descanso, de los locales para el personal de guardia, de los servicios higiénicos, de los comedores y de los locales de primeros auxilios deberán responder al uso específico de estos locales y ajustarse, en todo caso, a lo dispuesto en el apartado 3.

I.T. 3.8.3 Información sobre temperatura y humedad

La temperatura del aire y la humedad relativa registradas en cada momento y las que debería tener, según el apartado 1 de la I.T. 3.8.2, se visualizarán mediante un dispositivo adecuado, situado en un sitio visible y frecuentado por las personas que utilizan el recinto, prioritariamente en los vestíbulos de acceso y con unas dimensiones mínimas de 297 x 420 mm (DIN A3) y una exactitud de medida de ± 0,5 °C. Este dispositivo será obligatorio en los recintos destinados a los usos indicados en el apartado 1 de la I.T. 3.8.1.2 anterior, cuya superficie sea superior a 1.000 m².

El número de estos dispositivos será, como mínimo, de uno cada 1.000 m² de superficie del recinto. En el caso de los edificios y locales de uso cultural del apartado c. se colocará un único dispositivo en el vestíbulo de acceso.

El resto de los edificios y locales no afectados por la obligación anterior indicarán mediante carteles informativos las condiciones de temperatura y humedad límites que se establecen en la I.T. 3.8.2.

I.T. 3.8.4 Apertura de puertas

Los edificios y locales con acceso desde la calle dispondrán de un sistema de cierre de puertas adecuado, el cual podrá consistir en un sencillo brazo de cierre automático de las puertas, con el fin de impedir que estas permanezcan abiertas permanentemente, con el consiguiente despilfarro energético por las pérdidas de energía al exterior, cuando para ello se requiera consumo de energía convencional para la generación de calor y frío por parte de los sistemas de calefacción y refrigeración.

I.T. 3.8.5 Inspección

1. En los edificios y locales que se indican en el apartado 2 de la I.T. 3.8.1, que deban suscribir un contrato de mantenimiento con una empresa mantenedora autorizada, de acuerdo con el artículo 26 apartados b y c del RITE, estarán obligados a realizar una verificación periódica del cumplimiento de lo previsto en esta instrucción, una vez durante la temporada de verano y otra durante el invierno, que la empresa mantenedora autorizada de la instalación térmica documentará en el Registro de las operaciones de mantenimiento de la instalación.

2. La inspección necesaria para comprobar el cumplimiento de lo previsto en esta instrucción, corresponde al órgano competente de la comunidad autónoma, de acuerdo con lo que establece el artículo 29 de este reglamento.

A efectos de estas verificaciones e inspecciones se considerará que un recinto cumple con la limitación de temperatura del apartado 1 de la I.T. 3.8.2 cuando la temperatura media del recinto no supere en ± 1 °C, los límites de temperatura que se indican en ese apartado. La medición se realizará cumpliendo los siguientes requisitos:

a. Se realizará como mínimo una medición de la temperatura del aire cada 100 m^2 de superficie.

b. La medición se realizará a una altura de 1,7 m del suelo.

c. Se tratará de que el mayor número de medidas coincida con la situación de los puestos de trabajo. En el caso de recintos no permanentemente ocupados la medición se realizará en el centro del recinto, si se realiza una única medición.

d. La exactitud del instrumento de medida será como mínimo de ± 0,5 °C.

Instrucción técnica IT 4. Inspección

IT 4.1. Generalidades

Esta instrucción establece las exigencias técnicas y procedimientos a seguir en las inspecciones a efectuar en las instalaciones térmicas objeto de este RITE.

IT 4.2. Inspecciones periódicas de eficiencia energética

IT 4.2.1 Inspecciones de los sistemas de calefacción, ventilación y agua caliente sanitaria

1. Serán inspeccionados periódicamente los sistemas de calefacción, las instalaciones combinadas de calefacción y ventilación y agua caliente sanitaria que cuenten con generadores de calor de potencia útil nominal mayor que 70 kW, excluyendo los sistemas destinados únicamente a la producción de agua caliente sanitaria de hasta 70 kW de potencia útil nominal.

   La evaluación de la potencia se realizará teniendo en consideración la suma de las potencias de generación de calefacción.

2. La inspección incluirá una evaluación del rendimiento y del dimensionado del generador de calor en comparación con los requisitos de calefacción del edificio y teniendo en cuenta, cuando proceda, las capacidades de la instalación de calefacción, o de las instalaciones combinadas de calefacción y ventilación, para optimizar su eficiencia en condiciones de funcionamiento habituales o medias.

3. La inspección del sistema de calefacción y agua caliente sanitaria se realizará sobre las partes accesibles del mismo. Será válido a efectos de cumplimiento de esta obligación la inspección realizada conforme a la norma UNE - EN 15378-1. Esta inspección comprenderá

   a) Análisis y evaluación del rendimiento y dimensionado del generador de calor en comparación con la demanda térmica a satisfacer por la instalación.

      En las inspecciones periódicas de la eficiencia energética el rendimiento a potencia útil nominal tendrá un valor no inferior al 80 %.

      Una vez realizada la evaluación del dimensionado del generador de calor no tendrá que repetirse la misma a no ser que se haya realizado algún cambio en el sistema o demanda térmica del edificio.

b) Bombas de circulación.

c) Sistema de distribución, incluyendo su aislamiento.

d) Emisores.

e) Sistema de regulación y control.

f) Sistema de evacuación de gases de la combustión.

g) Verificación del correcto funcionamiento del quemador de la caldera, de que el combustible es el establecido para su combustión por el quemador y, en el caso de biocombustibles sólidos recogidos en las normas UNE - EN ISO 17225, UNE 164003 y UNE 164004, que se corresponden con los establecidos por el fabricante del generador de calor.

h) Instalación de energías renovables, sistemas de aprovechamiento de energía residual y cogeneración, en caso de existir, y su aportación en la producción de agua caliente sanitaria y calefacción, y la contribución renovable mínima en la producción de agua caliente sanitaria.

i) Para instalación de potencia útil nominal superior a 70 kW, verificación de los resultados del programa de gestión energética que se establece en la IT.3.4, para comprobar su realización y la evolución de los resultados.

j) Verificación y contraste de la información puesta a disposición del público establecida en la IT 3.4.5 de información sobre consumo y en la IT 3.8.3 de información sobre temperatura y humedad.

4. Tras la realización de la inspección se emitirá un informe de inspección. Dicho informe incluirá el resultado de la inspección realizada de conformidad con IT 4.2.1 y IT 4.2.2, así como recomendaciones para mejorar en términos de rentabilidad la eficiencia energética de la instalación inspeccionada.

El informe de inspección será entregado al propietario o arrendatario del edificio.

Las recomendaciones se podrán basar en una comparación de la eficiencia energética de la instalación inspeccionada con la de la mejor instalación viable disponible y con la de una instalación de tipo similar en la que todos los componentes pertinentes alcanzan el nivel de eficiencia energética exigido por la legislación aplicable.

Si el sistema de climatización es común para la generación de frío y de calor, como el caso de una bomba de calor, la inspección se realizará según la IT 4.2.2.

IT 4.2.2 Inspección de los sistemas de las instalaciones de aire acondicionado y ventilación

1. Serán inspeccionados periódicamente los sistemas de aire acondicionado y las instalaciones combinadas de aire acondicionado y ventilación que cuenten con generadores de frío de potencia útil nominal instalada mayor de 70 kW.

   La evaluación de la potencia se realizará teniendo en consideración la suma de las potencias de generación de aire acondicionado.

2. La inspección incluirá una evaluación del rendimiento y del dimensionado del generador de frío en comparación con los requisitos de refrigeración del edificio y teniendo en cuenta, cuando proceda, las capacidades de la instalación de refrigeración, o de las instalaciones combinadas de refrigeración y ventilación, para optimizar su eficiencia en condiciones de funcionamiento habituales o medias.

3. La inspección de las instalaciones de aire acondicionado se realizará sobre las partes accesibles del mismo. Será válido a efectos de cumplimiento de esta obligación la inspección realizada conforme a la norma UNE EN 16798-17. Esta inspección comprenderá:

   a) Análisis y evaluación del rendimiento y dimensionado del generador de frío en comparación con la demanda de refrigeración a satisfacer por la instalación.

   En las inspecciones periódicas de la eficiencia energética el Coeficiente de Eficiencia Frigorífica (EER) tendrá un valor no inferior a 2.

   Una vez realizada la evaluación del dimensionado del generador de frío, no tendrá que repetirse la misma a no ser que se haya realizado algún cambio en el sistema de refrigeración o en la demanda de refrigeración del edificio.

   b) Bombas de circulación.

   c) Sistema de distribución, incluyendo su aislamiento.

   d) Emisores.

   e) Sistema de regulación y control.

   f) Ventiladores.

   g) Sistemas de distribución de aire.

   h) Instalación de energía renovable, sistemas de aprovechamiento de energía residual o cogeneración, en caso de existir, que comprenderá la evaluación de la contribución de las mismas al sistema de refrigeración.

i) Para instalación de potencia útil nominal superior a 70 kW, verificación de los resultados del programa de gestión energética que se establece en la IT 3.4 para verificar su realización y la evolución de los resultados.

j) Verificación y contraste de la información puesta a disposición del público establecida en la IT 3.4.5 de información sobre consumo y en la IT 3.8.3 de información sobre temperatura y humedad.

4. Tras la realización de la inspección se emitirá un informe de inspección. Dicho informe incluirá el resultado de la inspección realizada de conformidad con IT 4.2.1 y IT 4.2.2, así como recomendaciones para mejorar en términos de rentabilidad la eficiencia energética de la instalación inspeccionada.

El informe de inspección será entregado al propietario o arrendatario del edificio.

Las recomendaciones se podrán basar en una comparación de la eficiencia energética de la instalación inspeccionada con la de la mejor instalación viable disponible y con la de una instalación de tipo similar en la que todos los componentes pertinentes alcanzan el nivel de eficiencia energética exigido por la legislación aplicable.

IT 4.2.3 Inspección de la instalación térmica completa

Cuando la instalación térmica de calor o frío tenga más de quince años de antigüedad, contados a partir de la fecha de emisión del primer certificado de la instalación, y la potencia térmica nominal instalada sea mayor que 70 kW, se realizará una inspección de toda la instalación térmica, que comprenderá, como mínimo, las siguientes actuaciones:

a. inspección de todo el sistema relacionado con la exigencia de eficiencia energética regulada en la IT.1 de este RITE;

b. inspección del registro oficial de las operaciones de mantenimiento que se establecen en la IT.3, para la instalación térmica completa y comprobación del cumplimiento y la adecuación del *Manual de uso y mantenimiento* a la instalación existente;

c. elaboración de un dictamen con el fin de asesorar al titular de la instalación, proponiéndole mejoras o modificaciones de su instalación, para mejorar su eficiencia energética y contemplar la incorporación de energía renovable. Las medidas técnicas estarán justificadas en base a su rentabilidad energética, medioambiental y económica.

IT 4.2.4 Expertos independientes

La inspección de las instalaciones de calefacción, de aire acondicionado y de ventilación se realizará de manera independiente por expertos cualificados o acreditados, tanto si actúan como autónomos como si están contratados por entidades públicas o empresas privadas.

Los expertos serán acreditados teniendo en cuenta su competencia.

El órgano competente de la comunidad autónoma pondrá a disposición del público información sobre los programas de formación y acreditación. El órgano competente de la comunidad autónoma velará por que se pongan a disposición del público registros actualizados periódicamente de expertos cualificados o acreditados o de empresas acreditadas que ofrezcan los servicios de expertos de ese tipo.

IT 4.2.5 Sistema de control independiente

1. El órgano competente de la comunidad autónoma garantizará el establecimiento de sistemas de control independientes de los informes de inspección de las instalaciones térmicas.

2. El órgano competente de la comunidad autónoma podrá delegar la responsabilidad de la ejecución de los sistemas de control independiente. Esta delegación ha de garantizar que los sistemas de control independiente se están aplicando conforme a lo dispuesto en el apartado 4.

3. El órgano competente de la comunidad autónoma pondrá a disposición de las autoridades o entidades competentes los informes de inspección mencionados en el apartado 1.

4. El órgano competente de la comunidad autónoma o la entidad en la que aquel hubiera delegado la responsabilidad de ejecución de los sistemas de control independiente de los informes de inspección harán una selección al azar de al menos un porcentaje significativo del total de informes de inspección emitidos anualmente y los someterán a verificación.

IT 4.3. Periodicidad de las inspecciones de eficiencia energética

IT 4.3.1 Periodicidad de las inspecciones de los sistemas de calefacción, ventilación y agua caliente sanitaria

La inspección de eficiencia energética que viene obligada por la IT 4.2.1 se realizará cada 4 años.

IT 4.3.2 Periodicidad de las inspecciones de los sistemas de aire acondicionado y ventilación

La inspección de eficiencia energética que viene obligada por la IT 4.2.2 se realizará cada 4 años.

IT 4.3.3 Periodicidad de las inspecciones de la instalación térmica completa

1. La inspección de la instalación térmica completa, a la que viene obligada por la IT 4.2.3, se hará coincidir con la primera inspección del generador de calor o frío, una vez que la instalación haya superado los quince años de antigüedad.

2. La inspección de la instalación térmica completa se realizará cada quince años.

IT 4.3.4 Exenciones de inspección

Las instalaciones técnicas de los edificios cubiertas explícitamente por un criterio de rendimiento energético o por un acuerdo contractual que especifique un nivel acordado de mejora de la eficiencia energética, como los contratos de rendimiento energético, definido según el Real Decreto 56/2016, de 12 de febrero, por el que se transpone la Directiva 2012/27/UE del Parlamento Europeo y del Consejo, de 25 de octubre de 2012, relativa a la eficiencia energética, en lo referente a auditorías energéticas, acreditación de proveedores de servicios y auditores energéticos y promoción de la eficiencia del suministro de energía, o que funcionan como un servicio u operador de red y, por tanto, están sometidas a medidas de seguimiento del rendimiento por parte del sistema, quedarán exentas del cumplimiento de los requisitos establecidos en la IT 4.2.1, IT 4.2.2 y IT 4.2.3.

Los edificios no residenciales que cuenten con un sistema de automatización y control que cumpla los requisitos establecidos en el apartado 1 de la IT 1.2.4.3.5, así como los edificios residenciales que cuenten con un sistema de automatización y control que cumpla los requisitos establecidos en el apartado 2 de la IT 1.2.4.3.5, quedarán exentos del cumplimiento de los requisitos establecidos en la IT 4.2.1, IT 4.2.2 y IT 4.2.3.

APÉNDICES

Apéndice 1.
Términos y definiciones

A efectos de aplicación de este RITE, los términos que figuran en él deben utilizarse conforme al significado y a las condiciones que se establecen para cada uno de ellos en este Apéndice:

- Aire de expulsión (EHA): (*Exhaust air*): es el aire extraído de uno o más locales y expulsado al exterior.

- Aire de extracción (AE) (*Extract air*): aire tratado que sale de un local.

- Aire exterior (ODA) (*Outdoor air*): aire que entra en el sistema procedente del exterior antes de cualquier tratamiento.

- Aire de impulsión (SUP) (*Supply air*): aire que entra tratado en el local o en el sistema después de cualquier tipo de tratamiento.

- Aire interior (IDA) (*Indoor air*): aire tratado en el local o en la zona.

- Aparato de calefacción local: un dispositivo de calefacción que emite calor por transferencia directa o en combinación con la transferencia de calor a un fluido a fin de alcanzar y mantener un nivel térmico adecuado para el ser humano en el espacio cerrado en el que el producto está situado, eventualmente combinado con la producción de calor para otros espacios, y equipado con uno o más generadores de calor que convierten directamente la electricidad o combustibles gaseosos o líquidos en calor por medio del uso del efecto de Joule o la combustión de combustibles, respectivamente.

- Aparato de calefacción local de combustible sólido: un aparato de calefacción local abierto por su parte frontal, un aparato de calefacción local cerrado en su parte frontal o una cocina que utilicen combustible sólido.

- Biomasa: la fracción biodegradable de los productos, residuos y desechos de origen biológico procedentes de actividades agrarias, incluidas las sustancias de origen vegetal y animal, de la silvicultura y de las industrias conexas, incluidas la pesca y la acuicultura, así como la fracción biodegradable de los residuos, incluidos los residuos industriales y municipales de origen biológico.

- Biomasa leñosa: la biomasa procedente de árboles, arbustos y matas, incluida la madera en tronco, la madera desbastada, la madera comprimida en forma de pellets, la madera comprimida en forma de briquetas y el serrín.

- Biomasa no leñosa: la biomasa distinta de la leñosa, incluida la paja, *Miscanthus*, la caña, las pepitas, el grano, los huesos de aceituna, el orujillo y las cáscaras de frutos secos.

- Biocombustibles sólidos: aquellos combustibles sólidos no fósiles compuestos por materia vegetal o animal, o producidos a partir de la misma mediante procesos físicos o químicos, susceptibles de ser utilizados en aplicaciones energéticas, como por ejemplo los huesos de aceituna, las cáscaras de almendra, los pellets, las astillas y los orujillos.

- Caldera: equipo a presión en el que el calor procedente de cualquier fuente de energía se transfiere a los usos térmicos del edificio por medio de un circuito de agua cerrado. No se incluyen en esta definición aquellos equipos basados en motores de combustión interna o externa, los de cogeneración o bomba de calor.

- Calefacción: proceso por el que se controla solamente la temperatura del aire de los espacios con carga negativa.

- Calefacción y refrigeración urbana: cuando la producción de calor o frío es única para un conjunto de usuarios que utilizan una misma red urbana. En inglés se conoce como *district heating.*

- Calentador de agua caliente sanitaria a gas, llamado calentador a gas: todo aparato dedicado exclusivamente a la producción de agua caliente sanitaria en el que el calor procedente de la combustión de combustibles gaseosos, es transferido directamente por medio de un circuito abierto al agua de consumo.

- Calentador de agua caliente sanitaria a gas por acumulación, calentador a gas con un depósito de acumulación de agua integrado con las condiciones térmicas de uso.

- Calentador instantáneo de agua caliente sanitaria a gas es el calentador a gas que realiza el calentamiento en función del caudal de agua extraído.

- Calor Residual: calor que es necesario evacuar para asegurar el funcionamiento de cualquier proceso y que puede ser aprovechado total o parcialmente como calor útil; en especial el necesario evacuar para asegurar el funcionamiento del ciclo termodinámico de producción de energía eléctrica o mecánica (en equipos de cogeneración), o de bombas de calor y que puede ser también aprovechado total o parcialmente como calor útil.

- Captador solar térmico: dispositivo diseñado para absorber la radiación solar y transmitir la energía térmica así producida a un fluido de trabajo que circula por su interior.

- Climatización: acción y efecto de climatizar, es decir de dar a un espacio cerrado las condiciones de temperatura, humedad relativa, calidad del aire y, a veces, también de presión, necesarias para el bienestar de las personas y/o la conservación de las cosas.

- Clo: unidad de resistencia térmica de la ropa; 1 clo = 0,155 m² °C/W.

- Coeficiente de eficiencia energética de una máquina frigorífica.

- En la modalidad de calefacción; COP (acrónimo del inglés *Coefficient of Performance*) es la relación entre la capacidad calorífica y la potencia efectivamente absorbida por la unidad.

- En la modalidad de refrigeración; EER (acrónimo del inglés *Energy Efficiency Ratio*) es la relación entre la capacidad frigorífica y la potencia efectivamente absorbida por la unidad.

- Conjunto caldera-sistema de combustión: en las calderas de biomasa se sustituye la denominación caldera-generador por caldera-sistema de combustión, dado que la combustión se produce por medio de sistemas que no son equiparables a un quemador.

- Contenedores específicos de biocombustible: sistemas de almacenamiento de biocombustible prefabricados que se producen bajo condiciones que se presumen uniformes y son ofrecidos a la venta como depósitos listos para instalar.

- Decipol (dp): se define como la calidad del aire en un espacio con una fuente de contaminación de fuerza 1 olf, ventilada por 10 Lis de aire limpio.

- Director de la instalación: técnico titulado competente bajo cuya dirección se realiza la ejecución de las instalaciones térmicas que requiera la realización de un proyecto.

- Director de mantenimiento: técnico titulado competente bajo cuya dirección deber realizarse el mantenimiento de las instalaciones térmicas cuya potencia térmica nominal total instalada sea igual o mayor que 5.000 kW en calor y/o 1.000 kW en frío, así como las instalaciones de calefacción o refrigeración solar cuya potencia térmica sea mayor que 400 kW.

- Edificio: construcción techada con paredes en la que se emplea energía para acondicionar el ambiente interior.

- Edificios o locales institucionales: son aquellos donde se reúnen personas que carecen de libertad plena par abandonarlos en cualquier momento. Ejemplo: hospitales, residencias de ancianos, centros penitenciarios, colegios y centros de enseñanza infantil, primaria, secundaria y bachillerato, cuarteles y similares.

- Edificios o locales de pública concurrencia: son aquellos donde se reúnen personas para desarrollar actividades de carácter público o privado, en los que los ocupantes tienen libertad para abandonarlos en cualquier momento. Ejemplo: teatros, cines, auditorios, estaciones de transporte, pabellones deportivos, centros de enseñanza universitaria, aeropuertos, locales para el culto, salas de fiestas, discotecas, salas de espectáculos y actividades recreativas, salas de exposiciones, bibliotecas, museos y similares.

- Empresa comercializadora: en su ámbito, aquella empresa definida como tal en la Ley 34/1998, de 7 de octubre, del sector de hidrocarburos, o en la Ley 24/2013, de 26 de diciembre, del sector eléctrico.

- Empresa distribuidora: persona jurídica que ostenta la titularidad de una red de distribución de energía.

- Energía ambiente: la energía térmica presente de manera natural y la energía acumulada en un ambiente confinado, que puede almacenarse en el aire ambiente (excluido el aire de salida) o en las aguas superficiales o residuales.

- Energía convencional: aquella energía tradicional, normalmente comercializada, que entra en el cómputo del Producto Interior Bruto de la nación.

- Energía geotérmica: la energía almacenada en forma de calor bajo la superficie de la tierra sólida.

- Energía procedente de fuentes renovables o energía renovable: la energía procedente de fuentes renovables no fósiles, es decir, energía eólica, energía solar (solar térmica y solar fotovoltaica) y energía geotérmica, energía ambiente, energía mareomotriz, energía undimotriz y otros tipos de energía oceánica, energía hidráulica y energía procedente de biomasa, gases de vertedero, gases de plantas de depuración y biogás.

- Energía residual: energía inevitable generada como subproducto de un proceso principal.

- Entidad reconocida: aquella entidad autorizada para impartir los cursos de formación de profesionales autorizados en instalaciones térmicas de los edificios e inscrita en el registro especial del órgano competente de la comunidad autónoma.

- Equipo autónomo de generación de calor: es el equipo, compacto o no, que contiene todos los elementos necesarios para la producción de calor, dentro de un único cerramiento, preparado para instalar en el exterior del edificio y realizar el mantenimiento desde el exterior del mismo.

- Equipo de energía de apoyo: generador que complementa el aporte solar y cuya potencia térmica es suficiente para que pueda proporcionar la energía suficiente para cubrir la demanda prevista.

- AE 1: (bajo nivel de contaminación) aire que procede de los locales en los que las emisiones más importantes de contaminantes proceden de los materiales de construcción y decoración, además de las personas. Está excluido el aire que procede de locales donde se permite fumar.

- AE 2: (moderado nivel de contaminación) aire procedente de locales ocupado con más contaminantes que la categoría anterior, en los que, además, no está prohibido fumar.

- AE 3: (alto nivel de contaminación) aire de locales con producción de productos químicos, humedad, etc.

- AE 4: (muy alto nivel de contaminación) aire que contiene sustancias olorosas y contaminantes perjudiciales para la salud, en concentraciones mayores que las permitidas en el aire interior de la zona ocupada.

- Espacio interior: a efectos de la obligación de la autorregulación de temperaturas, debe entenderse como una parte o una división de un edificio confinado por paredes, suelo y techo, como, por ejemplo, una habitación.

- Fluido portador: medio empleado para transportar energía térmica en las canalizaciones de una instalación de climatización.

- Generador: equipo para la producción de calor o frío.

- Generador de aire caliente: es un tipo especial de generador de calor, en el cual el fluido portador de la energía térmica es el aire.

- Generador de calor: la parte de una instalación de calefacción que genera calor útil mediante uno o varios de los siguientes procesos:

  a) La combustión de combustibles en, por ejemplo, una caldera.

  b) El efecto Joule en los elementos calefactores de un sistema de calefacción por resistencia eléctrica.

  c) La captura de calor del aire ambiente, del aire extraído de un sistema de ventilación o del agua o de la tierra utilizando una bomba de calor.

- Generador de calor mediante energía solar: la parte de una instalación térmica que genera calor útil mediante el aprovechamiento de la radiación solar.

- IDA 1: aire de calidad alta.

- IDA 2: aire de calidad media.

- IDA 3: aire de calidad mediocre.

- IDA 4: aire de calidad baja.

- Instalación de calefacción: combinación de elementos necesarios para proporcionar un tipo de tratamiento del aire interior, mediante el cual se incrementa la temperatura.

- Instalación técnica del edificio: equipos técnicos destinados a calefacción y refrigeración de espacios, ventilación, agua caliente sanitaria, iluminación integrada, automatización y control de edificios, generación de electricidad in situ, o una combinación de los mismos, incluidas las instalaciones que utilicen energía procedente de fuentes renovables, de un edificio o de una unidad de este. Una instalación técnica del edificio está conformada por una instalación térmica, por la iluminación integrada o por la posible generación de electricidad in situ.

- Instalación térmica: se considera instalación térmica la instalación fija de climatización (calefacción, refrigeración y ventilación) destinada a atender la demanda de bienestar térmico e higiene de las personas, o la instalación destinada a la producción de agua caliente sanitaria (ACS), incluidas las interconexiones a redes urbanas de calefacción o refrigeración y los sistemas de automatización y control.

- Instalaciones centralizadas: aquellas en las que la producción de calor es única para todo el edificio, realizándose su distribución desde la central generadora a las correspondientes viviendas y/o locales por medio de fluidos térmicos.

- Instalador autorizado: toda persona física acreditada mediante el correspondiente carné profesional expedido por el órgano competente de la comunidad autónoma.

- Licencia municipal de obras: documento municipal que autoriza la ejecución de las obras.

- Local habitable: local interior destinado al uso de personas cuya densidad de ocupación y tiempo de estancia exigen unas condiciones térmicas, acústicas y de salubridad adecuadas.

- Local no habitable: local interior no destinado al uso permanente de personas o cuya ocupación, por ser ocasional o excepcional y por ser bajo el tiempo de estancia, solo exige unas condiciones de salubridad adecuadas. En esta categoría se incluyen explícitamente como no habitables los garajes, trasteros, huecos de escaleras, rellanos de ascensores, cuartos de servicio, salas de máquinas, las cámaras técnicas, los desvanes no acondicionados, sus zonas comunes, y locales similares.

- Local de servicio: espacio normalmente no habitado destinado por ejemplo a cuarto de contadores, limpieza, etc.

- Local técnico: espacio destinado únicamente a albergar maquinaria de las instalaciones térmicas.

- Mantenedor autorizado: toda persona física acreditada mediante el correspondiente carné profesional expedido por el órgano competente de la comunidad autónoma.

- Marcado *CE*: marcado que deben llevar los productos de construcción para su libre circulación en el territorio de los Estados miembros de la Unión Europea y países parte del Espacio Económico Europeo, conforme a las condiciones establecidas en la Directiva 89/106/CEE u otras Directivas que les sean de aplicación.

- Met: unidad metabólica; 1 met = 58,2 W/m²

- Nivel de comunicaciones: corresponde a todos los controladores e interfaces de comunicación del sistema de gestión, así como a los buses de comunicación, *drivers*, redes, etc.

- Nivel de gestión y telegestión: corresponde a los puestos centrales, programas residentes y periféricos asociados a los puestos centrales, tales como impresoras, pantallas de vídeo, módems, *routers*, etc.

- Nivel de proceso: corresponde a los controladores, tanto analógicos como digitales, que manejan los elementos del nivel de periferia.

- Nivel de unidades de campo: corresponde a los equipos de campo como: elementos primarios de medida, sondas, unidades de ambiente, termostatos, indicadores de estados y alarmas, así como elementos finales de control y mando, válvulas, actuadores, variadores de tensión/frecuencia, elementos finales de control, etc.

- Organismos de Control: son entidades públicas o privadas, con personalidad jurídica, que se constituyen con la finalidad de verificar el cumplimiento de carácter obligatorio de las condiciones de seguridad de productos e instalaciones industriales, establecidas por los Reglamentos de Seguridad Industrial, mediante actividades de certificación, ensayo, inspección o auditoria, de acuerdo con el Real Decreto 2200/1995, de 28 de diciembre.

- ODA 1: aire puro que se ensucia solo temporalmente (por ejemplo, polen).

- ODA 2: aire con concentraciones altas de partículas y/o de gases contaminantes.

- ODA 3: aire con concentraciones muy altas de gases contaminantes (ODA 3G) y/o de partículas (ODA 3P).

- Potencia útil nominal (expresada en kW) o Potencia térmica nominal: la potencia calorífica máxima que, según determine y garantice el fabricante, puede suministrarse en funcionamiento continuo, ajustándose a los rendimientos útiles declarados por el fabricante.

- Porcentaje estimado de insatisfechos (PPD) (*Predicted Percentage of Dissatisfied*): proporciona datos sobre la incomodidad o insatisfacción térmica basándose en la estimación del porcentaje de personas susceptibles de sentir demasiado calor o demasiado frío en unas condiciones ambientales dadas. (UNE - EN ISO 7730)

- Proyectista: agente que redacta el proyecto por encargo de la propiedad y con sujeción a la normativa correspondiente.

- Refrigeración: en climatización, proceso que controla solamente la temperatura del aire de los espacios con carga positiva.

- Rendimiento: relación entre la potencia útil y la potencia nominal de un generador.

- Rendimiento útil (expresado en porcentaje): la relación entre el flujo calorífico transmitido al agua de la caldera y el producto del poder calorífico inferior a presión constante del combustible por el consumo expresado en cantidad de combustible por unidad de tiempo.

- Sistema: conjunto de equipos y aparatos que, relacionados entre sí, constituyen una instalación de climatización.

- Sistema de transporte de biocombustible sólido: sistema para movimiento de biocombustible dentro de la instalación que puede realizarse por diferentes medios como, por ejemplo, suelos con rascadores horizontales hidráulicos, rascadores giratorios, suelos inclinados con tornillo sin fin o suelos inclinados con sistema de alimentación neumático.

- Sistema de automatización y control de edificios: sistema que incluya todos los productos, programas informáticos y servicios de ingeniería que puedan apoyar el funcionamiento eficiente energéticamente, económico y seguro de las instalaciones técnicas del edificio mediante controles automatizados y facilitando su gestión manual de dichas instalaciones técnicas del edificio.

- Sistema mixto: técnica de acondicionamiento en la que el control de las condiciones térmicas interiores está a cargo de un subsistema (ventiloconvectores, inductores, aparatos autónomos, techos radiantes, suelos radiantes, radiadores, etc.) en combinación con el subsistema de ventilación.

- Sistema solar prefabricado: son los que se producen bajo condiciones que se presumen uniformes y son ofrecidos a la venta como equipos completos y listos para instalar bajo un solo nombre comercial. Pueden ser compactos o partidos, y por otro lado constituir un sistema integrado o bien un conjunto y configuración uniforme de componentes.

- Sistema todo-aire: técnica de acondicionamiento en la que el control de las condiciones térmicas interiores está a cargo del sistema de ventilación.

- Superficie de apertura de captación solar instalada: máxima proyección plana de la superficie del captador transparente expuesta a la radiación solar incidente no concentrada.

- Superficie de calefacción: superficie de intercambio de calor que está en contacto con el fluido transmisor.

- SUP 1: aire de impulsión que contiene solamente aire exterior (ODA).

- SUP 2: aire de impulsión que contiene aire exterior (ODA) y aire de recirculación (RCA).

- Técnico titulado competente: persona que está en posesión de una titulación técnica, universitaria, que lo habilita para el ejercicio de la actividad regulada en este RITE, de acuerdo con sus respectivas especialidades y competencias y determinada por las disposiciones legales vigentes.

- Titular de una instalación térmica: persona física o jurídica propietaria o beneficiaria de una instalación térmica, responsable del cumplimiento de las obligaciones derivadas de la normativa vigente ante la Administración competente.

- Unidad de tratamiento de aire (UTA): aparato en el que se realizan uno o más tratamientos térmicos del aire y de variación del contenido del vapor de agua, así como de filtratación y/o lavado, sin producción propia de frío o calor.

- Unidad terminal: equipo receptor de aire o agua de una instalación centralizada que actúa sobre las condiciones ambientales de una zona acondicionada.

- Uso previsto del edificio: uso específico para el que se proyecta y realiza un edificio. El uso previsto se caracteriza por las actividades que se desarrollan en el edificio y por el tipo de usuario. El uso previsto de un edificio estará reflejado documentalmente en el proyecto o memoria técnica.

- Usuario: persona física o jurídica que utiliza la instalación térmica.

- Ventilación mecánica: proceso de renovación del aire de los locales por medios mecánicos.

- Ventilación natural: proceso de renovación del aire de los locales por medios naturales (acción del viento y/o tiro térmico), la acción de los cuales puede verse favorecida con apertura de elementos de los cerramientos.

- Zona de calefacción o refrigeración: a efectos de la obligación de la autorregulación de temperaturas, debe entenderse como una zona de un edificio o de una unidad de este, ubicada en una sola planta, con parámetros térmicos homogéneos y necesidades de regulación de temperatura parecidas.

- Zona ocupada: se considera zona ocupada al volumen destinado dentro de un espacio para la ocupación humana. Representa el volumen delimitado por planos verticales paralelos a las paredes del local y un plano horizontal que define la altura. Las distancias de esos planos desde las superficies interiores del local son:
  - Límite inferior desde el suelo: 5 cm
  - Límite superior desde el suelo: 180 cm
  - Paredes exteriores con ventanas o puertas: 100 cm
  - Paredes interiores y paredes exteriores sin ventanas: 50 cm
  - Puertas y zonas de tránsito: 100 cm

  No tienen la consideración de zona ocupada los lugares en los que puedan darse importantes variaciones de temperatura con respecto a la media y pueda haber presencia de corriente de aire en la cercanía de las personas, como: zonas de tránsito, zonas próximas a puertas de uso frecuente, zonas próximas a cualquier tipo de unidad terminal que impulse aire y zonas próximas a aparatos con fuerte producción de calor.

- Zona térmica: es el conjunto de locales en los que sus temperaturas pueden considerarse idénticas, siendo atendidas por un mismo subsistema de climatización. En cada local pueden existir sistemas de control que ajusten las aportaciones térmicas.

Apéndice 2.
Normas de referencia

Se incluyen en este apéndice, por razones prácticas y para facilitar su actualización periódica, el conjunto de las normas a las que se hace referencia en las IT.

UNE - EN 215 2007 *Válvulas termostáticas para radiadores. Requisitos y métodos de ensayo*

UNE - EN 378 2001 *Sistemas de refrigeración y bombas de calor. Requisitos de seguridad y medioambientales*

UNE - EN 378 1 2017 *Sistemas de refrigeración y bombas de calor. Requisitos de seguridad y medioambientales. Parte 1: Requisitos básicos, definiciones clasificación y criterios de elección*

UNE - EN 378 2 2017 *Sistemas de refrigeración y bombas de calor. Requisitos de seguridad y medioambientales. Parte 2: Diseño, fabricación, ensayos, marcado y documentación*

UNE - EN 378 3 2017 *Sistemas de refrigeración y bombas de calor. Requisitos de seguridad y medioambientales. Parte 3: Instalación in situ y protección de las personas*

UNE - EN 378 4 2017 *Sistemas de refrigeración y bombas de calor. Requisitos de seguridad y medioambientales. Parte 4: Operación, mantenimiento recuperación y recuperación*

UNE - EN 1751 2014 *Ventilación de edificios. Unidades terminales de aire. Ensayos aerodinámicos de compuertas y válvulas*

UNE - EN 1856 1 2010 *Chimeneas. Requisitos para chimeneas metálicas. Parte 1: Chimeneas modulares*

UNE - EN 1856 2 2010 *Chimeneas. Requisitos para chimeneas metálicas. Parte 2: Conductos interiores y conductos de unión metálicos*

UNE - EN ISO 7730 2006 *Ergonomía del ambiente térmico. Determinación analítica de interpretación del bienestar térmico mediante el cálculo de los índices PMV y PPD y los criterios de bienestar térmico local (ISO 7730:2005)*

UNE - EN 12097 2007 *Ventilación de edificios. Conductos. Requisitos relativos a los componentes destinados a facilitar el mantenimiento de sistemas de conductos*

UNE - EN 12237 2003 *Ventilación de edificios. Conductos. Resistencia y fugas de conductos circulares de chapa metálica*

UNE - EN ISO 12241 2010 *Aislamiento térmico para equipos de edificaciones e instalaciones industriales. Método de cálculo*

UNE - EN 12502 3 2005 *Protección da materiales metálicos contra la corrosión. Recomendaciones para la evaluación del riesgo de corrosión en sistemas de distribución y almacenamiento de agua. Parte 3: Factores que influyen para materiales férreos galvanizados en caliente*

UNE - EN 12599 2014 *Ventilación de edificios. Procedimiento de ensayo y métodos de medición para la recepción de los sistemas de ventilación y de climatización instalados*

UNE - EN 12831 3 2019 *Eficiencia energética de los edificios. Método para el cálculo de la carga térmica de diseño. Parte 3: Carga térmica de los sistemas de agua caliente sanitaria y caracterización de la demanda*

UNE - EN 13053 2007+A1 2012 *Ventilación de edificios. Unidades de tratamiento de aire. Clasificación y rendimientos de unidades, componentes y secciones*

UNE - EN 13180 2003 *Ventilación de edificios. Conductos. Dimensiones y requisitos mecánicos para conductos flexibles*

UNE - EN 13384 1 2016 *Chimeneas. Métodos de cálculo térmico y de fluidos dinámicos. Parte 1: Chimeneas que prestan servicio a un único aparato de calefacción*

UNE - EN 13384 2 2016 *Chimeneas. Métodos de cálculo térmico y fluido-dinámico. Parte 2: Chimeneas que prestan servicio a un único aparato de calefacción*

UNE - EN 13403 2003 *Ventilación de edificios. Conductos no metálicos. Red de conductos de planchas de material aislante*

UNE - EN 13410 2002 *Aparatos suspendidos de calefacción por radiación que utilizan combustibles gaseosos. Requisitos de ventilación de los locales para uso no doméstico*

UNE - EN 13779 2008 *Ventilación de los edificios no residenciales. Requisitos de prestaciones de sistemas de ventilación y acondicionamiento de recintos*

UNE - EN 14336 2005 *Sistemas de calefacción en edificios. Instalación y puesta en servicio de sistemas de calefacción por agua*

UNE - EN 15232 1 2018 *Eficiencia energética de los edificios. Impacto de la automatización, el control y la gestión de los edificios*

UNE - EN 15378 1 2018 *Eficiencia energética de los edificios. Sistemas de calefacción y agua caliente sanitaria en los edificios. Parte 1: inspección de calderas y sistemas de calefacción y de agua caliente sanitaria*

UNE - EN ISO 16484 3 2006 *Sistemas de automatización y control de edificios (BACS). Parte 3: Funciones (ISO 16484-3:2005)*

PNE - EN 16798 1 2015 *Eficiencia energética de los edificios. Ventilación de los edificios. Parte 1: Parámetros del ambiente interior a considerar para el diseño y la evaluación de la eficiencia energética de edificios incluyendo la calidad del aire interior, condiciones térmicas, iluminación y ruido. Módulo 1-6*

UNE - EN 16798 3 2018 *Eficiencia energética de los edificios. Ventilación de los edificios. Parte 3: Para edificios no residenciales. Requisitos de eficiencia para los sistemas de ventilación y climatización (Módulos M5-1, M5-4)*

UNE - EN 16798 17 2018 *Eficiencia energética de los edificios. Ventilación de los edificios. Parte 17: Directrices para la inspección de los sistemas de ventilación y acondicionamiento de aire*

UNE - EN ISO 16890 1 2017 *Filtros de aire utilizados en ventilación general. Parte 1: Especificaciones técnicas, requisitos y clasificación según eficiencia basado en la materia particulada (PM). (ISO 16890-1:2016)*

UNE - EN ISO 17225 2014 *Biocombustibles sólidos. Especificaciones y clases de combustibles*

UNE - EN 50102 1996 *Grados de protección proporcionados por las envolventes de materiales eléctricos contra los impactos mecánicos externos (código IK)*

UNE - EN 50102 A1 1999 *Grados de protección proporcionados por las envolventes de materiales eléctricos contra los impactos mecánicos externos (código IK)*

UNE - EN 50102 A1/CORR 2002 *Grados de protección proporcionados por las envolventes de materiales eléctricos contra los impactos mecánicos externos (código IK)*

UNE - EN 50102 CORR 2002 *Grados de protección proporcionados por las envolventes de materiales eléctricos contra los impactos mecánicos externos (código IK)*

UNE - EN 50194 1 2011 *Aparatos eléctricos para la detección de gases combustibles en locales domésticos. Parte 1: Métodos de ensayo y requisitos de funcionamiento*

UNE - EN 50194 2 2019 *Aparatos eléctricos para la detección de gases combustibles en locales domésticos. Parte 2: Aparatos eléctricos de funcionamiento continúo en instalaciones fijas de vehículos recreativos y emplazamientos similares. Métodos de ensayo adicionales y requisitos de funcionamiento*

UNE 50244 2018 *Aparatos eléctricos para la detección de gases combustibles en locales domésticos. Guía de selección, instalación, uso y mantenimiento*

UNE - EN 60034 02-ene 2014 *Máquinas eléctricas rotativas. Parte 2-1: Métodos normalizados para la determinación de las pérdidas y del rendimiento a partir de ensayos (excepto las máquinas para vehículos de tracción)*

UNE - EN 60529 A1, A2 2018 *Grados de protección proporcionados por las envolventes (Código IP).*

UNE 60601 2013 *Salas de máquinas y equipos autónomos de generación de calor o frío o para cogeneración, que utilizan combustibles gaseosos*

UNE 60670 6 2014 *Instalaciones receptoras de gas suministradas a una presión máxima de operación (MOP) inferior o igual a 5 bares. Parte 6: Requisitos de configuración, ventilación y evacuación de los productos de la combustión en los locales destinados a contener los aparatos a gas*

UNE 100012 2005 *Higienización de sistemas de climatización*

UNE 100030 2017 *Prevención y control de la proliferación y diseminación de Legionella en instalaciones*

UNE 100100 2000 *Climatización. Código de colores*

UNE 100151 2004 *Climatización. Ensayos de estanquidad de redes de tuberías*

UNE 100155 2004 *Climatización. Diseño y cálculo de sistemas de expansión*

UNE 123001 2012 *Cálculo, diseño e instalación de chimeneas modulares, metálicas y de plástico*

UNE 123003 2011 *Cálculo, diseño e instalación de chimeneas autoportantes*

UNE 164003 2014 *Biocombustibles sólidos. Especificaciones y clases de biocombustibles. Huesos de aceituna*

UNE 164004 2014 *Biocombustibles sólidos. Especificaciones y clases de biocombustibles. Cáscaras de frutos*

UNE 171330 2008, 2010, 2014 *Calidad ambiental en interiores*

UNE -CEN/TR 12108 IN 2015 *Sistemas de canalización en materiales plásticos. Práctica recomendada para la instalación en el interior de la estructura de los edificios de sistemas de canalización a presión de agua caliente y fría destinada al consumo humano*

UNE - EN 12237 ERRATUM 2007 *Ventilación de edificios. Conductos. Resistencia y fugas de conductos circulares de chapa metálica*

UNE - EN 13410 ERRATUM 2011 *Aparatos suspendidos de calefacción por radiación que utilizan combustibles gaseosos. Requisitos de ventilación de los locales para uso no doméstico*

UNE -CEN/TR 1749 IN 2014 *Esquema europeo para la clasificación de los aparatos que utilizan combustibles gaseosos según la forma de evacuación de los productos de la combustión (tipos)*

UNE - CR 1752 IN 2008 *Ventilación de edificios. Criterios de diseño para el ambiente interior*

Apéndice 3.
Conocimientos de instalaciones térmicas en edificios

A 3.1 Conocimientos básicos de instalaciones térmicas en edificios

1. Conocimientos básicos.

Magnitudes, unidades, conversiones. Energía y calor, transmisión del calor. Termodinámica de los gases. Dinámica de fluidos. El aire y el agua como medios caloportadores. Generación de calor, combustión y combustibles. Conceptos básicos de la producción frigorífica. Calidad de aire interior, contaminantes. Influencia de las instalaciones sobre la salud de las personas.

2. Instalaciones y equipos de calefacción y producción de agua caliente sanitaria.

Definiciones y clasificación de instalaciones. Partes y elementos constituyentes. Análisis funcional. Instalaciones de combustibles. Combustión. Chimeneas. Dimensionado y selección de equipos: calderas, quemadores, intercambiadores de calor, captadores térmicos de energía solar, acumuladores, interacumuladores, vasos de expansión, depósitos de inercia.

3. Instalaciones y equipos de acondicionamiento de aire y ventilación.

Definiciones y clasificación de instalaciones. Partes y elementos constituyentes. Análisis funcional. Procesos de tratamiento y acondicionamiento del aire. Diagrama psicométrico. Dimensionado y selección de equipos. Equipos de generación de calor y frío para instalaciones de acondicionamiento de aire. Plantas enfriadoras. Bombas de calor. Equipos de absorción. Grupos autónomos de acondicionamiento de aire. Torres de refrigeración.

4. Utilización de las energías renovables en las instalaciones térmicas.

Aprovechamiento de la energía solar térmica para calefacción, refrigeración y producción de agua caliente sanitaria. Conceptos básicos de radiación y posición solar. Calderas y aparatos de calefacción local de biomasa. Sistemas geotérmicos superficiales. Bombas de calor de pequeña escala. Dimensionamiento y acoplamiento con otras instalaciones térmicas.

En cualquier caso, se deben impartir los temas enunciados en el anexo IV de la Directiva 2018/2001, de 11 de diciembre de 2018, o aquella que la sustituya.

5. Redes de transporte de fluidos portadores.

Bombas y ventiladores: tipos, características y selección. Técnicas de mecanizado y unión para el montaje y mantenimiento de las instalaciones térmicas. Redes de tuberías, redes de conductos y sus accesorios. Aislamiento térmico. Válvulas: tipología y características. Calidad y efectos del agua sobre las instalaciones. Tratamiento de agua.

6. Equipos terminales y de tratamiento de aire.

Unidades de tratamiento de aire y unidades terminales. Emisores de calor. Distribución del aire en los locales. Rejillas y difusores.

7. Regulación, control, medición y contabilización de consumos para instalaciones térmicas.

8. Conocimientos básicos de electricidad para instalaciones térmicas.

Número mínimo de horas del curso de Conocimientos básicos de instalaciones térmicas en edificios: 180 horas (120 horas de temas teóricos + 60 horas de temas prácticos).

A 3.2 Conocimientos específicos de instalaciones térmicas en edificios

1. Ejecución de procesos de montaje de instalaciones térmicas.

Organización del montaje de instalaciones. Preparación de los montajes. Planificación y programación de montajes. Replanteo. Control de recepción en obra de equipos y materiales. Control de la ejecución de la instalación. Técnicas de montaje de redes de tuberías y conductos. Técnicas de montaje electromecánico de máquinas y equipos.

2. Mantenimiento de instalaciones térmicas.

Técnicas y criterios de organización, planificación y programación del mantenimiento preventivo y correctivo de averías. Planteamiento y preparación de los trabajos de mantenimiento. Técnicas de diagnosis y tipificación de averías. Procedimientos de reparación. Lubricación. Refrigerantes y su manipulación. Prevención de fugas y recuperación. Conocimientos específicos sobre: gestión económica del mantenimiento, gestión de almacén y material de mantenimiento. Gestión del mantenimiento asistido por ordenador.

3. Explotación energética de las instalaciones.

Técnicas de mantenimiento energético y ambiental. Control de los consumos energéticos. Tipos de energía y su impacto ambiental. Residuos y su gestión. Criterios para auditorías energéticas de instalaciones térmicas en edificios. Medidas de ahorro y eficiencia energética en las instalaciones térmicas

4. Técnicas de medición en instalaciones térmicas.

Técnicas de medición en instalaciones térmicas. Conocimiento y manejo de instrumentos de medida de variables termodinámicas, hidráulicas y eléctricas. Tipología, características y aplicación. Aplicaciones específicas: evaluación del rendimiento de generadores de calor y frío. Interpretación de resultados y aplicación de medidas de corrección y optimización.

5. Pruebas y puesta en funcionamiento de instalaciones térmicas.

Elaboración de protocolos de procedimientos de: pruebas de estanquidad de redes de tuberías de fluidos portadores, pruebas de recepción de redes de conductos, pruebas de libre dilatación, pruebas finales, ajustes y equilibrado de sistemas. Puesta en funcionamiento. Confección del certificado de la instalación.

6. Seguridad en el montaje y mantenimiento de equipos e instalaciones.

Planes y normas de seguridad e higiene. Factores y situaciones de riesgo. Medios, equipos y técnicas de seguridad. Criterios de seguridad y salud laboral aplicados a la actividad. Procedimientos contrastados de montaje. Gamas de actuación en intervenciones en mantenimiento preventivo y correctivo y para la reparación de averías características. Gestión de componentes, materiales y sustancias de las instalaciones al final de su vida útil.

7. Calidad en el mantenimiento y montaje de equipos e instalaciones térmicas.

La calidad en la ejecución del mantenimiento y montaje de equipos e instalaciones. Planificación y organización. Criterios que deben adoptarse para garantizar la calidad en la ejecución del mantenimiento y montaje de los equipos e instalaciones. Control de calidad. Fases y procedimientos. Recursos. Proceso de control de la calidad. Calidad de proveedores. Recepción. Calidad del proceso. Calidad en el cliente y en el servicio. Documentación de la calidad.

8. Documentación técnica de las instalaciones térmicas: Memoria técnica.

Procedimientos para la elaboración de: memorias técnicas. Diseño y dimensionado de instalaciones térmicas. Programas informáticos aplicados al diseño de instalaciones térmicas. Diseño e interpretación de planos y esquemas. Elaboración de pliegos de condiciones técnicas. Presupuesto. Representación gráfica de instalaciones. Confección de *Manual de uso y mantenimiento* de la instalación térmica.

9. Reglamento de instalaciones térmicas en los edificios, Reglamento de seguridad para plantas e instalaciones frigoríficas en las partes que le son de aplicación, Reglamento Europeo 842/2006 sobre determinados gases fluorados de efecto invernadero y otra normativa de aplicación.

Número mínimo de horas del curso de Conocimientos específicos de instalaciones térmicas en edificios: 270 horas (150 horas de temas teóricos + 120 horas de temas prácticos).

Apéndice 4

Modelo de declaración responsable relativa al cumplimiento de los requisitos para el ejercicio de la actividad profesional de instalador o mantenedor de instalaciones térmicas en los edificios en régimen de establecimiento.

DATOS DEL DECLARANTE

Apellidos y nombre .... DNI/NIF ....

Representando a la empresa .... NIF...........................

En calidad de ....

Dirección.. C. P...........................

Población .... Provincia / país..................

Teléfono .... Fax............ Correo electrónico...............

DOMICILIO A EFECTOS DE NOTIFICACIÓN

Dirección.. C. P...........................

Población .... Provincia / país..................

Teléfono .... Fax............ Correo electrónico...............

Al objeto de comunicar el inicio de la actividad profesional de empresa instaladora o mantenedora [según proceda], conforme a lo establecido en Real Decreto 1027/2007, de 20 de julio, por el que se aprueba el Reglamento de Instalaciones Térmicas en los Edificios, la empresa arriba reseñada, bajo su personal responsabilidad,

DECLARA

1. Que cumple todos los requisitos establecidos en el artículo 37 del Reglamento de Instalaciones Térmicas en los Edificios, aprobado por el Real Decreto 1027/2007, de 20 de julio, que dispone de la documentación que así lo acredita y que se compromete a mantenerlos durante la vigencia de la actividad.

2. Que se halla al corriente del cumplimiento de las obligaciones tributarias estatales y locales, y con la Seguridad Social, impuestas por las disposiciones vigentes.

La presente declaración conlleva la autorización del solicitante para que la Administración obtenga de forma directa de los órganos competentes los comprobantes relativos al cumplimiento de obligaciones tributarias y con la Seguridad Social.

No obstante, el solicitante puede denegar expresamente dicha autorización marcando el recuadro siguiente ☐, en cuyo caso el solicitante deberá aportar dichos comprobantes cuando la Administración así lo solicite.

Y para que así conste y a los efectos de la oportuna habilitación para el ejercicio de la actividad profesional de empresa instaladora o mantenedora, expide la presente declaración.

En_____ a____ de_____ de_____

Sello de la empresa y firma autorizada

Sr. Director ....

Apéndice 5

Modelo de declaración responsable relativa al cumplimiento de los requisitos para el ejercicio de la actividad profesional de instalador o mantenedor de instalaciones térmicas en los edificios por empresas establecidas en un estado miembro en régimen de libre prestación

DATOS DEL DECLARANTE

Apellidos y nombre . . . . DNI/NIF/NIE. . . . .

Representando a la empresa . . . . Constituida en . . . .

Según documento . . . . En calidad de . . . .

Dirección. . . . . C. P. . . . .

Población . . . . Provincia / país. . . . .

Teléfono . . . . Fax . . . . Correo electrónico. . . . .

DOMICILIO A EFECTOS DE NOTIFICACIÓN

Dirección. . . . . C. P. . . . .

Población . . . . Provincia / país. . . . .

Teléfono . . . . Fax . . . . Correo electrónico. . . . .

Al objeto de comunicar el inicio de la actividad profesional de empresa instaladora o mantenedora *según proceda*, conforme a lo establecido en Real Decreto 1027/2007, de 20 de julio, por el que se aprueba el Reglamento de Instalaciones Térmicas en los Edificios, la empresa arriba reseñada, bajo su personal responsabilidad,

DECLARA

1. Que cumple todos los requisitos establecidos en los párrafos c y d del artículo 37 del Reglamento de Instalaciones Térmicas en los Edificios, aprobado por Real Decreto 1027/2007, de 20 de julio.

2. Que se halla legalmente establecido, sin que existan prohibiciones en este momento que le impidan ejercer la actividad, para ejercer la actividad en el siguiente Estado miembro de la Unión Europea:

Estado miembro de establecimiento:

Autoridad competente que le habilita:

Fecha de la habilitación:

Y para que así conste y a los efectos de la oportuna habilitación para el ejercicio de la actividad profesional de empresa instaladora o mantenedora, expide la presente declaración.

En_____ a___ de_____ de____

Sello de la empresa y firma autorizada

Sr. Director . . . .

PREGUNTAS Y RESPUESTAS

250 preguntas tipo test
para la obtención del carné

Preguntas

1) ¿En todos los edificios de nueva construcción es obligatorio la evacuación por cubierta de los productos de la combustión?

    A. Sí.

    B. No.

    C. Depende de la altura.

    D. Sí, si son de uso residencial.

2) A una instalación de climatización de un edificio de nueva construcción, cuya fecha de solicitud de licencia fue el 15 de julio de 2007, se le concedió licencia de edificación el 10 de diciembre de 2008 y comenzó la edificación el 10 de marzo de 2009, ¿bajo qué reglamentación será ejecutada la instalación térmica?

    A. Le será de aplicación el RITE 2007.

    B. Tendrá un plazo de 12 meses para ejecutar los trabajos si se desea aplicar el RITE 1998.

    C. Le será de aplicación el RITE 1998.

    D. El Órgano Territorial Competente decidirá el Reglamento de aplicación.

3) ¿Cuál es el objeto del RITE?

    A. Establecer las exigencias de eficiencia energética y seguridad que deben cumplir las instalaciones térmicas en los edificios destinados a atender la demanda de bienestar e higiene de las personas durante su diseño y dimensionado, ejecución, mantenimiento y uso, así como determinar los procedimientos que permitan acreditar su cumplimiento.

    B. Tiene por objeto atender la demanda del bienestar térmico e higiénico de las personas, durante el diseño y dimensionado, ejecución mantenimiento y uso, así como determinar los procedimientos que permitan acreditar su cumplimiento.

    C. Asegurar un buen diseño para cumplir con las normas de seguridad y permitir un buen mantenimiento.

4) A efectos de la aplicación del RITE 2007, ¿qué se considerará como instalaciones térmicas?

  A. Las instalaciones fijas de climatización (calefacción, refrigeración y ventilación) destinadas a atender la demanda de bienestar térmico e higiene de las personas, o las instalaciones destinadas a la producción de agua caliente sanitaria (ACS), incluidas las interconexiones a redes urbanas de calefacción o refrigeración y los sistemas de automatización y control.

  B. Las instalaciones fijas y/o móviles de climatización (calefacción, refrigeración y ventilación) destinadas a atender la demanda de bienestar térmico e higiene de las personas.

  C. Las instalaciones fijas y/o móviles de climatización (calefacción, refrigeración y ventilación) y de producción de agua caliente sanitaria, destinadas a atender la demanda de bienestar térmico e higiene de las personas.

5) ¿El cambio de una caldera atmosférica a una caldera estanca (sea de la misma marca o no) de potencia similar se debe considerar como una reforma de la instalación térmica?

  A. Sí.

  B. Sí, porque es una reforma de la instalación.

  C. No.

  D. No, porque la potencia térmica es similar.

6) Si se produce una reforma de una instalación térmica de un edificio existente, el RITE se aplicará a:

  A. La totalidad de la instalación.

  B. La parte reformada si se considera rehabilitación.

  C. La parte reformada con las limitaciones del edificio.

  D. Exclusivamente a la parte reformada.

7) ¿Será de aplicación el RITE a una instalación didáctica de calefacción de un centro escolar?

  A. Sí, porque es una instalación de calefacción.

  B. No, porque la instalación no atiende al bienestar de las personas.

  C. No.

8) **El RITE será obligatorio aplicarlo:**

A. A las instalaciones térmicas en los edificios de nueva construcción y a las instalaciones térmicas que se reformen en los edificios existentes, exclusivamente en lo que a la parte reformada se refiere, así como en lo relativo al mantenimiento, uso e inspección de todas las instalaciones térmicas, con las limitaciones que en el mismo se determinan.

B. En las instalaciones térmicas, a las instalaciones fijas de climatización (calefacción, refrigeración y ventilación) destinadas a atender la demanda de bienestar térmico e higiene de las personas, o a las instalaciones destinadas a la producción de agua caliente sanitaria (ACS), incluidas las interconexiones a redes urbanas de calefacción o refrigeración y los sistemas de automatización y control.

C. Todas las anteriores son correctas.

9) **El cumplimiento del RITE es responsabilidad de:**

A. Los agentes que participan en el diseño y dimensionado, ejecución, mantenimiento e inspección de instalaciones térmicas de los edificios e instalaciones.

B. Las entidades e instituciones que intervienen en el visado, supervisión o informe de los proyectos o memorias técnicas y los titulares y usuarios de las mismas.

C. Las opciones A y B.

D. Para instalaciones de más de 70 kW, el responsable será el autor del proyecto junto con el director de la instalación.

10) **El RITE está dividido en:**

A. Disposiciones generales e Instrucciones Técnicas (IT).

B. Disposiciones generales, Instrucciones Técnicas (IT) y Definiciones.

C. Normas UNE, Disposiciones generales, Instrucciones Técnicas (IT) y Definiciones.

D. Disposiciones generales, Instrucciones Técnicas (IT) y Normas UNE.

11) **¿Está derogada una norma UNE citada en el RITE y actualmente anulada?**

A. Sí.

B. No.

12) **Los documentos técnicos sin carácter reglamentario, que cuenten con el reconocimiento conjunto del Ministerio de Industria, Turismo y Comercio y del Ministerio de Vivienda, se denominan:**

    A. Documentos reconocidos del RITE.

    B. Actas de reconocimiento.

    C. Informes vinculantes a Norma Reglamentaria.

    D. Instrucciones Técnicas.

13) **¿Qué organismo llevará el registro de los documentos reconocidos para la aplicación del RITE?**

    A. El Ministerio de Industria, Energía y Turismo.

    B. El Ministerio de la Vivienda.

    C. Las respuestas A y B son correctas.

    D. El Instituto para la Diversificación y el Ahorro (IDAE).

14) **¿Una instalación térmica debe estar equipada con sistemas de contabilización?**

    A. Sí siempre.

    B. No.

    C. Solo en instalaciones centralizadas.

15) **Para justificar que una instalación cumple las exigencias que se establecen en el RITE, podrá optarse por:**

    A. Adoptar soluciones basadas en las Instrucciones Técnicas, cuya correcta aplicación en el diseño y dimensionado, ejecución, mantenimiento y utilización de la instalación, es suficiente para acreditar el cumplimiento de las exigencias.

    B. Adoptar soluciones alternativas, entendidas como aquellas que se apartan parcial o totalmente de las Instrucciones Técnicas. El proyectista o el director de la instalación, bajo su responsabilidad y previa conformidad de la propiedad, pueden adoptar soluciones alternativas, siempre que justifiquen documentalmente que la instalación diseñada satisface las exigencias del RITE porque sus prestaciones son, al menos, equivalentes a las que se obtendrían por la aplicación de las soluciones basadas en las Instrucciones Técnicas.

C. Deben cumplir las condiciones que el RITE establece sobre diseño y dimensionado, ejecución, mantenimiento, uso e inspección de la instalación.

D. Las respuestas A y B son correctas.

16) **Si se aumenta la potencia de una instalación térmica, ¿es necesario realizar y presentar algún documento?**

A. No porque la instalación ya estaba hecha.

B. Sí.

C. Sí porque se considera una reforma de la instalación térmica.

D. Sí, es necesaria la realización de una memoria técnica o proyecto según la potencia.

17) **En un edificio de 3 viviendas se instala energía solar térmica de superficie de captación solar 12,3 m², para producir ACS, y un calentador instantáneo a gas de 24 kW en cada vivienda como energía de apoyo. A efectos de trámite de puesta en servicio ante la Delegación Territorial, ¿qué documentación de diseño necesita?**

A. Memoria descriptiva por instalador habilitado.

B. Proyecto técnico por técnico competente.

C. Memoria técnica por técnico competente.

D. Ninguna de las anteriores.

18) **Cuando en un mismo edificio existan múltiples generadores de calor, frío o de ambos tipos, la potencia térmica nominal de la instalación, a efectos de determinar la documentación técnica de diseño requerida, se obtendrá:**

A. Como la suma de las potencias térmicas nominales de los generadores de calor o de los generadores de frío necesarios, sin considerar la instalación solar térmica.

B. Como la suma de las potencias térmicas nominales de los generadores de calor y de los generadores de frío necesarios, sin considerar la instalación solar térmica.

C. Como la suma de las potencias térmicas nominales de los generadores de calor o de los generadores de frío necesarios, considerando la instalación solar térmica.

D. Como la suma de las potencias térmicas nominales de los generadores de calor y de los generadores de frío necesarios, considerando la instalación solar térmica.

19) La reforma de una instalación, que solo consiste en la incorporación de energía solar térmica, con un campo de colectores solares de superficie de apertura total 80 m², tendrá una potencia térmica nominal según el RITE de:

    A. 80.000 W.

    B. 56.000 W.

    C. 40.000 W.

20) Quedan excluidos de la presentación del proyecto los edificios cuya instalación o conjunto de instalaciones térmicas, en régimen de generación de calor o frío, tengan una potencia nominal inferior o igual a:

    A. 5 kW.

    B. 20 kW.

    C. 70 kW.

    D. 5.000 kW en generación de calor y 1.000 kW en generación de frío.

21) ¿Toda reforma de una instalación requerirá la realización previa de un proyecto o memoria técnica sobre el alcance de la misma, en la que se justifique el cumplimiento de las exigencias del RITE y la normativa vigente que le afecte en la parte reformada?

    A. Sí.

    B. No.

    C. Sí, excepto la sustitución o reposición de un generador de calor o frío de potencia útil nominal menor o igual que 70 kW por otro de similares características.

    D. Sí, incluso la sustitución o reposición de un generador de calor o frío de potencia útil nominal menor o igual que 70 kW por otro de similares características.

22) ¿Cuándo es necesaria la realización de una memoria técnica?

    A. Más de 5 kW y menos de 70 kW.

    B. Mayor o igual que 5 kW y menor o igual de 70 kW.

    C. Siempre es necesaria.

23) **Según lo dispuesto en el RITE, ¿quién debe redactar y firmar el proyecto de la instalación cuando este sea preceptivo?**

    A. El instalador habilitado o el técnico titulado competente.

    B. El instalador habilitado.

    C. El técnico titulado competente.

    D. El proyectista.

24) **La memoria técnica se redactará sobre impresos, según modelo determinado por el órgano competente de la comunidad autónoma, y será redactada:**

    A. Por un instalador habilitado o por un técnico titulado competente.

    B. Por un instalador habilitado.

    C. Por un técnico titulado competente.

25) **La ejecución de las instalaciones sujetas a este RITE será realizará por:**

    A. Empresas instaladoras habilitadas.

    B. Empresas instaladoras autorizadas.

    C. Las instalaciones térmicas que requiera la realización de un proyecto deben efectuarse bajo la dirección de un técnico titulado competente.

    D. Las respuestas A y C son correctas.

26) **Las modificaciones que se pudieran realizar al proyecto o memoria técnica serán autorizadas y documentadas por:**

    A. El instalador habilitado o el director de la instalación, cuando la participación de este último sea preceptiva, previa conformidad de la propiedad.

    B. El instalador autorizado, el director de la instalación, cuando la participación de este último sea preceptiva, previa conformidad de la propiedad.

    C. El instalador autorizado, el director de la instalación, cuando la participación de este último sea preceptiva, sin conformidad previa de la propiedad y se ajustarán a la normativa vigente y a las normas de la buena práctica.

    D. Ninguna de las anteriores.

27) ¿Es obligatorio efectuar las pruebas en presencia del instalador habilitado o del director de la instalación, cuando la participación de este último sea preceptiva?

    A. Sí.

    B. No.

    C. No, no es necesario el director de la instalación, solo es necesario la presencia del instalador habilitado.

28) Las pruebas de la instalación serán efectuadas por:

    A. El director de la instalación.

    B. La empresa instaladora.

    C. El instalador habilitado.

    D. El técnico titulado.

29) Una vez finalizada una instalación y realizadas las pruebas de puesta en servicio con resultado satisfactorio:

    A. Se suscribirá el certificado de la instalación por el instalador habilitado, en todos los casos.

    B. Se suscribirá el certificado de la instalación por el instalador habilitado, cuando la potencia térmica nominal sea mayor a 5 kW.

    C. Se suscribirá el certificado de la instalación por el instalador habilitado, cuando así lo exija el cliente.

    D. Se suscribirá el certificado de la instalación por el instalador habilitado para potencias hasta 70 kW y también por el director de la instalación para potencias superiores.

30) Para la puesta en marcha de la instalación, ¿qué debe presentar la empresa instaladora?

    A. Proyecto o memoria técnica de la instalación ejecutada.

    B. Certificado de la instalación.

    C. Certificado de inspección inicial con calificación aceptable cuando sea perceptivo.

    D. Todas las anteriores.

31) ¿Será necesario el registro del certificado de la instalación en el órgano competente de la comunidad autónoma en caso de sustitución o reposición de equipos de generación de calor o frío?

    A. Sí.

    B. No.

    C. No, cuando se trate de generadores de potencia útil nominal menor o igual que 70 kW, siempre que la variación de la potencia útil nominal del generador no supere el 25 por ciento respecto de la potencia útil nominal del generador sustituido ni la potencia útil nominal del generador instalado supere los 70 kW.

    D. Sí, cuando la potencia útil nominal del generador instalador supere los 70 kW.

32) Una vez registrada la instalación por el órgano competente de la comunidad autónoma, el instalador habilitado o el director de la instalación, cuando la participación de este último sea preceptiva, ¿qué documentación entregará al titular de la instalación, que se debe incorporar en el Libro del Edificio?

    A. El proyecto o memoria técnica de la instalación realmente ejecutada.

    B. El *Manual de uso y mantenimiento* de la instalación realmente ejecutada.

    C. Una relación de los materiales y los equipos realmente instalados, en la que se indiquen sus características técnicas y de funcionamiento, junto con la correspondiente documentación de origen y garantía.

    D. Los resultados de las pruebas de puesta en servicio realizadas de acuerdo con la IT 2.

    E. El certificado de la instalación, registrado en el órgano competente de la comunidad autónoma.

    F. El certificado de la inspección inicial, cuando sea preceptivo.

    G. Todas las anteriores.

33) ¿Cuál de los siguientes enunciados es correcto?

    A. Dependiendo de la potencia de la instalación, se registrarán las preinstalaciones térmicas en los edificios.

    B. Se registrarán las preinstalaciones térmicas en los edificios.

    C. No se registrarán las preinstalaciones térmicas en los edificios.

34) El titular o usuario de las instalaciones térmicas es responsable del cumplimiento del RITE, a partir de:

    A. Desde que encarga el proyecto.

    B. Desde el momento de la puesta en marcha.

    C. Desde el momento en que se realiza su recepción provisional.

    D. Desde el momento en que se realiza su recepción definitiva.

35) El titular de la instalación será responsable de que se realicen las acciones:

    A. El mantenimiento de la instalación térmica por una empresa mantenedora habilitada.

    B. Las inspecciones obligatorias.

    C. La conservación de la documentación de todas las actuaciones, ya sean de mantenimiento, reparación, reforma o inspecciones realizadas en la instalación térmica o sus equipos, consignándolas en el Libro del Edificio, cuando el mismo exista.

    D. Todas las respuestas anteriores son correctas.

36) El responsable de la existencia del registro de las operaciones de mantenimiento y las reparaciones que se produzcan en la instalación térmica será:

    A. La empresa instaladora.

    B. La empresa mantenedora.

    C. El titular.

    D. El titular y la empresa mantenedora/instaladora.

37) ¿Es obligatorio suscribir un contrato de mantenimiento en un edificio con instalaciones térmicas individuales cuya potencia térmica nominal total del edificio supera los 70 kW?

    A. Sí.

    B. Sí, porque la potencia térmica nominal total del edificio es superior a 70 kW.

    C. No, si la potencia térmica nominal individual es superior a 70 kW.

    D. No, si la potencia térmica nominal individual es inferior o igual a 70 kW.

38) **Las instalaciones entre 5 y 70 kW se mantendrán por una empresa mantenedora de acuerdo con las instrucciones del** *Manual de uso y mantenimiento.* **¿Tiene obligación el usuario de suscribir un contrato de mantenimiento?**

    A. Sí.

    B. No.

    C. No, ni será necesario el certificado anual de mantenimiento, porque la potencia no es superior a los 70 kW.

39) **¿Cuánto tiempo debe conservar el titular el registro de las operaciones de mantenimiento?**

    A. 1 año.

    B. No inferior a 2 años.

    C. No inferior a 5 años.

40) **En caso de determinarse la presentación ante el órgano competente de la comunidad autónoma del certificado de mantenimiento:**

    A. Lo suscribirá la empresa mantenedora y el director de mantenimiento cuando la participación de este último sea preceptiva.

    B. Lo suscribirá el mantenedor autorizado titular del carné profesional y el director de mantenimiento cuando la participación de este último sea preceptiva.

    C. Lo suscribirá el titular de la instalación.

41) **¿Desde qué potencia es obligatorio el certificado anual de mantenimiento?**

    A. Para cualquier potencia.

    B. Desde 5 kW.

    C. Desde más de 70 kW, y además será necesario un contrato de mantenimiento.

    D. Desde 100 kW en frío o 4.000 kW en calor.

42) **Cuando se realiza una inspección, ¿qué se entrega si es favorable?**

    A. Un certificado de inspección.

    B. Una memoria técnica.

    C. Un proyecto.

43) El RITE en su artículo 32 establece que las instalaciones térmicas, a efectos de su inspección de eficiencia energética, cuando se detecte la existencia de, al menos, un defecto grave o de un defecto leve ya detectado en otra inspección anterior y que no se haya corregido, se clasificarán como:

    A. Aceptable.

    B. Grave.

    C. Condicionada.

    D. Negativa.

44) ¿Qué se entiende por empresa instaladora de instalaciones térmicas en edificios?

    A. Es la persona física o jurídica que realiza el montaje y la reparación de las instalaciones térmicas en el ámbito del RITE.

    B. Es la persona física o jurídica que solo realiza el montaje de las instalaciones térmicas en el ámbito del RITE.

    C. Es la persona física que realiza el montaje de las instalaciones térmicas en el ámbito del RITE.

45) Las modificaciones que se produzcan en relación con los datos comunicados en la declaración responsable, así como el cese de la actividad, deberán comunicarse por el titular de la declaración responsable al órgano competente de la comunidad autónoma donde obtuvo la habilitación en el plazo de:

    A. Quince días desde que se produzcan.

    B. Un mes desde que se produzcan.

    C. Tres meses desde que se produzcan.

    D. Inmediatamente desde que se produzcan.

46) Las personas físicas o jurídicas que deseen establecerse como empresas instaladoras o mantenedoras de instalaciones térmicas de edificios deberán:

    A. Presentar, previo al inicio de la actividad, ante el órgano competente de la comunidad autónoma en la que se establezcan, una declaración responsable en la que el titular de la empresa o su representante legal manifieste que cumple con los requisitos que se exigen por este reglamento, que disponen de la documentación que así lo acredita y que se comprometen a mantenerlos durante la vigencia de la actividad.

B. Inscribirse, previo al inicio de la actividad, en el registro de empresas instaladoras o mantenedoras del órgano competente de la comunidad autónoma en la se establezcan, cumpliendo con los requisitos para el ejercicio de la actividad.

C. Presentar, previo al inicio de la actividad, una declaración de responsabilidad según el modelo del Apéndice 4 o 5 del Reglamento de Instalaciones Térmicas.

D. Todas las respuestas anteriores son correctas.

47) **¿Cuántos operarios con carné profesional debe tener, como mínimo, una empresa para el desarrollo de la actividad profesional?**

A. Uno.

B. Dos.

C. Uno cada diez operarios.

48) **Para aquellas empresas que trabajen con instalaciones térmicas sujetas a este Reglamento y afectadas por el Real Decreto 552/2019, de 27 de septiembre, por el que se aprueban el Reglamento de seguridad para instalaciones frigoríficas y sus instrucciones técnicas complementarias, y de conformidad con sus artículos 10, 12, y 14 la empresa instaladora/mantenedora térmica contará con los medios técnicos, y materiales de la I.F. 13, así como con el plan de gestión de residuos y en caso de trabajar con instalaciones térmicas que dispongan de un circuito frigorífico clasificado como instalación frigorífica de nivel 2, deberá tener suscrito un seguro de responsabilidad civil profesional u otra garantía equivalente que cubra los posibles daños derivados de su actividad por una cuantía mínima de:**

A. 900.00 euros.

B. 900.000 euros, y disponer también de Técnico Titulado Competente.

C. 300.000 euros.

D. 300.000 euros, y disponer también de Técnico Titulado Competente.

49) Si una empresa instaladora registrada va a realizar un trabajo en una comunidad autónoma distinta de aquella en la que se registró, ¿qué debe hacer?

    A. Debe notificarlo previamente en la comunidad donde vaya a realizar los trabajos.

    B. No precisa comunicación alguna pues el certificado de empresa es válido para toda España.

    C. Debe adjuntar su documento de calificación empresarial obtenido en la comunidad de origen, en el momento de la certificación de los trabajos.

    D. Debe trasladar su domicilio social a la comunidad donde desee trabajar.

50) El carné profesional es:

    A. Individual.

    B. Colectivo.

    C. Valido para grupos.

    D. Personal e intransferible.

51) El carné profesional en instalaciones térmicas de edificios es:

    A. El documento mediante el cual la Administración reconoce a la persona física titular del mismo la capacidad técnica para desempeñar la actividad de instalación de las instalaciones térmicas de edificios, identificándolo ante terceros para ejercer su profesión en el ámbito del RITE.

    B. El documento mediante el cual la Administración reconoce a la persona física o jurídica titular del mismo la capacidad técnica para desempeñar las actividades de instalación y mantenimiento de las instalaciones térmicas de edificios, identificándolo ante terceros para ejercer su profesión en el ámbito del RITE.

    C. El documento mediante el cual la Administración reconoce a la persona física titular del mismo la capacidad técnica para desempeñar las actividades de instalación y mantenimiento de las instalaciones térmicas de edificios, identificándolo ante terceros para ejercer su profesión en el ámbito del RITE.

52) **El carné tendrá validez en:**

   A. En toda la comunidad autónoma.

   B. En toda la Unión Europea.

   C. En todo el territorio español.

53) **¿Quién se encarga de asesorar a los ministerios competentes en materias relacionadas con las instalaciones térmicas de los edificios?**

   A. FERCA

   B. AENOR

   C. CONAIF

   D. La comisión asesora.

   E. Representantes de las organizaciones con mayor implantación de los sectores afectados y de los usuarios relacionados con las instalaciones térmicas.

54) **La comisión asesora estará compuesta:**

   A. Por el presidente, dos vicepresidentes, los vocales y el secretario.

   B. Por el presidente y dos vicepresidentes.

   C. Por el presidente, dos vicepresidentes y los vocales.

   D. Por el presidente, dos vicepresidentes y el secretario.

55) **¿Se pueden sustituir calentadores de agua caliente sanitaria instantáneos a gas, que se encuentren en el interior de locales habitados, por calentadores de cámara abierta y tiro natural?**

   A. Sí, hasta 24,4 kW de acuerdo con las definiciones dadas en la norma UNE - CEN/TR 1749 IN.

   B. No, deben ser sustituidos por calentadores estancos.

   C. No.

56) **Para personas con actividad metabólica sedentaria de 1,2 met, con grado de vestimenta de 0,5 clo en verano y 1 clo en invierno y un PPD (porcentaje de personas insatisfechas) menor al 10 %, los valores de la temperatura operativa y de la humedad relativa estarán comprendidos entre:**

   A. 21-26 °C y 45-60 % en verano y 21-25 °C y 45-50 % en invierno.

   B. 22-25 °C y 45-60 % en verano y 21-26 °C y 40-55 % en invierno.

   C. 23-25 °C y 45-60 % en verano y 21-23 °C y 40-50 % en invierno.

   D. Ninguna de las anteriores.

57) **Para personas con actividad metabólica de 2 met, con grado de vestimenta de 1 clo en verano y un PPD entre el 10 y el 15 %, la temperatura operativa en verano estará comprendida entre:**

    A. 22 y 24 °C.

    B. 23 y 25 °C.

    C. Es válido el cálculo realizado por el procedimiento indicado en la norma UNE - EN ISO 7730.

    D. 21 y 23 °C.

58) **¿Qué temperatura seca máxima podrá tener el aire de una piscina climatizada cuya temperatura del vaso sea 25 °C?**

    A. 25 °C.

    B. 26 °C.

    C. 27 °C.

    D. 30 °C.

59) **Para proteger los cerramientos de la formación de condensaciones, la humedad relativa en piscinas climatizadas se mantendrá por debajo del:**

    A. 65 %.

    B. 45 %.

    C. 78 %.

    D. 50 %.

60) **¿Qué métodos se pueden usar para determinar la velocidad media del aire en la zona ocupada para valores de temperatura seca entre 20 y 27 °C?**

    A. Hay que remitirse a la UNE EN - ISO 7730.

    B. Método de difusión por desplazamiento y difusión directa.

    C. Método de difusión por mezcla y difusión por desplazamiento.

    D. Ninguno de los anteriores.

61) **Para una temperatura seca de 22 °C con difusión por desplazamiento, intensidad de la turbulencia del 15 % y PPD por corrientes de aire del 10 %, le corresponderá una velocidad media del aire de:**

    A. 0,10 m/s.

    B. 0,12 m/s.

    C. 0,17 m/s.

    D. 0,2 m/s.

62) **Los requisitos de calidad del aire interior en los edificios de viviendas, se establecen en:**

    A. En la sección HS 3 del Código Técnico de la edificación.

    B. En la sección HS 4 del Código Técnico de la edificación.

    C. El Reglamento, en función del uso del edificio o local, en categorías de la IDA 1 a la IDA 4.

63) **¿En qué categorías se divide el aire interior de los edificios en función del uso?**

    A. IDA1 excelente calidad, IDA2 buena calidad, IDA3 calidad regular y IDA4 pésima calidad.

    B. Baja calidad, media calidad, buena calidad y óptima calidad.

    C. Aire puro, aire respirable, aire soportable y aire irrespirable.

    D. Ninguna de las anteriores.

64) **¿Qué calidad de aire interior se exige en una oficina?**

    A. IDA 1.

    B. IDA 2.

    C. IDA 3.

    D. IDA 4.

65) **En aulas de enseñanza, cuando las personas tengan una actividad metabólica de 1,2 met, ¿qué caudal mínimo de aire exterior será necesario para alcanzar una calidad del aire interior aceptable?**

    A. 20 dm³/s.

    B. 12,5 dm³/s.

    C. 8 dm³/s.

    D. Ninguna de las anteriores.

66) **¿En qué consiste el método indirecto de caudal de aire exterior por persona?**

   A. En asignar un caudal de renovación de aire por persona.

   B. En este método basado en el informe CR 1752 (método olfativo).

   C. Consiste en controlar la concentración de CO_2 y aplicar un caudal de aire exterior correspondiente en una tabla.

   D. En asignar un caudal de renovación de aire por m².

67) **¿Qué caudal de aire es necesario en un local en el que se permite fumar?**

   A. El mismo.

   B. El doble.

   C. La mitad.

68) **Para locales con alta actividad metabólica, ¿qué tipo de método se usará para calcular el caudal de aire exterior?**

   A. Método indirecto por concentración de CO_2.

   B. Método directo por calidad de aire percibido.

   C. Método directo por concentración de CO_2.

   D. Todas las anteriores son correctas.

69) **En una piscina climatizada, ¿qué presión negativa se debe mantener con respecto a los locales contiguos?**

   A. Entre 0,5 y 1 bar.

   B. Entre 0,2 y 0,5 bar.

   C. Entre 2 y 4 mm cda.

   D. Ninguno de los anteriores.

70) **El caudal de aire exterior de ventilación para la dilución de los contaminantes en las piscinas climatizadas será:**

   A. De 2,5 dm³/s por metro cuadrado de superficie de la lámina de agua.

   B. De 2,5 l/s por metro cuadrado de superficie de la lámina de agua y de la playa.

   C. De 2,5 dm³/s por metro cuadrado de superficie de la lámina de agua y de la playa y de la zona de espectadores.

71) En edificios para hospitales y clínicas, ¿qué método se utilizará para determinar el caudal mínimo del aire exterior de ventilación?

    A. Método indirecto de caudal de aire exterior por persona.

    B. Método directo por calidad del aire percibido.

    C. Método indirecto de caudal de aire por unidad de superficie.

    D. Son válidos los valores de la norma UNE 100713.

72) El aire exterior de ventilación se introducirá en el edificio debidamente:

    A. Filtrado.

    B. Higienizado.

    C. Limpiado.

73) ¿Qué clasificación tiene el aire exterior con altas concentraciones de contaminantes gaseosos y/o partículas?

    A. ODA 2.

    B. ODA 3.

    C. ODA 4.

74) Las clases de filtración mínimas a emplear vienen en función de:

    A. Solo se filtran los ODA.

    B. Del ODA y el IDA.

    C. Del IDA y AE.

    D. Del ODA y AE.

75) ¿Qué clase de filtración mínima se utilizará en un cine si el aire exterior está clasificado como ODA 2?

    A. F5 + F7.

    B. F6 + F8.

    C. F8.

76) **En un quirófano o sala limpia, los filtros finales se instalarán:**

    A. Antes de la sección de tratamiento, antes del ventilador de impulsión.

    B. Antes de la sección de tratamiento, después del ventilador de impulsión.

    C. Después de la sección de tratamiento, antes del ventilador de impulsión.

    D. Después de la sección de tratamiento, después del ventilador de impulsión.

77) **Los aparatos de recuperación de calor deben estar siempre protegidos con una sección de filtrado, cuya clase será la recomendada por el fabricante del recuperador. De no existir recomendación, serán como mínimo de clase:**

    A. F5.

    B. F6.

    C. F7.

    D. F8.

78) **En función del uso del edificio o local, el aire de extracción se clasificará como:**

    A. AE1 Bajo nivel de contaminación.

    B. AE2 Moderado nivel de contaminación.

    C. AE3 Alto nivel de contaminación.

    D. AE4 Muy alto nivel de contaminación.

    E. Todas las anteriores son correctas.

79) **¿El aire de categoría AE2 puede ser retornado?**

    A. Sí, porque es un aire de moderado nivel de contaminación.

    B. Sí siempre que se utilice un filtro F6.

    C. Únicamente puede ser empleado como aire de transferencia de un local hacia locales de servicio, aseos y garajes.

80) **En un aula de enseñanza, el aire de extracción es de categoría:**

    A. AE 1.

    B. AE 2.

    C. AE 3.

81) **El caudal de aire de extracción de locales de servicio será como mínimo de:**

    A. 2 dm³/s por m² de superficie en planta.

    B. 2 dm/s por m² de superficie en planta.

    C. 2 m³/s por m² de superficie en planta.

82) **¿La expulsión hacia el exterior del aire de las categorías AE 1 y AE 4 puede ser común?**

    A. Sí.

    B. No.

    C. Sí, en caso de que se produzca contaminación cruzada.

83) **En los casos no regulados por la legislación vigente, el agua caliente sanitaria se preparará a la:**

    A. Temperatura mínima que resulte compatible con su uso, considerando las pérdidas en la red de tuberías.

    B. Temperatura máxima que resulte compatible con su uso, considerando las pérdidas en la red de tuberías.

    C. No hay casos no regulados.

    D. Ninguna de las anteriores.

84) **¿Se permite la preparación de agua caliente sanitaria para usos sanitarios mediante la mezcla directa de agua fría con condensado o vapor procedente de calderas?**

    A. Sí.

    B. No.

85) **La temperatura del agua de una piscina climatizada estará comprendida entre:**

    A. 21 y 27 °C.

    B. 22 y 28 °C.

    C. 23 y 29 °C.

    D. 24 y 30 °C.

86) ¿Cuándo se permitirá la humectación del aire mediante inyección directa de vapor procedente de calderas?

    A. Nunca, bajo ningún concepto.

    B. Cuando el vapor tenga calidad sanitaria.

    C. Siempre es recomendable.

    D. No se permite, salvo que el enfriamiento sea adiabático.

87) Los falsos techos deben tener:

    A. Registros que permitan el acceso a las unidades terminales.

    B. Registros de inspección en correspondencia con los registros en conductos y los aparatos situados en los mismos.

    C. Registros de inspección cada tres metros en línea con los conductos.

    D. Todas son correctas.

88) Las instalaciones térmicas de los edificios deben cumplir:

    A. Todas las exigencias del documento DB-HR Protección frente al ruido del Código Técnico de la Edificación.

    B. La exigencia del documento DB-HR Protección frente al ruido del Código Técnico de la Edificación que les afecten.

    C. Que el ruido generado se reduzca al mínimo posible, utilizando mamparas y materiales de insonorización.

    D. Con las ordenanzas municipales aunque sean menos restrictivas.

89) El procedimiento de verificación para el diseño y dimensionado de la instalación térmica será:

    A. Simplificado.

    B. Alternativo.

    C. La A o la B.

    D. La A y la B.

90) ¿En qué caso se puede adoptar una solución alternativa que difiera de las exigencias exigidas en las instrucciones técnicas?

    A. Nunca.

    B. Cuando lo solicite la propiedad.

C. Cuando lo justifique el proyectista o director de la instalación y previa conformidad de la propiedad. Además sus prestaciones serán equivalentes a las exigidas.

D. Cuando no exista otra posibilidad.

91) El proyecto de una instalación térmica deberá incluir:

A. Una estimación del consumo de energía semanal y mensual.

B. Una estimación del consumo de energía mensual y anual.

C. Una estimación del consumo de energía anual.

D. Ninguna de las anteriores.

92) En el proyecto o memoria técnica se justificará el sistema de climatización y de producción de agua caliente sanitaria elegido desde el punto de vista de la eficiencia energética. ¿Cuándo será necesaria la justificación del sistema elegido comparándolo con otros sistemas de producción de energía alternativos?

A. Siempre.

B. En edificios nuevos, a partir de 5 kW y de superficie útil mayor a 1.000 m².

C. En los proyectos de edificios nuevos de más de 70 kW.

D. Ninguna de las respuestas anteriores es correcta.

93) ¿Qué es el TEWI?

A. Es el parámetro usado para evaluar el calentamiento atmosférico producido durante la vida útil de un sistema de refrigeración.

B. Es el método para calcular las emisiones de dióxido de carbono de una caldera.

C. Es el método empleado en un generador frigorífico para medir el consumo durante su vida útil.

94) Los generadores centrales se conectarán hidráulicamente:

A. En paralelo.

B. En serie.

C. En paralelo, excepcionalmente en serie.

D. En serie, excepcionalmente en paralelo.

95) Cuando se interrumpa el funcionamiento de un generador:

A. Deberá interrumpirse el funcionamiento de los equipos y accesorios de la instalación exceptuando los que están directamente relacionados con el mismo.

B. Deberá interrumpirse el funcionamiento de los equipos y accesorios directamente relacionados con el mismo.

C. Deberá interrumpirse el funcionamiento de los elementos que, por seguridad o explotación, lo requiriesen.

D. La B y la C son correctas.

96) En el proyecto o memoria técnica, ¿qué requisitos mínimos de rendimiento energético debemos indicar?

A. Prestación energética a potencia nominal y temperatura del agua en la caldera.

B. Con biocombustibles sólidos se debe indicar el rendimiento instantáneo del conjunto caldera-sistema de combustión al 100 % potencia y al 30 % de la misma.

C. Quedan excluidos de cumplir requisitos de rendimiento mínimos, los generadores de agua caliente alimentados con combustibles de biomasa, subproductos o residuos y gases residuales.

D. Deberán indicarse las prestaciones energéticas de los generadores de calor. Además, deberá indicarse la información que aparece en la ficha de producto, exigida por los reglamentos de etiquetado energético que apliquen a cada tipo de generador de calor.

97) A la entrada en vigor de las últimas modificaciones del Reglamento:

A. Se podrán instalar calderas y calentadores a gas de hasta 70 kW del tipo atmosférico.

B. Se podrán instalar calderas y calentadores a gas de hasta 70 kW del tipo atmosférico B3x.

C. No se podrán instalar calderas y calentadores a gas de hasta 70 kW del tipo estanco.

98) **En los edificios de nueva construcción, ¿qué rendimiento mínimo tendrá una caldera de gas?**

    A. 90 + 2 log Pn a potencia nominal y 86 + 3 log Pn a carga parcial del 30 %.

    B. 90 + 2 log Pn a potencia nominal y 97 + 3 log Pn a carga parcial del 30 %.

    C. Cumplirá con los requisitos establecidos en los reglamentos europeos de diseño ecológico vigentes que les sean de aplicación.

99) **¿Cuál es el rendimiento mínimo de una caldera que utiliza como combustible huesos de aceituna o cáscaras de frutos secos?**

    A. 65 % a plena carga.

    B. Igual que un generador de 400 kW.

    C. 65 % a carga parcial del 30 %.

    D. 80 % a plena carga.

100) **Los emisores de calefacción deberán estar calculados para una temperatura máxima de entrada al emisor de:**

    A. 60 °C.

    B. 70 °C.

    C. 75 °C.

    D. Ninguna de las respuestas anteriores es correcta.

101) **Para el diseño y dimensionado de los emisores de calor se considerará:**

    A. Una temperatura media del emisor de 60 °C.

    B. Una temperatura máxima de entrada de 60 °C.

    C. Una temperatura mínima de entrada de 60 °C.

    D. Ninguna de las respuestas anteriores es correcta.

102) **Según lo establecido en el Reglamento, ¿cuál de las siguientes opciones es cierta?**

    A. En las centrales de producción de calor con combustible líquido o gaseoso, de potencia superior a 400 kW, se instalarán siempre dos o más generadores.

    B. En las centrales de producción de calor con combustible líquido o gaseoso, de potencia superior a 400 kW, se instalarán siempre con un solo generador.

    C. En las centrales de producción de calor con combustible líquido o gaseoso, de potencia mayor a 400 kW, se instalarán dos o más generadores, salvo que se justifique técnicamente otra solución que sea al menos equivalente desde el punto de vista de la eficiencia energética.

103) **A efectos de fraccionamiento de potencia, los generadores de calor atmosféricos a gas de tipo modular:**

    A. Están prohibidos a partir del año 2010.

    B. Se considerarán siempre como un único generador.

    C. Se considerarán siempre como un único generador, salvo que dispongan de un sistema automático que independice el circuito hidráulico.

    D. Todas son falsas.

104) **La regulación mínima de los quemadores de combustible gaseosos será:**

    A. De dos marchas para quemadores de potencia térmica hasta 70 kW.

    B. De tres marchas o modulante para quemadores de potencia superior a 70 kW hasta 400 kW.

    C. De una marcha para quemadores de potencia superior a 400 kW.

    D. Ninguna de las anteriores.

105) **La temperatura del agua refrigerada a la salida de las plantas:**

    A. Debe variar en función de la demanda.

    B. Debe ser la indicada por el fabricante en función de la demanda.

    C. Debe ser la indicada según condiciones de diseño en función de la demanda.

    D. Debe mantenerse constante al variar la carga.

106) Para instalaciones de potencia útil nominal superior a 70 kW, si el límite inferior de la demanda pudiese ser menor que el límite inferior de parcialización de un generador de frío:

    A. Se debe instalar un sistema que pueda cubrir esa carga durante su tiempo de duración a lo largo de un día.

    B. Se debe instalar una máquina que tenga un límite inferior de parcialización menor al límite inferior de carga.

    C. Se debe instalar un sistema que limite la punta de carga máxima horaria.

    D. La A y la C son correctas.

107) ¿Qué temperatura mínima de diseño se usará para dimensionar una máquina frigorífica reversible?

    A. La húmeda del nivel percentil más exigente menos 2 grados.

    B. La seca del nivel percentil menos exigente más 2 grados.

    C. La seca del nivel percentil más exigente más 3 grados.

    D. La húmeda del nivel percentil menos exigente menos 3 grados.

108) Las torres de refrigeración y los condensadores evaporativos se dimensionarán para el valor de la temperatura húmeda que corresponde al nivel percentil más exigente, más:

    A. 1 °C.

    B. 2 °C.

    C. 3 °C.

    D. Ninguna de las anteriores es correcta.

109) ¿Cuándo debemos aislar térmicamente la red de tuberías, equipos, aparatos y depósitos de las instalaciones térmicas?

    A. Siempre que discurran por el exterior.

    B. Se deben aislar en todo su recorrido y todos los aparatos.

    C. Con temperatura menor que la ambiente del local por el que discurren.

    D. Las tuberías de torres de refrigeración y de descarga de compresores frigoríficos no se deben aislar.

110) Cuando los conductos estén instalados en el exterior:

  A. La terminación final no debe poseer la protección contra la intemperie.

  B. Tendrán estanquidad en las juntas al paso de la lluvia.

  C. Tendrán aislamiento contra corrosión si el medio es desfavorable.

111) ¿Qué es el traceado de una tubería?

  A. Una técnica para identificar el tipo de fluido que circula por el interior.

  B. Una técnica de identificación de tuberías mediante colores.

  C. Una técnica para evitar la congelación del fluido.

  D. Ninguna respuesta anterior es correcta.

112) ¿Cuáles son las pérdidas térmicas globales máximas que se permiten en una instalación térmica con agua como fluido caloportador?

  A. El 4 %.

  B. El 4 % de la potencia máxima que transporta.

  C. El 12 %.

113) Indique la respuesta incorrecta:

  A. Los espesores mínimos de aislamiento de las redes de tuberías que conduzcan, alternativamente, fluidos calientes y fríos serán los obtenidos para las condiciones de trabajo más exigentes.

  B. Los espesores mínimos de aislamiento de las redes de agua caliente sanitaria deben aumentarse en 5 mm con respecto a la redes que no funcionan durante todo el año.

  C. El espesor mínimo de aislamiento de las tuberías de diámetro exterior menor o igual que 25 mm y de longitud menor que 10 m, contada a partir de la conexión a la red general de tuberías hasta la unidad terminal, y que estén empotradas en tabiques y suelos o instaladas en canaletas interiores, será de 5 mm, evitando, en cualquier caso, la formación de condensaciones.

114) En espacios reducidos de curvas y juntas, se permitirá:

  A. Una reducción de 5 mm sobre los espesores mínimos.

  B. Una reducción de 10 mm sobre los espesores mínimos.

C. Una reducción de 10 mm sobre los espesores mínimos y también en las conexiones de equipos de refrigeración doméstica o de energía solar.

115) **En tuberías y accesorios que transportan fluidos calientes, ¿qué diferencia de espesores mínimos de aislamiento hay entre las que discurren por el interior respecto a las que discurren por el exterior del edificio?**

A. 8 mm.

B. 10 mm.

C. 5 mm.

116) **¿Qué espesor mínimo de aislamiento debemos poner en un tubo de diámetro exterior 18 mm , empotrado durante 5 m de longitud?**

A. 25 mm si el fluido no supera los 100 °C.

B. 10 mm evitando formación de condensación.

C. 30 mm para evitar rotura del tabique por dilatación.

D. No hace falta aislarlo térmicamente, solo enfundarlo contra la dilatación.

117) **Un depósito de ACS que almacena agua a 60 °C y que se encuentra ubicado en el interior de un edificio, ¿de cuánto será su espesor mínimo de aislamiento, si la conductividad térmica del aislante empleado es de 0,04 W/m K?**

A. 140 mm.

B. 35 mm.

C. 40 mm.

D. 45 mm.

118) **Para una tubería con diámetro exterior de 30 mm que transporta un fluido a 5 °C que discurre por el exterior del edificio, para un material aislante con conductividad térmica de referencia a 10 °C de 0,040 W/ (m K), le corresponde un aislamiento mínimo de:**

A. 30 mm.

B. 35 mm.

C. 20 mm.

D. 45 mm.

119) **Para una tubería de un circuito frigorífico con diámetro de ½″ que discurre por el interior del edificio, cuyo recorrido no supera los 25 m, para un material aislante con conductividad térmica de referencia a 10 °C de 0,040 W/(m K), le corresponde un aislamiento mínimo de:**

    A. 10 mm.

    B. 15 mm.

    C. 20 mm.

120) **Los conductos y accesorios de la red de impulsión de aire dispondrán de:**

    A. Un aislante térmico suficiente para que las pérdidas globales no sean superiores al 10 %.

    B. Un aislante térmico suficiente para que la pérdida de calor no sea mayor al 4 % de la potencia que transportan.

    C. La respuesta B pero a efectos de los conductos de retorno.

    D. Ninguna de las respuestas anteriores es correcta.

121) **Un conducto de aire acondicionado en una instalación de potencia térmica nominal no superior a 70 kW, ¿qué espesor de aislamiento mínimo tendrá si discurre por el exterior del edificio, considerando una conductividad térmica del aislante de 0,04 W/(m K)?**

    A. 20 mm.

    B. 30 mm.

    C. 40 mm.

    D. 50 mm.

122) **Un conducto de sección rectangular que discurre por el interior del edificio, ¿qué espesor de aislamiento mínimo tendrá si la conductividad térmica del aislante es de 0,02 W/m K y la potencia del generador no supera los 70 kW?**

    A. 10 mm.

    B. 15 mm.

    C. 20 mm.

    D. 30 mm.

    E. Ninguna de las anteriores.

123) **Los conductos de tomas de aire exterior:**

   A. No se aislarán.

   B. Se aislarán si las condiciones exteriores son desfavorables.

   C. Se aislarán con el nivel necesario para evitar condensaciones.

124) **¿Qué clase de estanquidad tendrán las redes de conductos?**

   A. C o superior.

   B. B.

   C. B o superior.

   D. A o superior.

125) **¿Cuál es la caída de presión máxima en una batería de refrigeración y deshumectación?**

   A. 80 Pa.

   B. 60 Pa.

   C. 120 Pa.

   D. Ninguna de las anteriores.

126) **Las baterías de refrigeración y deshumectación deben diseñarse:**

   A. Con velocidad que no genere turbulencias y permita un régimen laminar.

   B. Con velocidad frontal que no arrastre gotas de agua.

   C. Con velocidad que genere turbulencias pues no interesa el régimen laminar.

   D. La A y la B son correctas.

127) **La potencia específica absorbida por cada ventilador de un sistema de acondicionamiento de aire será:**

   A. SFP 1 Wesp ≥ 500 W/m³/s.

   B. SFP 2 500 < Wesp < 750.

   C. SFP 3 750 < Wesp ≤ 1.250.

   D. SFP 4 1.250 ≤ Wesp ≤ 2.000.

   E. Todas las respuestas son correctas.

128) **¿En qué casos se pueden utilizar controles de tipo todo-nada?**

    A. Regulación de la velocidad de ventiladores de unidades terminales.

    B. Control de la temperatura de ambientes servidos por aparatos unitarios, siempre que la potencia térmica nominal total del sistema sea mayor que 70 kW.

    C. Para límites de seguridad de temperatura y depresión.

    D. Control de la emisión térmica de generadores de instalaciones colectivas.

    E. Todas las anteriores.

129) **¿Entre qué valores estará comprendida la pérdida de presión de una válvula de control automático a caudal máximo y válvula abierta?**

    A. Entre 0,6 y 1,3 veces la pérdida del elemento controlado.

    B. Entre 0,5 y 1,3 veces la pérdida del elemento controlado.

    C. Entre 0,6 y 1,4 veces la pérdida del elemento controlado.

130) **La variación de la temperatura del agua en función de las condiciones exteriores se hará:**

    A. En el mismo generador en caso de generadores de alta temperatura y de condensación.

    B. En los circuitos secundarios de los generadores de calor de tipo estándar.

    C. En los circuitos primarios de los generadores de calor por biomasa.

    D. La A y la B son correctas.

131) **¿Qué criterio de control de secuencia deben seguir los generadores de calor o frío?**

    A. Deben trabajar en secuencia siempre, al disminuir y aumentar la demanda.

    B. Si disminuye la eficiencia al disminuir la demanda, los generadores funcionarán en paralelo, modulando la potencia de los generadores con continuidad o por escalones.

    C. Si aumenta la eficiencia al disminuir la demanda, los generadores funcionarán en paralelo, modulando la potencia de los generadores con continuidad o por escalones.

    D. Ninguna de las anteriores. Se deben elegir siempre generadores de demanda variable.

132) Los ventiladores de más de 5 m³/s llevarán incorporado:

    A. Un motor de jaula de ardilla.

    B. Un dispositivo indirecto para la medición y el control de la temperatura del aire.

    C. Un dispositivo directo para la medición y el control del caudal de aire.

    D. Un dispositivo indirecto para la medición y el control del caudal de aire.

133) ¿Qué significa la clasificación THM-C1 en cuanto al control de las condiciones termohogrométricas se refiere?

    A. No tiene control de las condiciones termohigrométricas.

    B. Variación de la temperatura del fluido portador en función de la temperatura exterior y/o control de la temperatura ambiente y control de la humedad relativa media o la del local más representativo.

    C. Variación de la temperatura del fluido portador en función de la temperatura exterior o control de la temperatura del ambiente por zona térmica.

    D. Variación de la temperatura del fluido portador en función de la temperatura y humedad relativa exteriores o el control de las mismas en el local más representativo.

134) En los sistemas de calefacción por agua en viviendas, ¿se instalarán válvulas termostáticas en los locales principales de las mismas?

    A. Sí, en la sala de estar, comedor, dormitorios.

    B. No, solo llaves normales (manuales).

    C. Solo en el comedor.

    D. Reglamentariamente solo es necesario que las válvulas sean termostatizables, siendo el particular quien decida la termostatización, atendiendo a criterios de eficiencia energética.

135) **En un salón de actos, ¿qué método de control de calidad de aire interior se utilizará?**

    A. IDA-C1.

    B. IDA-C3.

    C. IDA-C4.

    D. Ninguna de las anteriores.

136) **¿Cuál de los siguientes elementos de control formarán parte del equipamiento mínimo de una instalación de ACS?**

    A. Control de la temperatura de acumulación.

    B. Control de la temperatura del agua de red de tuberías en el punto, hidráulicamente, más lejano del acumulador.

    C. Control para efectuar el tratamiento de choque térmico.

    D. Todos los anteriores.

137) **Las instalaciones solares térmicas:**

    A. De más de 14 kW de potencia nominal, dispondrán de un sistema de medida de la energía inicialmente entregada.

    B. Con acumulación solar distribuida será suficiente la contabilización de la energía solar de forma centralizada en el circuito de distribución hacia los acumuladores individuales.

    C. De más de 20 m² en las que la energía solar se entregue a los diferentes usuarios a través de un primario, podrán prescindir de la contabilización individualizada, siempre que exista un sistema de control de la energía aportada por la instalación solar térmica de forma centralizada.

138) **Las instalaciones térmicas de potencia útil nominal en refrigeración mayor que 70 kW:**

    A. Dispondrán de un dispositivo que permita registrar las horas de funcionamiento.

    B. Dispondrán de un dispositivo que permita medir y registrar el consumo de energía eléctrica de la central frigorífica.

    C. Dispondrán de un dispositivo que permita medir y registrar el consumo de combustible de forma separada del consumo debido a otros usos del resto del edificio.

    D. Todas correctas.

139) **Los compresores frigoríficos de más de 70 kW de potencia térmica nominal:**

    A. Dispondrán de un dispositivo que permita registrar las horas de funcionamiento.

    B. Dispondrán de un dispositivo que permita registrar el número de arrancadas del mismo.

    C. Dispondrán de dispositivos para la medición de la energía térmica generada o demandada.

    D. Todas correctas.

140) **Un ventilador de potencia del motor de 15 kW, ¿qué sistema de medición incorporará?**

    A. Ninguno.

    B. Del número de arrancadas.

    C. Horas de funcionamiento.

    D. Contador de energía eléctrica.

141) **¿Qué subsistemas de climatización dispondrán de un subsistema de enfriamiento gratuito por aire exterior?**

    A. Subsistemas de climatización todo aire igual o superior a 70 kW.

    B. Subsistemas de climatización aire-agua igual o superior a 70 kW.

    C. Subsistemas de climatización todo aire superiores a 70 kW.

142) **¿Cuándo recuperaremos la energía del aire expulsado?**

    A. En sistemas de climatización todo aire de potencia superior a 70 kW.

    B. En sistemas de climatización de los edificios cuyo caudal de aire expulsado al exterior por medios mecánicos sea superior a 0,28 m³/s.

    C. Se recuperará siempre.

143) **¿Cuál es la eficiencia mínima de un recuperador de calor?**

    A. 40 %.

    B. 40 % con una pérdida de presión máxima de 140 Pa.

    C. 75 % con una pérdida de presión máxima de 260 Pa.

144) **En piscinas climatizadas, ¿la energía a recuperar del aire de extracción será con una eficiencia mínima y una máxima pérdida de carga?**

    A. Iguales a las exigidas para más de 6.000 h de funcionamiento.

    B. Iguales a las exigidas para más de 4.000 h de funcionamiento.

    C. Iguales a las exigidas para más de 15.000 h de funcionamiento.

145) **¿La estratificación?**

    A. Se debe favorecer durante los periodos de demanda térmica de refrigeración y combatir durante los periodos de demanda térmica de calefacción negativa.

    B. Se debe favorecer durante los periodos de demanda térmica de calefacción y combatir durante los periodos de demanda térmica de refrigeración positiva.

    C. Ninguna de las respuestas es correcta.

146) **La distribución de calor para el calentamiento del agua y la climatización del ambiente de piscinas:**

    A. Será dependiente de otras instalaciones térmicas.

    B. Podrá hacerse con instalaciones térmicas comunes.

    C. Será independiente de otras instalaciones térmicas.

    D. Se hará obligatoriamente con energías renovables.

147) **Las instalaciones térmicas destinadas a la producción de ACS o para el calentamiento de piscinas cubiertas cumplirán con:**

    A. La normativa local vigente.

    B. Con la sección HE-4 del CTE.

    C. Con la sección HS-3 del CTE (Contribución solar mínima de agua caliente sanitaria).

148) **En el calentamiento de agua para piscinas al aire libre:**

    A. Se permite usar cualquier tipo de producción de energía.

    B. Se debe usar un sistema de producción mixto (energía convencional-energías renovables).

    C. Solo se puede realizar fuentes de energías renovables o residuales.

    D. Ninguna de las anteriores.

149) ¿Cuándo se permitirá el uso de energía eléctrica por efecto Joule en la producción de calefacción para instalaciones centralizadas?

A. En instalaciones con bomba de calor, cuando la relación entre potencia eléctrica en resistencias de apoyo y la potencia eléctrica en los bornes del motor del compresor sea igual o superior a 1,2.

B. En instalaciones de energías renovables o residuales, cuando empleen energía eléctrica como fuente auxiliar de apoyo con un porcentaje de cobertura anual superior a 2/3.

C. En sistemas con acumulación térmica cuando la capacidad de acumulación sea suficiente para captar y retener durante las horas de suministro valle.

D. Todas son correctas.

E. Ninguna de las anteriores.

150) ¿Pueden climatizarse los locales no habitables?

A. No, salvo cuando se empleen fuentes de energía renovables o energía residual.

B. Sí, el RITE lo permite explícitamente.

C. El RITE no se pronuncia al respecto.

151) No se permite el mantenimiento de las condiciones termohigrométricas en los locales mediante:

A. Procesos sucesivos de enfriamiento y calentamiento.

B. La acción simultánea de los fluidos con temperatura de efectos opuestos.

C. Se realice por una fuente de energía gratuita o sea recuperado del condensador.

D. La A y la B son correctas.

152) ¿A día de hoy se puede utilizar combustible sólido de origen fósil en las instalaciones térmicas de los edificios?

A. No, están prohibidos desde el 1 enero de 2010.

B. No.

C. Sí.

153) **¿Los generadores de calor estarán equipados de un interruptor de flujo?**

    A. Sí, siempre.

    B. No, nunca.

    C. Sí, salvo que el fabricante especifique que no es necesario.

154) **Un generador que utilice combustible que no sea gas debe tener:**

    A. Interrupción del funcionamiento quemador cuando se alcancen temperaturas mayores a las de diseño y de rearme manual.

    B. Un dispositivo de eliminación del calor residual producido en la caldera ya introducido en la misma cuando se interrumpa el funcionamiento del sistema de combustión.

    C. Interrupción del funcionamiento del quemador en caso de retroceso de los productos de la combustión.

    D. Las respuestas A y C son correctas.

155) **Los generadores de calor que utilicen biocombustible sólido tendrán:**

    A. Un dispositivo de funcionamiento del sistema de combustión en caso de retroceso de los productos de la combustión o de la llama.

    B. Una válvula de seguridad tarada a 1 bar por encima de la presión de trabajo del generador.

    C. Un sistema de almacenaje del calor residual producido en la caldera como consecuencia del biocombustible ya introducido en la misma.

156) **¿Qué tendrán a la salida de cada evaporador los generadores de agua refrigerada?**

    A. Un presostato diferencial enclavado eléctricamente con el arrancador del compresor.

    B. Un interruptor de flujo enclavado eléctricamente con el arrancador del compresor.

    C. Un termostato diferencial enclavado eléctricamente con el arrancador del compresor.

    D. La A o la B.

157) Un local que albergue generadores de frío y calor de 70 kW y otros equipos auxiliares, ¿es considerado sala de máquinas?

    A. No porque no es mayor de 70 kW.

    B. Sí.

    C. Sí a partir de 50 kW.

    D. Las respuestas B y C son correctas.

158) Un equipo autónomo de climatización, ¿se puede instalar en una sala de máquinas?

    A. Sí, es obligatorio.

    B. No, reglamentariamente debe instalarse en el exterior.

    C. Sí, pero no tiene la consideración de sala de máquinas.

159) ¿Puede una sala de máquinas tener su acceso normal a través de una abertura en el suelo o techo?

    A. Sí.

    B. No.

    C. Solo cuando el acceso no pueda construirse de otra forma.

160) En el interior de la sala de máquinas figurarán:

    A. Las instrucciones para efectuar la parada de la instalación en caso necesario, con señal de alarma de urgencia y dispositivo de corte lento.

    B. El nombre, dirección y número de teléfono de la persona o entidad encargada del mantenimiento de la instalación.

    C. Indicaciones de los puestos de extinción y extintores menos cercanos.

    D. Las tres anteriores son correctas.

161) ¿Qué se debe colocar en las proximidades de la puerta de la sala de máquinas?

    A. El cuadro eléctrico de protección y mando de los equipos instalados en la sala.

    B. Por lo menos, el interruptor general.

    C. Si existe, el interruptor del sistema de ventilación forzada de la sala.

    D. Las tres anteriores son correctas.

162) Las salas de máquinas con generadores de calor a gas se situarán:

    A. En un nivel igual o superior al semisótano o primer sótano.

    B. Para gases más densos que el aire, preferentemente en cubierta.

    C. En un segundo sótano sea cual sea la densidad del aire.

    D. Ninguna de las anteriores.

163) En las salas de máquinas con generadores de calor a gas, se instalará:

    A. Un sistema de detección de fugas y corte de gas.

    B. Un sistema de detección de fugas y corte de gas, con un detector por cada 25 m³ de volumen de la sala, con un mínimo de dos, ubicados en las proximidades de los generadores alimentados a gas.

    C. Una válvula de corte manual del tipo todo-nada instalada en la alimentación de gas del edificio, ubicada en el exterior de las sala.

    D. Todas las anteriores.

164) ¿Cómo está considerada una sala de máquinas con agua a temperatura superior a 110 °C?

    A. De bajo riesgo.

    B. De riesgo moderado.

    C. De alto riesgo.

    D. Las salas de máquinas no se clasifican por riesgo.

165) En una sala de máquinas de riesgo alto, el cuadro eléctrico de protección y mando de los equipos instalados en la sala o, por lo menos, el interruptor general y el interruptor del sistema de ventilación se situarán:

    A. Dentro de la sala en la proximidad de uno de los accesos.

    B. Fuera de la sala en la proximidad de uno de los accesos.

    C. En cualquiera de las dos anteriores.

    D. Ninguna de las anteriores.

166) **¿Dónde se instalarán los equipos autónomos de generación de calor?**

    A. En el exterior de los edificios, a la intemperie.

    B. En zonas transitadas por el uso habitual del edificio, salvo por personal especializado de mantenimiento de estos u otros equipos.

    C. En plantas por debajo del nivel de calle o en terreno colindante, en azoteas o terrazas.

    D. Todas las respuestas anteriores son correctas.

167) **La altura mínima de la sala de máquinas será de:**

    A. 2,70 m, respetando una altura libre de tuberías y obstáculos sobre la caldera de 0,5 m.

    B. 2,70 m, respetando una altura libre de tuberías y obstáculos sobre la caldera de 1 m.

    C. 2,50 m, respetando una altura libre de tuberías y obstáculos sobre la caldera de 1 m.

    D. 2,50 m, respetando una altura libre de tuberías y obstáculos sobre la caldera de 0,5 m.

168) **¿Qué espacios libres deben dejarse alrededor de los generadores de calor en una sala de máquinas?**

    A. En calderas con quemador de combustión forzada: 0,5 m entre uno de los laterales y la pared permitiendo la apertura total de la puerta; 0,7 m entre el fondo de la caja de humos y la pared de la sala de máquinas; 0,5 m entre varias calderas, y el espacio libre en la parte frontal será como mínimo de 1 metro.

    B. En calderas de cámara de combustión abierta: el espacio libre frontal será como mínimo de 1 metro, 0,5 metros entre calderas así como las calderas extremas y los muros laterales y de fondo.

    C. Con calderas de combustibles sólidos en las que sea necesaria la accesibilidad al hogar para carga o reparto del combustible, la distancia entre estas y la chimenea será igual a la profundidad de la caldera con un mínimo de 1 metro.

    D. Todas las respuestas anteriores son correctas.

169) **¿Qué sistema de ventilación se recomienda en una sala de máquinas?**

    A. Natural directa por orificios.

    B. Forzada, con los orificios al menos a 50 cm de cualquier hueco practicable o rejilla de ventilación de otros locales distintos de la sala de máquinas.

    C. Natural indirecta por orificios, intentado, siempre que sea posible, una ventilación cruzada, colocando las aberturas sobre pares opuestas de la sala y en las cercanías del techo y suelo.

    D. Ninguna de las anteriores.

170) **Una caldera de gasóleo de 100 kW de potencia térmica nominal, ubicada en una sala de máquinas de 50 m² de superficie:**

    A. Si la sala de máquinas es contigua a zonas de aire libre, dispondrá de aberturas de área libre mínima de 500 cm², recomendándose practicar más de una abertura y colocarlas en diferentes fachadas y a distintas alturas.

    B. Si la sala de máquinas es contigua a zonas de aire libre, el orificio para entrada de aire se situará obligatoriamente con su parte superior a menos de 50 cm del suelo; la ventilación se complementará con un orificio, con su lado inferior a menos de 30 cm del techo, este último de superficie 500 cm².

    C. Cuando la sala no sea contigua a zona de aire libre, pero pueda comunicarse con esta por medio de conductos de menos de 10 m de recorrido horizontal, la sección libre mínima de los conductos verticales será de 1.000 cm² y los horizontales de 750 cm².

    D. Cuando la sala disponga de ventilación forzada, se dispondrá de un ventilador de impulsión, soplando en la parte superior de la sala, que asegure un caudal mínimo de 600 m³/h.

171) **En una sala de máquinas con ventilación natural por conducto y con generadores para combustibles gaseosos, el conducto de ventilación inferior desembocará:**

    A. A menos de 30 cm del suelo. En el caso de gases más pesados que el aire, el conducto será obligatoriamente ascendente.

B. A menos de 50 cm del suelo. En el caso de gases más pesados que el aire, el conducto será obligatoriamente ascendente.

C. A menos de 70 cm del suelo. En el caso de gases más pesados que el aire, el conducto será obligatoriamente descendente.

D. Ninguna de las anteriores.

172) ¿Cuál es el dimensionado mínimo del conducto de evacuación del aire de exceso en una sala de máquinas con ventilación forzada?

A. 20 A (cm^2), siendo A la superficie en m^2 de la sala de máquinas, con un mínimo de 450 cm^2.

B. 15 A (cm^2), siendo A la superficie en m^2 de la sala de máquinas, con un mínimo de 350 cm^2.

C. 10 A (cm^2), siendo A la superficie en m^2 de la sala de máquinas, con un mínimo de 250 cm^2.

D. Ninguna de las anteriores.

173) ¿Cuál de estos procedimientos es correcto?

A. La caldera debe ponerse en marcha antes de que el sistema de ventilación haya arrancado.

B. La caldera debe ponerse en marcha después de que el sistema de ventilación haya arrancado, verificando el funcionamiento del ventilador mediante un detector de flujo o un presostato que deben activar un termostato temporizado.

C. Cuando todas las calderas de las sala de máquinas estén paradas debe desactivarse el relé temporizado y parar el sistema de ventilación.

D. Ninguna de las anteriores.

174) En las salas de máquinas:

A. Con calderas que utilicen gases más pesados que el aire, en las que no pueda lograrse un conducto inferior para la evacuación de fugas de gas al exterior, se instalará un sistema de extracción de aire activado por el sistema de detección de fugas, cuyo extractor debe ser conectado a una red de conductos con bocas de aspiración a una altura máxima de 0,2 m del suelo de la sala, con un caudal de extracción en m³/h de cómo mínimo 10 veces la superficie en planta de la sala de máquinas, con un mínimo de 100 m³/h.

B. Con un sistema de ventilación natural directa, para combustibles gaseosos el conducto de ventilación inferior desembocará a menos de 30 cm del techo y en el caso de gases más pesados que el aire el conducto será obligatoriamente ascendente.

C. Con un sistema de ventilación forzada, para disminuir la presurización de la sala con respecto a los locales contiguos, se dispondrá de un conducto de evacuación del aire de exceso, situado a menos de 50 cm del techo y en el lado opuesto de la ventilación inferior, de manera que la sobrepresión no sea mayor que 20 Pa.

D. Todas correctas.

175) Para las salas de máquinas en edificios existentes:

A. En edificios ya construidos, el patio de ventilación podrá tener una superficie mínima en planta de 3 m² y la dimensión del lado menor será como mínimo de 0,5 m.

B. En las reformas de las salas, en los que no sea posible lograr la superficie no resistente al exterior, o a patio de ventilación, se realizará una ventilación forzada y se instalará un sistema de detección y corte de fugas de gas.

C. Está permitida la ubicación de salas de máquinas con calderas a gas en niveles inferiores a semisótano o primer sótano; en las reformas de salas por debajo de ese nivel se podrá dejar la sala de máquina a este nivel, aun cuando se recomienda habilitar un nuevo local para las calderas.

D. Todas las respuestas anteriores son correctas.

176) La evacuación de los productos de la combustión:

    A. En las instalaciones térmicas que se reformen cambiándose sus generadores y que ya dispongan de un conducto de evacuación a cubierta, este será el empleado para la evacuación, siempre que sea adecuado al nuevo generador objeto de la reforma, sin necesidad de dar conformidad con las condiciones establecidas en la reglamentación vigente.

    B. En los edificios de nueva construcción en los que se prevea una instalación térmica, la evacuación de los productos de la combustión del generador se realizará por un conducto por la cubierta del edificio, en el caso de instalación centralizada, o mediante un conducto que permita conectar calderas de cámara de combustión abierta tipo C, en el caso de instalación individualizada.

    C. Los edificios de viviendas de nueva construcción en los que no se prevea una instalación térmica central ni individual, dispondrán de una preinstalación para la evacuación individualizada de los productos de la combustión, mediante un conducto conforme con la normativa europea, que desemboque por cubierta y que permita conectar en su caso calderas de cámara de combustión estanca tipo B.

    D. En los edificios de viviendas unifamiliares o en las instalaciones térmicas existentes que se reformen cambiándose sus generadores que no dispongan de conducto de evacuación a cubierta o este no sea adecuado al nuevo generador objeto de la reforma, se permitirá la salida directa de estos productos al exterior con conductos por fachada o patio de ventilación, únicamente, cuando se trate de aparatos de gas estancos de potencia útil nominal igual o inferior a 70 kW o de aparatos de gas de tiro natural para la producción de agua caliente sanitaria de potencia útil igual o inferior a 24,4 kW y en reformas cuando se instalen calderas individuales con emisiones de NOx de clase 5.

177) ¿Se pueden unificar conductos de evacuación de los productos de la combustión con otras instalaciones de evacuación?

    A. Sí.

    B. No.

    C. Sí pero con tubos de diferentes diámetros.

178) **Cada generador:**

    A. Tendrá su propia chimenea.

    B. Se unirán entre ellos los conductos de evacuación.

    C. De potencia térmica nominal superior a 70 kW dispondrá de su propia chimenea.

    D. De potencia térmica nominal superior a 400 kW dispondrá de su propia chimenea.

179) **En un edificio de oficinas con 4 calderas de 100 kW cada una de las mismas características:**

    A. Se podrán unir a una canalización general de salida de gases de combustión a cubierta.

    B. Se realizará una canalización para cada una de ellas a cubierta.

    C. Se podrán canalizar a patio de ventilación de 4 m².

    D. Se podrá canalizar a fachada.

180) **¿Qué se dispondrá en la parte inferior del conducto de evacuación?**

    A. Un codo de 45 °C para permitir mejor la evacuación.

    B. Un cortatiros.

    C. Un registro que permita la eliminación de residuos sólidos o líquidos.

    D. Ninguna de las anteriores.

181) **¿Qué superficie mínima en planta debe tener un patio de ventilación de un edificio con 10 locales con calentadores de ACS que evacuan directamente los productos de la combustión en el patio?**

    A. 6 m².

    B. 5 m².

    C. 4 m².

    D. 8 m².

182) **En un aparato tipo estanco, ¿qué tipos de conductos pueden instalarse según las salidas del mismo?**

    A. Tubo compuesto y tubo simple.

    B. Tubo concéntrico y tubos independientes.

C. Tubo concéntrico interior toma de aire y exterior salida humos.

D. Depende del fabricante el tipo de chimenea.

183) **La distancia de la salida de los productos de la combustión de una chimenea de un aparato estanco, respecto a los orificios de ventilación y la parte practicable de marcos de ventanas de un patio de ventilación, será:**

A. De 50 cm, salvo que la salida de humos se sitúe por encima, en cuyo caso no será necesario guardar tal distancia mínima.

B. De 40 cm, salvo que la salida de humos se sitúe por encima.

C. De 50 cm en cualquier caso.

D. De 40 cm en cualquier caso.

184) **Cuando la salida de los productos de la combustión se realiza directamente al exterior, a través de una pared, ¿a qué altura se situará como mínimo?**

A. 3 m.

B. 3 m del nivel del suelo.

C. 2,20 m del nivel del suelo.

185) **Si la salida de los productos de la combustión sale a un patio de ventilación, ¿qué distancia debe guardarse a una pared lateral con ventana?**

A. 40 cm al lado de ventana.

B. 1 m mínimo.

C. 30 cm mínimo.

D. 2 m mínimo.

186) **En edificios nuevos, ¿cuál es la capacidad mínima de almacenamiento de un biocombustible solido?**

A. Cubrir el consumo mínimo de 3 semanas.

B. Cubrir el consumo mínimo de 2 semanas.

C. Cubrir el consumo mínimo de 5 semanas.

D. Cubrir el consumo mínimo de 1 semana.

187) **En edificios existentes que se reformen y no puede dividirse el lugar de almacenamiento, ¿se puede situar en el mismo local la sala de máquinas y el almacenamiento de combustibles sólidos?**

A. Sí.

B. No, deben estar en locales distintos.

C. Sí, separados 0,7 m y con una pared en medio resistente al fuego.

D. Separados por un elemento resistente mínimo RF120.

188) **Las conexiones entre tuberías y equipos accionados por motor de potencia mayor que 3 kW, se efectuarán:**

A. Mediante elementos rígidos.

B. Mediante elementos flexibles.

C. Mediante elementos rígidos o flexibles.

D. Siguiéndose las recomendaciones del fabricante.

189) **¿Qué función tiene el desconector?**

A. Evitar que se vacíe la instalación.

B. Aliviar la sobrepresión del circuito cerrado.

D. Evitar que se vacíe el circuito cerrado si baja la presión del suministro.

C. Evitar contaminar la red pública si baja la presión del suministro.

190) **¿Cuál es el diámetro de la tubería de llenado de una instalación frigorífica de 40 kW?**

A. 15 mm.

B. 20 mm.

C. 32 mm.

D. 40 mm.

191) **¿Cuál es el diámetro nominal mínimo de la tubería de vaciado?**

A. 20 mm en calor y 25 en frío y 20 mm para los vaciados parciales.

B. 25 mm en calor y 32 en frío y 20 mm para los vaciados parciales.

C. 32 mm en calor y 40 en frío y 25 mm para los vaciados parciales.

D. 40 mm en calor y 50 en frío y 25 mm para los vaciados parciales.

192) Para evitar bolsas de aire en la instalación de agua de climatización o calefacción:

A. Instalaremos purgadores automáticos de 3/8".

B. Las calderas llevan purgadores automáticos.

C. Colocaremos purgadores de como mínimo Ø15 mm en los puntos altos del circuito.

D. Montaremos una válvula de alivio para separar el aire.

193) Como seguridad para un circuito cerrado se instalará:

A. Válvula de expansión y alivio.

B. Válvula de alivio, vaso de expansión y válvula de seguridad.

C. Vaso de expansión tarado 0,3 bar sobre presión de servicio.

D. Válvula de alivio mínimo de DN 15Ø.

194) Para evitar golpes de ariete en diámetros mayores DN32, se evitará colocar:

A. Válvulas de retención de clapeta.

B. Válvulas de retención a disco.

C. Válvulas motorizadas.

D. Válvulas de zona.

195) Los contadores de ACS se protegerán con un filtro de:

A. 0,35 mm de luz como máximo.

B. 0,25 mm de luz como máximo

C. 0,20 mm de luz como máximo.

D. 0,15 mm de luz como máximo.

196) ¿Se pueden utilizar los pasillos y vestíbulos como plenums de retorno?

    A. No.

    B. Sí, en locales con poca ocupación.

    C. Sí, solamente en viviendas.

197) Una superficie caliente que sea accesible al usuario, ¿qué temperatura máxima puede tener?

    A. Máximo 80 °C y protegidas contra contactos.

    B. Máximo 60 °C, salvo en superficies de los emisores de calor mayor.

    C. Las respuestas A y B son correctas.

198) En las salas de máquinas o locales técnicos se debe colocar en lugar visible:

    A. El esquema de principio de la instalación en un cuadro de protección.

    B. Las instrucciones de seguridad, manejo, maniobra y funcionamiento.

    C. Las conducciones deben estar señalizadas según UNE 100100.

    D. Todas son correctas.

199) Si debemos medir la temperatura del agua del circuito, ¿cómo se colocarán los sensores?

    A. Las sondas deben estar sumergidas en el agua.

    B. Los termómetros con sonda sumergida deben tener amortiguadas las oscilaciones de la aguja.

    C. Las sondas se deben poner envainadas y con sustancia conductora de calor.

    D. Se debe poner la sonda en contacto con la tubería con sustancia conductora de calor y aislada.

200) En una instalación térmica de 75 kW de potencia térmica nominal, es obligatorio:

    A. Un manómetro en el vaso de expansión.

    B. Un termómetro a la entrada y otro a la salida de cada bomba.

C. Un pirómetro o pirostato, con escala indicadora, que mida la presión de la chimenea o pare la instalación por falta de presión.

D. Ninguna de las anteriores.

201) **¿Qué instrucción técnica del RITE establece el procedimiento a seguir para efectuar las pruebas de puesta en servicio de las instalaciones térmicas?**

A. La IT 1.

B. La IT 2.

C. La IT 3.

D. La IT 4.

202) **Antes de realizar las pruebas de estanqueidad:**

A. Las redes de agua deben ser limpiadas internamente para eliminar los residuos procedentes del montaje.

B. Deberá comprobarse que los aparatos y accesorios que queden incluidos en la sección de la red soporten la presión a la que se les va a someter.

C. Se llenará y vaciará el número de veces que sea necesario, con agua o con una solución acuosa o producto detergente.

D. Todas las anteriores son correctas.

203) **¿Cuál será la presión de prueba de resistencia mecánica, en caso de circuitos cerrados de agua refrigerada o de agua caliente hasta una temperatura máxima de 100 °C?**

A. Será equivalente a una vez y media la presión máxima efectiva de trabajo a la temperatura de servicio, con un mínimo de 6 bar.

B. Será equivalente a dos veces la presión máxima efectiva de trabajo a la temperatura de servicio, con un mínimo de 6 bar.

C. Será equivalente a dos veces la presión máxima efectiva de trabajo a la temperatura de servicio, con un mínimo de 3 bar.

D. Ninguna de las anteriores es correcta.

204) **En una unidad Split con tuberías precargadas suministradas por el fabricante de la unidad, ¿qué pruebas realizaremos antes de su puesta en marcha?**

    A. Las especificadas en el reglamento de instalaciones frigoríficas.

    B. Las especificadas en el RITE.

    C. No es necesario realizar pruebas en líneas precargadas.

205) **¿Cuál será el caudal de fuga admitido en la red de conductos?**

    A. Máximo clase A 0,027.

    B. Máximo clase C 0,001.

    C. Mínimo clase B 0,009.

    D. Según clase de estanqueidad elegida, clase B o superior.

206) **¿Cómo se realizará la prueba final en el subsistema solar en estancamiento del circuito primario?**

    A. Se realizará con el circuito primario lleno y la bomba de circulación parada, cuando el nivel de radiación sobre la apertura del captador sea superior al 80 % del valor de irradiancia fija como máximo, durante una hora.

    B. Se realizará con el circuito primario vacío y la bomba de circulación parada, cuando el nivel de radiación sobre la apertura del captador sea inferior al 80 % del valor de irradiancia fija como máxio, durante una hora.

    C. Se realizará con el circuito primario lleno y la bomba de circulación en marcha, cuando el nivel de radiación sobre la apertura del captador sea inferior al 80 % de valor de irradiancia fija como máximo, durante una hora.

207) **La empresa instaladora deberá presentar un informe final de las pruebas efectuadas que contenga las condiciones de funcionamiento de los equipos y aparatos de:**

    A. Los sistemas de distribución y difusión de aire.

    B. Los sistemas de distribución de agua.

    C. El control automático.

    D. Todas las respuestas anteriores son correctas.

208) En la fase de ajuste y equilibrado de la instalación, para cada local:

    A. Se debe conocer el caudal mínimo de aire impulsado y extraído previsto en el proyecto o memoria técnica.

    B. Se debe conocer el caudal máximo de aire impulsado.

    C. Se debe conocer el caudal máximo extraído.

209) En unidades terminales de aire con flujo direccional:

    A. Deberá quedar ajustado al valor especificado por el director de la instalación.

    B. Deberá quedar ajustado al valor especificado en el proyecto o memoria técnica.

    C. Se deben ajustar las lamas para minimizar las corrientes de aire y establecer una distribución adecuada del mismo.

210) ¿Quién comprobará que el fluido anticongelante contenido en los circuitos expuestos a heladas cumple con los requisitos especificados en el proyecto o memoria técnica?

    A. La empresa instaladora durante la fase de ajuste y equilibrado.

    B. La empresa instaladora y el director de la instalación, cuando este sea preceptivo.

    C. La empresa mantenedora durante las operaciones de mantenimiento.

    D. Todas las anteriores.

211) En los sistemas de distribución de agua de calefacción por radiadores, ¿cómo podremos ajustar el equilibrado de las unidades terminales?

    A. Con los detentores.

    B. Con la llave termostática.

    C. Con las válvulas de equilibrado automáticas.

    D. Con las llaves de circuito en los colectores.

212) **Cuando la instalación disponga de un sistema de control, mando y gestión o telegestión basado en la tecnología de la información, ¿quién realizará el mantenimiento y la actualización de las versiones de los programas?**

    A. La empresa instaladora.

    B. La empresa mantenedora.

    C. El personal cualificado o por el mismo suministrador de los programas.

    D. El técnico competente.

213) **¿Quién realizará y documentará que los consumos energéticos se hallan dentro de los márgenes previstos en el proyecto o memoria técnica?**

    A. El fabricante.

    B. El técnico competente.

    C. El instalador.

    D. La empresa instaladora.

214) **La comprobación de las temperaturas en las pruebas de eficiencia energética se realizará:**

    A. En las condiciones de régimen.

    B. En las condiciones más desfavorables.

    C. En las condiciones de máxima temperatura.

215) **En la fase de montaje de la instalación, el rendimiento del generador de calor:**

    A. No debe ser inferior en más de 5 unidades del límite inferior del rango marcado para la categoría indicada en el etiquetado energético del equipo de acuerdo con la normativa vigente.

    B. No debe ser inferior en más de 4 unidades del límite inferior del rango marcado para la categoría indicada en el etiquetado energético del equipo de acuerdo con la normativa vigente.

    C. No debe ser superior en más de 3 unidades del límite superior del rango marcado para la categoría indicada en el etiquetado energético del equipo de acuerdo con la normativa vigente.

216) **El objetivo principal que persigue el mantenimiento preventivo de las instalaciones térmicas es asegurar que su funcionamiento:**

    A. Sea continuo y sin interrupciones.

    B. Se ajuste a las demandas del titular/usuario de la instalación.

    C. Se realice con la máxima eficiencia energética, garantizando la seguridad, la durabilidad y la protección del medio ambiente y evitando las emisiones a la atmósfera.

217) **Las instalaciones térmicas se mantendrán de acuerdo con las operaciones y periodicidades contenidas en:**

    A. La IT 3 del reglamento de instalaciones térmicas.

    B. El *Manual de uso y mantenimiento* cuando exista.

    C. El *Manual de uso y mantenimiento* proporcionado por los fabricantes de los equipos.

218) **¿Cada cuánto tiempo se realizarán las operaciones de mantenimiento preventivo para un calentador para la producción de agua caliente sanitaria de potencia útil nominal de 24,4 kW?**

    A. Para viviendas, cada 4 años; y para el resto de usos, cada 2 años.

    B. Cada 5 años.

    C. Dos veces al año, la primera al inicio de la temporada.

219) **Una caldera mural de 35 kW para calefacción y ACS en una vivienda, ¿cada cuánto tiempo se le realizará el mantenimiento?**

    A. Como mínimo cada 5 años.

    B. Anualmente.

    C. Cada 2 años.

220) **¿Cada cuánto tiempo se realizarán las operaciones de mantenimiento preventivo para un aire acondicionado de potencia útil nominal de 2,5 kW?**

    A. Para viviendas cada 4 años y para el resto de usos cada 2 años.

    B. Cada 5 años.

    C. Dos veces al año, la primera al inicio de la temporada.

221) **Para instalaciones de potencia útil nominal menor o igual a 70 kW, cuando no exista *Manual de uso y mantenimiento,* las instalaciones se mantendrán de acuerdo con el criterio profesional de la empresa mantenedora, pero como mínimo:**

   A. En un calentador de 35 kW se le realizarán las operaciones de mantenimiento preventivo cada 5 años.

   B. En una instalación de calefacción de 60 kW se revisará el vaso de expansión cada año.

   C. En un aire acondicionado de 15 kW se revisará y limpiarán los filtros de aire cada 2 años.

222) **En una instalación de calefacción de potencia útil nominal superior a 70 kW:**

   A. Anualmente se limpiará el quemador de la caldera.

   B. Anualmente se comprobará el tarado de los elementos de seguridad.

   C. Cuando no exista, la empresa mantenedora elaborará el *Manual de uso y mantenimiento.*

223) **Las operaciones de mantenimiento de una instalación de energía solar térmica se realizarán:**

   A. De forma anual.

   B. De forma semestral.

   C. Según lo especificado en la IT 3.

   D. Ninguna de las anteriores.

224) **¿Cada cuánto tiempo la empresa mantenedora medirá el índice de opacidad de los humos en combustibles gaseosos?**

   A. Cada 2 años para potencia térmica hasta 70 kW, cada 3 meses para potencia hasta 1.000 kW y cada mes para más potencia.

   B. Cada 2 años para potencia térmica inferior a 70 kW, cada 3 meses para potencia inferior a 1.000 kW y cada mes para más potencia.

   C. Una vez al mes para potencias térmicas superiores a 1.000 kW.

   D. Ninguna de las respuestas anteriores es correcta.

225) **En un generador de calor con una potencia térmica nominal de 30 kW, ¿cada cuánto tiempo la empresa mantenedora analizará y evaluará la temperatura o presión del fluido portador en entrada y salida del generador?**

    A. Cada dos años.

    B. Cada tres meses.

    C. Cada mes.

    D. Ninguna de las anteriores es correcta.

226) **Cada cuánto tiempo la empresa mantenedora medirá un coeficiente EER del generador de frío?**

    A. Cada 2 meses para potencia hasta 1.000 kW y cada mes para más potencia.

    B. Cada 6 meses para potencia hasta 1.000 kW y cada mes para más potencia.

    C. Cada 3 meses para potencia hasta 1.000 kW y cada mes para más potencia.

    D. Ninguna de las respuestas anteriores es correcta.

227) **¿Cada cuánto tiempo se registrarán y medirán los valores del consumo de agua caliente sanitaria, así como de la contribución solar en las instalaciones de energía solar térmica?**

    A. Cada 4 años, coincidiendo con la inspección.

    B. Una vez cada dos años.

    C. Una vez al año se realizará una verificación del cumplimiento de la exigencia que figura en la sección HE 4 del Código Técnico de la Edificación.

    D. Ninguna de las anteriores es correcta.

228) **Además de revisar las instalaciones, la empresa mantenedora:**

    A. Denunciará las anomalías.

    B. Asesorará al titular sobre mejoras de la instalación, para una mayor eficiencia energética.

    C. Reparará los desperfectos de la instalación.

229) **Para instalaciones de potencia térmica nominal mayor que 70 kW la empresa mantenedora realizará un seguimiento de la evolución del consumo de energía y de agua de la instalación térmica periódicamente. ¿Durante cuánto tiempo se conservará dicha información?**

   A. Durante 1 año, al igual que el certificado de mantenimiento.

   B. Durante el tiempo que indique el fabricante.

   C. Durante 5 años.

230) **¿Dónde deben situarse las instrucciones de seguridad en instalaciones de potencia térmica nominal superior a 70 kW?**

   A. Deben estar claramente visibles antes del acceso y en el interior de salas de máquinas, locales técnicos y junto a los aparatos y equipos.

   B. Deben estar en el interior de las salas de máquinas.

   C. Las ha de tener el titular de la instalación.

   D. Las ha de llevar el director de mantenimiento.

231) **Las instrucciones de seguridad para instalaciones de potencia térmica nominal mayor que 70 kW, deben hacer referencia a:**

   A. La parada de los equipos antes de una intervención; colocación de advertencias antes de intervenir en un equipo; indicaciones de seguridad para distintas presiones, temperaturas, intensidades eléctricas; cierre de válvulas antes de abrir un circuito hidráulico, etc.

   B. La puesta en marcha de los equipos antes de una intervención; colocación de advertencias para el encendido de un equipo; indicaciones de seguridad para distintas presiones, temperaturas, intensidades eléctricas; cierre de válvulas antes de abrir un circuito hidráulico, etc.

   C. Secuencias de arranque de bombas de circulación; limitación de puntas de potencia eléctrica, evitando poner en marcha simultáneamente varios motores a plena carga; utilización del sistema de enfriamiento gratuito en régimen de verano y de invierno.

   D. Las respuestas A y C son correctas.

232) **Las instrucciones de manejo y maniobra para instalaciones de potencia térmica nominal mayor que 70 kW, deben hacer referencia a:**

A. La parada de los equipos antes de una intervención; colocación de advertencias antes de intervenir en un equipo; indicaciones de seguridad para distintas presiones, temperaturas, intensidades eléctricas; cierre de válvulas antes de abrir un circuito hidráulico, etc.

B. La puesta en marcha de los equipos antes de una intervención; colocación de advertencias para el encendido de un equipo; indicaciones de seguridad para distintas presiones, temperaturas, intensidades eléctricas; cierre de válvulas antes de abrir un circuito hidráulico, etc.

C. Secuencias de arranque de bombas de circulación; limitación de puntas de potencia eléctrica, evitando poner en marcha simultáneamente varios motores a plena carga; utilización del sistema de enfriamiento gratuito en régimen de verano y de invierno.

D. Las respuestas A y C son correctas.

233) Las instrucciones de funcionamiento de una instalación de potencia térmica nominal mayor que 70 kW comprenderán:

A. Horario de puesta en marcha y parada de la instalación.

B. Orden de puesta en marcha y parada de los equipos y el programa de paradas intermedias del conjunto o parte de los equipos.

C. Programa de modificación del régimen de funcionamiento y del régimen especial para los fines de semana y para condiciones especiales de uso del edificio o de condiciones exteriores excepcionales.

D. Todas las anteriores son correctas.

234) En edificios administrativos, comerciales y de pública concurrencia, la temperatura del aire:

A. En los recintos calefactados no será superior a 21 °C, ni superior a 26 °C para recintos refrigerados, cuando para ello se requiera consumo de energía convencional.

B. En los recintos calefactados no será superior a 23 °C, ni superior a 25 °C para recintos refrigerados, cuando para ello se requiera consumo de energía convencional.

C. En los recintos calefactados no será superior a 21 °C, ni inferior a 26 °C para recintos refrigerados, manteniendo una humedad relativa comprendida entre el 30 % y el 70 %.

D. Ninguna de las respuestas anteriores es correcta.

235) En una oficina calentada con energía convencional, la temperatura del aire en invierno:

    A. No será superior a 21 °C.

    B. Estará comprendida entre 21 y 23 °C.

    C. Estará comprendida entre 21 y 23 °C para una actividad sedentaria de 1,2 met y con 1 clo en invierno.

    D. Todas las anteriores son correctas.

236) El número de dispositivos de verificación de la temperatura y humedad relativa en recintos administrativos, comerciales y de pública concurrencia:

    A. Será, como mínimo, de uno por cada 1.000 m² de superficie del recinto.

    B. En edificios de uso cultural se colocará un único dispositivo en el vestíbulo de acceso.

    C. Para recintos hasta 1.000 m² se indicará la temperatura y humedad relativa límites mediante carteles informativos.

    D. Todas las anteriores son correctas.

237) Los edificios y locales comerciales con acceso desde la calle:

    A. Dispondrán de un sistema de cierre de puertas adecuado para evitar el despilfarro energético.

    B. Dispondrán de un sistema de ventilación especial sobre las puertas para evitar la entrada del aire exterior.

    C. Ninguna de las anteriores es correcta.

238) ¿Cuándo debe realizarse la verificación del cumplimiento de los valores límite de la temperatura del aire, del procedimiento de verificación y de las aperturas de puertas?

    A. Una vez por temporada.

    B. En recintos administrativos, comerciales y locales de pública concurrencia, que deban suscribir un contrato de mantenimiento, la empresa mantenedora lo verificará una vez durante la temporada de verano y otra durante el invierno, y lo documentará en el registro de las operaciones de mantenimiento de la instalación.

C. A efectos de verificaciones e inspecciones se considerará que un recinto cumple con la limitación de temperatura cuando la temperatura máxima del recinto no supere en ±1 °C los límites.

D. Todas las respuestas anteriores son correctas.

239) En la inspección periódica de un generador de calor:

A. El rendimiento del generador de calor no será inferior en 2 unidades con respecto al determinado en la puesta en servicio.

B. El rendimiento del generador de calor no será inferior a un EER de 2.

C. El rendimiento no será inferior al 80 por ciento.

240) Los sistemas de aire acondicionado de potencia útil mayor que 70 kW:

A. Serán inspeccionados cada 5 años.

B. Se evaluará el rendimiento y dimensionado del generador de frío en comparación con la demanda, verificando que el EER no es inferior a 2.

C. Cada 5 años se evaluará el rendimiento y dimensionado del generador de frío en comparación con la demanda, verificando que el EER no es inferior a 2.

241) La inspección completa de la instalación, comprenderá como mínimo:

A. La inspección de todo el sistema relacionado con la exigencia de gestión energética, inspección del registro oficial de las operaciones de mantenimiento y elaboración de un dictamen con el fin de asesorar al titular de la instalación.

B. La inspección de todo el sistema relacionado con la exigencia de eficiencia energética, inspección del registro oficial de las operaciones de mantenimiento y elaboración de un dictamen con el fin de asesorar al titular de la instalación.

C. La inspección del generador de calor o frío, inspección del registro oficial de las operaciones de mantenimiento y elaboración de un dictamen con el fin de asesorar al titular de la instalación.

D. Todas las respuestas anteriores son correctas.

242) Los sistemas de calefacción y agua caliente sanitaria con generadores de calor:

    A. De potencia útil nominal superior a 70 kW se inspeccionarán cada 4 años.

    B. De potencia útil nominal superior a 70 kW con combustible gaseoso o renovable se inspeccionarán cada 5 años.

    C. De potencia útil nominal superior a 70 kW se inspeccionarán cada 2 años.

    D. Ninguna de las respuestas anteriores es correcta.

243) Los generadores de frío de potencia térmica útil nominal mayor que 70 kW deben ser inspeccionados:

    A. Periódicamente, de acuerdo con lo establecido en la Instrucción Técnica 4 del RITE.

    B. Periódicamente, de acuerdo con lo que establezca el órgano competente de la comunidad autónoma.

    C. Periódicamente cada 4 años.

    D. Ninguna de las respuestas anteriores es correcta.

244) La inspección periódica completa de la instalación térmica:

    A. Se realizará cada 10 años.

    B. Se realizará cada 5 años.

    C. Se realizará cada 15 años.

    D. Su periodicidad depende de la potencia térmica del generado.

245) La potencia calorífica máxima que, según determine y garantice el fabricante, puede suministrarse en funcionamiento continuo, ajustándose a los rendimientos útiles declarados por el fabricante, se denomina:

    A. Potencia térmica máxima.

    B. Potencia útil nominal.

    C. Potencia térmica nominal.

    D. Las respuestas B y C son correctas.

246) **La relación entre la potencia útil y la potencia nominal de un generador se denomina:**

    A. Rendimiento.

    B. COP.

    C. EER.

    D. Eficiencia.

247) **Los edificios o locales de pública reunión son aquellos donde:**

    A. Las personas tienen la libertad de abandonarlos en cualquier momento como, por ejemplo, un centro de enseñanza secundaria.

    B. Los ocupantes de estos carecen de libertad para abandonarlos.

    C. Los ocupantes tienen que pedir un permiso para abandonarlos.

    D. Ninguna de las respuestas anteriores es correcta.

248) **Una bomba de calor que tenga una capacidad calorífica de 30 kW, y que consume 10 kW, tiene un COP de:**

    A. 0,3.

    B. 5.

    C. 3.

    D. 10.

249) **Al equipo receptor de aire o agua de una instalación centralizada que actúa sobre las condiciones ambientales de una zona acondicionada, se denomina:**

    A. Unidad de tratamiento de aire.

    B. Unidad terminal.

    C. Unidad primaria de climatización.

    D. Equipo autónomo.

250) **Según el RITE, la «zona ocupada» está delimitada entre dos planos horizontales al suelo, a unas distancias del mismo de:**

    A. 0,10 m y 2,00 m.

    B. 0,05 m y 1,80 m.

    C. 0,05 m y 2,00 m.

Respuestas

1) **A** RD

2) **C** RD Disposición Transitoria Primera

3) **A** RD Art.1

4) **A** RD Art. 2

5) **B** RD Art.2

6) **D** RD Art. 2

7) **B** RD Art.2

8) **C** RD Art.2

9) **C** RD Art.3

10) **A** RD Art.4

11) **B** RD Art. 5

12) **A** RD Art. 6

13) **A** RD Art. 7

14) **A** RD Art. 12

15) **D** RD Art. 14

16) **D** RD Art. 15

17) **B** RD Art.15

18) **A** RD Art. 15

19) **B** RD Art. 15

20) **C** RD Art. 15

21) **C** RD Art. 15 y 24

22) **B** RD Art. 15

23) **C** RD Art. 16

24) **A** RD Art. 17

25) **D** RD Art. 19

26) **A** RD Art. 19

27) **A** RD Art. 22

28) **B** RD Art. 22

29) **D** RD Art. 23

30) **D** RD Art. 24

31) **C** RD Art. 24

32) **G** RD Art. 24

33) **C** RD Art. 24

34) **C** RD Art. 25

35) **D** RD Art. 25

36) **C** RD Art. 27

37) **D** RD Art. 26 y 15

38) **C** RD Art. 26 y 28

39) **C** RD Art. 27

40) **A** RD Art. 28

41) **C** RD Art. 28 y 26

42) **A** RD Art. 30

43) **C** RD Art. 32

44) **A** RD Art. 35

45) **B** RD Art. 36

46) **A** RD Art. 36

47) **A** RD Art. 37

48) **B** RD Art. 37

49) **B** RD Art. 38

50) **A** RD Art. 41

51) **C** RD Art. 41

52) **C** RD Art. 41

53) **D** RD Art. 45

54) **A** RD Art. 46

55) **B** RD Disposición transitoria única

56) **C** IT 1.1.4.1.2

57) **C** IT 1.1.4.1.2

58) **C** IT 1.1.4.1.2

59) **A** IT 1.1.4.1.2

60) **C** IT 1.1.4.1.3

61) **B** IT 1.1.4.1.3

62) **A** IT 1.1.4.2.1

63) **B** IT 1.1.4.2.2

64) **B** IT 1.1.4.2.2

65) **B** IT 1.1.4.2.3

66) **A** IT 1.1.4.2.3

67) **B** IT 1.1.4.2.3

68) **C** IT 1.1.4.2.3

69) **C** IT 1.1.4.2.3

70) **B** IT 1.1.4.2.3

71) **D** IT 1.1.4.2.3

72) **A** IT 1.1.4.2.4

73) **A** IT 1.1.4.2.4

74) **B** IT 1.1.4.2.4

75) **A** IT 1.1.4.2.4

76) **D** IT 1.1.4.2.4

77) **B** IT 1.1.4.2.4

78) **E** IT 1.1.4.2.5

79) **C** IT 1.1.4.2.5

80) **A** IT 1.1.4.2.5

81) **A** IT 1.1.4.2.5

82) **B** IT 1.1.4.2.5

83) **A** IT 1.1.4.3.1

84) **B** IT 1.1.4.3.1

85) **D** IT 1.1.4.3.2

86) **B** IT 1.1.4.3.3

87) **B** IT 1.1.4.3.4

88) **B** IT 1.1.4.4

89) **C** IT 1.2.2

90) **C** IT 1.2.2

91) **B** IT 1.2.3

92) **C** IT 1.2.3

93) **A** IT 1.2.3

94) **C** IT 1.2.4.1.1

95) **B** IT 1.2.4.1.1	130) **B** IT 1.2.4.3.1	165) **B** IT 1.3.4.1.2.4
96) **D** IT 1.2.4.1.2.1	131) **C** IT 1.2.4.3.1	166) **A** IT 1.3.4.1.2.5
97) **B** IT 1.2.4.1.2.1	132) **D** IT 1.2.4.3.1	167) **D** IT 1.3.4.1.2.6
98) **C** IT 1.2.4.1.2.1	133) **C** IT 1.2.4.3.2	168) **B** IT 1.3.4.1.2.6
99) **D** IT 1.2.4.1.2.1	134) **A** IT 1.2.4.3.2	169) **A** IT 1.3.4.1.2.7
100) **A** IT 1.2.4.1.2.1	135) **D** IT 1.2.4.3.3	170) **A** IT 1.3.4.1.2.7
101) **B** IT 1.2.4.1.2.1	136) **D** IT 1.2.4.3.4	171) **B** IT 1.3.4.1.2.7
102) **C** IT 1.2.4.1.2.2	137) **B** IT 1.2.4.4	172) **C** IT 1.3.4.1.2.7
103) **C** IT 1.2.4.1.2.2	138) **B** IT1.2.4.4	173) **C** IT 1.3.4.1.2.7
104) **D** IT1.2.4.1.2.3	139) **B** IT 1.2.4.4	174) **A** IT 1.3.4.1.2.7
105) **D** IT 1.2.4.1.3.1	140) **A** IT 1.2.4.4	175) **B** IT 1.3.4.1.2.7
106) **A** IT 1.2.4.1.3.2	141) **C** IT 1.2.4.5.1	176) **D** IT 1.3.4.1.3.1
107) **A** IT 1.2.4.1.3.3	142) **B** IT 1.2.4.5.2	177) **B** IT 1.3.4.1.3.2
108) **A** IT 1.2.4.1.3.4	143) **A** IT 1.2.4.5.2	178) **D** IT 1.3.4.1.3.2
109) **C** IT 1.2.4.2.1.1	144) **A** IT 1.2.4.5.2	179) **A** IT 1.3.4.1.3.2
110) **B** IT 1.2.4.2.1.1	145) **A** IT 1.2.4.5.3	180) **C** IT 1.3.4.1.3.2
111) **C** IT 1.2.4.2.1.1	146) **C** IT 1.2.4.5.5	181) **B** IT 1.3.4.1.3.3
112) **B** IT 1.2.4.2.1.1	147) **B** IT 1.2.4.6.1	182) **B** IT 1.3.4.1.3.3
113) **C** IT 1.2.4.2.1.2	148) **C** IT 1.2.4.6.3	183) **B** IT 1.3.4.1.3.3
114) **C** IT 1.2.4.2.1.2	149) **C** IT 1.2.4.7.1	184) **C** IT 1.3.4.1.3.3
115) **B** IT 1.2.4.2.1.2	150) **A** IT 1.2.4.7.2	185) **B** IT 1.3.4.1.3.3
116) **B** IT 1.2.4.2.1.2	151) **D** IT 1.2.4.7.3	186) **B** IT 1.3.4.1.4
117) **B** IT 1.2.4.2.1.2	152) **B** IT 1.2.4.7.4	187) **C** IT 1.3.4.1.4
118) **D** IT 1.2.4.2.1.2	153) **C** IT 1.3.4.1.1	188) **B** IT 1.3.4.2.1
119) **A** IT 1.2.4.2.1.2	154) **D** IT 1.3.4.1.1	189) **D** IT 1.3.4.2.2
120) **B** IT 1.2.4.2.2	155) **B** IT 1.3.4.1.1	190) **B** IT 1.3.4.2.2
121) **D** IT 1.2.4.2.2	156) **D** IT 1.3.4.1.1	191) **A** IT 1.2.4.2.3
122) **B** IT 1.2.4.2.2	157) **A** IT 1.3.4.1.2.1	192) **C** IT 1.2.4.2.3
123) **C** I T 1.2.4.2.2	158) **C** IT 1.3.4.1.2.1	193) **B** IT 1.3.4.2.5
124) **C** I T 1.2.4.2.3	159) **B** IT 1.3.4.1.2.2	194) **A** IT 1.3.4.2.7
125) **C** I T 1.2.4.2.4	160) **B** IT 1.3.4.1.2.2	195) **B** IT 1.3.4.2.8
126) **B** IT 1.2.4.2.4	161) **D** IT 1.3.4.1.2.2	196) **C** IT 1.3.4.2.10.4
127) **C** IT 1.2.4.2.5	162) **A** IT 1.3.4.1.2.3	197) **B** IT 1.3.4.4.1
128) **A** IT 1.2.4.3.1	163) **A** IT 1.3.4.1.2.3	198) **D** IT 1.3.4.4.4
129) **A** IT 1.2.4.3.1	164) **C** IT 1.3.4.1.2.4	199) **C** IT 1.3.4.4.5

200) **A** IT 1.3.4.4.5

201) **B** IT 2.1

202) **D** IT 2.2.2.2

203) **A** IT 2.2.2.4

204) **C** IT 2.2.3

205) **D** IT 2.2.5.2

206) **A** IT 2.2.7

207) **D** IT 2.3.1

208) **A** IT 2.3.2

209) **C** IT 2.3.2

210) **A** IT 2.3.3

211) **A** IT 2.3.3

212) **C** IT 2.3.4

213) **D** IT 2.4

214) **A** IT 2.4

215) **A** IT 2.4

216) **C** IT 3.1

217) **B** IT 3.3

218) **B** IT 3.3

219) **C** IT 3.3

220) **A** IT 3.3

221) **B** IT 3.3

222) **C** IT 3.3

223) **C** IT 3.3

224) **D** IT 3.4.1

225) **A** IT 3.4.1

226) **C** IT 3.4.2

227) **C** IT 3.4.3

228) **B** IT 3.4.4

229) **C** IT 3.4.4

230) **A** IT 3.5

231) **A** IT 3.5

232) **C** IT 3.6

233) **D** IT 3.7

234) **C** IT 3.8.2

235) **A** IT 3.8.2

236) **D** IT 3.8.3

237) **A** IT 3.8.4

238) **B** IT 3.8.5

239) **C** IT 4.2.1

240) **B** IT 4.2.2

241) **B** IT 4.2.3

242) **A** IT 4.3.1

243) **C** IT 4.3.2

244) **C** IT 4.3.3

245) **D** Apéndice 1

246) **A** Apéndice 1

247) **D** Apéndice 1

248) **C** Apéndice 1

249) **B** Apéndice 1

250) **B** Apéndice 1

NOTA: RD (Real Decreto)